DARWIN C'EST TOUT BÊTE !

DU MÊME AUTEUR

Chez le même éditeur

Calme plat chez les soles, 2007
Le Kama-sutra des demoiselles, 2005

Chez d'autres éditeurs

Objectif Campagne, Delachaux et Niestlé, 2009
Observer les animaux en hiver, Aspas, 2004
Sous l'œil des rapaces, Fleurus, 2006
Sur les traces des félins, Fleurus, 2004
Guide d'identification des animaux sauvages, Aspas, 2002 (préfacé par Bernard Clavel)
Du loup au chien, Hachette Jeunesse, 2001
Phoques et otaries, Hachette Jeunesse, 2001
Insectes et petites bêtes, Nathan, 1999
Observer les animaux, Gallimard Jeunesse, 1997

www.marcgiraud-nature.net

MARC GIRAUD

DARWIN C'EST TOUT BÊTE !

Mille et une histoires d'animaux pour comprendre l'évolution

ROBERT LAFFONT

ISBN 978-2-221-11061-4

Ceux que nous appelions des brutes eurent leur revanche quand Darwin nous prouva qu'ils étaient nos cousins.

GEORGE BERNARD SHAW,
essayiste, auteur et critique irlandais (1856-1950)

Darwin sur son cheval Tommy

AVANT-PROPOS

Vu par une mouche, le monde est incroyablement différent du nôtre. Les couleurs, les parfums, les mouvements de l'air perçus par l'insecte sont inaccessibles aux humains. Quand on a des centaines d'yeux sur la tête, qu'on a le corps bardé de poils sensitifs et que l'on goûte ses aliments avec ses pattes, on est à des années-lumière des repères humains. Si nous nous mettions dans la peau d'une mouche, nous ne comprendrions sans doute plus rien à ce qui nous entoure.

La perception des mouvements par la mouche est extrêmement rapide, inconcevable pour nous – dans son univers, nous bougeons probablement comme au ralenti, d'où notre difficulté à l'attraper.

Pour cette mouche particulière, dans les années 1830 près d'une côte brésilienne, la lenteur de cet être bizarre acharné à l'attraper ne représente sans doute qu'un danger relatif. Bzzzzzz… encore raté !

Pendant que l'équipage du *Beagle* manœuvre le bateau, Charles Robert Darwin, filet à la main, s'échine à capturer un insecte à travers les cordages malgré son épouvantable mal de mer. C'est ainsi depuis des jours et des jours. Les activités incompréhensibles de ce passager décidément original l'ont fait remarquer des marins : ils ont surnommé Darwin l'attrape-mouches.

Ce livre se fonde sur des histoires animales pour nous faire comprendre l'histoire de la pensée de Charles Darwin, mais aussi l'histoire de l'avancée des connaissances humaines. La mouche, la baleine, le paradisier, la méduse volante, l'éléphant, le scarabée péteur, le ver de terre, l'ornithorynque et l'orang-outang paradent de page en page pour nous révéler, à leur manière, les coulisses du grand cirque de la vie. Toutes ces bêtes nous expliquent sans le savoir la théorie de l'évolution… et son évolution. Les moustaches du dauphin, l'altruisme du vampire, la ceinture de chasteté du moustique, l'allongement du cou chez la girafe, le rire du chimpanzé, la roue du paon : chaque animal nous plonge dans une sorte d'énigme scientifico-policière pleine de suspense. Et nous conduit vers une étape clé de la connaissance, allumant une petite lumière de plus sur les découvertes fantastiques de la science.

En tant que naturaliste de terrain (ce qui veut dire « amateur d'observations *in situ* »), je vous propose une approche de l'illustre Darwin qui n'est ni celle de la génétique, ni celle de la philosophie, ni celle de l'histoire, mais plutôt le point de vue du zoologiste ou de l'éthologiste, voire de l'écologiste. Nous retournons aux sources, nous nous imprégnons de la nature, et nous nous rapprochons des animaux. Il est fantastique de penser que les êtres vivants observés par les grands naturalistes depuis toujours sont encore offerts à notre curiosité de la même manière, et qu'ils continuent de nous en apprendre sur eux et sur nous-mêmes. Braquons donc nos jumelles sur les animaux qui nous entourent, témoins ingénus de la marche de la vie, échantillons palpitants des forces cosmiques.

Charles Robert Darwin a toujours vécu entouré de chiens, de chevaux… et d'enfants. Il étudiait les uns et les autres très attentivement, mais il n'en avait pas moins des rapports affectifs avec eux. Dans son ouvrage sur l'expression des émotions[1], il constate : « L'air d'abattement chez les orangs-outangs et chimpanzés jeunes lorsqu'ils sont malades

1. Charles Darwin, *L'Expression des émotions chez l'homme et les animaux*. Voir bibliographie.

est aussi flagrant et presque aussi émouvant que chez nos propres enfants. » Ce livre a jeté les bases de l'étude des comportements, et comme *L'Origine des espèces*, il a fait sauter des préjugés qui voilaient – et qui voilent encore – notre regard sur les bêtes. Pour Darwin, le plus haut sommet de l'évolution de l'homme est justement sa capacité d'empathie envers les faibles et envers les animaux. Nous aborderons également ses rapports sensibles aux bêtes, pas ou peu évoqués dans les livres sur la théorie darwinienne. En citant des passages de ses nombreux écrits, je lui laisserai souvent la parole : Charles Darwin s'adresse à vous en personne !

Les sciences s'attachent au « comment » et non au « pourquoi » de l'aventure de la vie. Dans ses publications, Charles Darwin s'en est toujours tenu à la biologie – ce qui est déjà beaucoup –, visitant rarement la philosophie, la religion, la morale ou la politique. Ce livre observe la même réserve ; il n'évoque qu'en toile de fond les grandes polémiques historiques qui ont suivi la publication de *L'Origine des espèces*. Nous suivrons plus ici la logique de l'évolution des idées scientifiques que le strict déroulement chronologique des événements.

Certaines parties de la théorie darwinienne sont encore discutées entre spécialistes et font l'objet de débats parfois assez vifs, ce qui est un signe de leur bonne santé. Je me contente de relater quelques tendances scientifiques apparemment contradictoires sans me permettre d'intervenir dans des controverses entre des opposants qui souvent, au final, se révèlent plutôt complémentaires. En évitant tout jargon hermétique, bien entendu.

Darwin est un monument. La tentation est grande de le muséifier, mais nous ne donnons pas dans la darwinolâtrie. Cet ouvrage propose un portrait vivant et sensible de Charles Darwin, avec le plus de véracité possible, parsemé d'anecdotes peu connues en dehors du cercle des initiés. Nous rétablirons au passage quelques idées reçues sur le chercheur et sur sa pensée. Non, Darwin n'a pas conçu sa théorie de l'évolution juste en observant les « pinsons » des Galápagos – qui d'ailleurs ne sont pas des pinsons. Ce n'était pas lui le naturaliste officiel de l'expédition du *Beagle*, et il n'a jamais inventé « la loi du plus fort » ! La formule même de « théorie de l'évolution », bien que communément employée, recèle des ambiguïtés. Darwin l'appelait « transmutation des espèces ». Si la théorie darwinienne repose sur des principes assez simples, ceux-ci ont souvent été mal interprétés. D'ailleurs attention : à la fin de ce livre, il y a interro…

I

La vie originale d'un naturaliste

DARWIN, UN DRÔLE D'OISEAU

Avant tout présentons-nous, comme le veut la mode anglaise. Darwin a écrit une autobiographie, il nous a laissé de nombreuses notes, des lettres et des livres volumineux, et nous pouvons avoir une idée non pas complète de qui il était, mais un aperçu assez crédible. Des livres entiers sur sa vie existant déjà, voici donc une sélection de quelques faits et anecdotes, qui n'a d'autre prétention que de vous esquisser par petites touches le personnage le plus réaliste et le plus humain possible.

Quelques dates clés

1809 – Charles Robert Darwin naît à Shrewsbury le 12 février, le même jour qu'Abraham Lincoln. Il est le fils de Robert Waring Darwin (1766-1848) et de Susannah (née Wedgwood, 1765-1817). Il est l'avant-dernier de ses sœurs et frères Marianne, Caroline Sarah, Susan Elizabeth, Erasmus Alvey, et Emily Catherine. Cette année 1809, dans *La Philosophie zoologique*, Lamarck évoque la transformation des espèces.

1817 – La mère de Charles décède le 15 juillet ; il a huit ans. Il rejoint la Shrewsbury School.

1825 – Darwin s'inscrit à la faculté de médecine d'Édimbourg.

1827 – Bref séjour à Paris. Rebuté par les expériences de médecine, Charles quitte la faculté et Édimbourg.

1828 – Son père l'inscrit à l'université de Cambridge, le célèbre Christ's College, pour qu'il devienne pasteur.

1831 – En janvier, Darwin est décoré du titre de *bachelor of arts* (diplôme de la fin du premier cycle d'études supérieures). Il est reçu 10e sur 178.

Le 27 décembre, il quitte l'Angleterre à bord du *Beagle.*

1835 – Le 15 janvier, Darwin observe de loin une éruption volcanique au Chili. Le 20 février, il est pris dans un tremblement de terre.

1836 – Le *Beagle* rejoint l'Angleterre le 2 octobre. Darwin s'installe à Londres.

1837 – Victoria est sacrée reine d'Angleterre. Le 23 mars, Darwin voit un orang-outang pour la première fois. Il commence son premier carnet sur la « transmutation des espèces ».

1839 – Le 29 janvier, Charles Darwin épouse sa cousine Emma Wegwood. Leur premier enfant, William, naît en décembre. Darwin rencontre le botaniste Joseph Hooker, qui deviendra son meilleur ami.

1841 – La fille aînée des Darwin, Annie, naît le 2 mars.

1842 – La famille Darwin emménage à Down House, dans le Kent. Charles ne quittera quasiment pas sa maison jusqu'à la fin de sa vie.

1847 – Darwin débute sa monographie sur les crustacés cirripèdes, qui lui prendra huit ans.

1848 – Son père décède le 13 novembre. Charles hérite d'une fortune considérable. Il peut sans souci faire vivre sa famille et se consacrer à son travail.

1851 – Annie, sa fille préférée, décède le 22 avril.

1853 – Le 31 décembre, près de Londres, des paléontologues réveillonnent dans la première maquette grandeur nature d'un dinosaure.

1856 – Découverte en Allemagne des premiers ossements d'un homme de Neandertal, qui soulève des polémiques.

1857 – Darwin obtient la médaille de la Royal Society qui le consacre comme biologiste.

1858 – Charles Waring, son plus jeune fils, décède. Des amis de Charles Darwin font une lecture de sa théorie et de celle de Wallace devant la Société linnéenne.

1859 – Publication de *L'Origine des espèces* le 24 novembre. Les 1 250 exemplaires se vendent dans la journée.

1860 – Thomas Huxley défend les idées de Darwin contre l'évêque d'Oxford, « Sam le Savonneux », au cours d'un légendaire pugilat verbal.

1862 – Publication du livre *De la fécondation des orchidées par les insectes et des bons résultats du croisement.*

1865 – Publication de *Les Mouvements et les habitudes des plantes grimpantes.*

1868 – Publication de *La Variation des animaux et des plantes domestiques.*

Mise au jour des restes de notre ancêtre Cro-Magnon en Dordogne.

1869 – Le biologiste Friedrich Miescher isole de la cellule une substance que l'on appellera plus tard l'ADN.

1871 – Publication de *La Filiation de l'homme et la sélection liée au sexe.*

1872 – Publication de *L'Expression des émotions chez l'homme et les animaux* qui jette les bases de l'éthologie moderne.

1875 – Publication de *Plantes carnivores.*

1879 – Découverte des grottes peintes d'Altamira.

1880 – Publication de *Les Facultés motrices des plantes.*

1881 – Publication de *La Formation de la terre végétale par l'action des vers, avec des observations sur leurs habitudes.*

1882 – Charles Darwin meurt le 19 avril dans sa maison, à Down House, après avoir chuchoté à Emma : « Je n'ai pas peur de mourir. » Il est inhumé dans l'abbaye de Westminster, à Londres, non loin de la tombe d'Isaac Newton.

La même année, Walter Flemming découvre les chromosomes.

Après Darwin

1900 – Plusieurs scientifiques redécouvrent les travaux de Mendel sur l'hérédité.

1902 – Theodor Boveri et Walter Sutton avancent que les unités de l'hérédité se situent sur les chromosomes.

1925 – À Dayton (Tennessee), premier « procès du singe » contre un professeur coupable, selon la loi en vigueur dans le Tennessee, d'avoir enseigné l'évolution. Il doit payer une amende de cent dollars, mais l'accusation est ridiculisée et la loi n'est plus appliquée.

1940 – Découverte des grottes de Lascaux. Années 1940 : élaboration de la théorie synthétique de l'évolution, ou néo-darwinisme.

1944 – Le biologiste moléculaire Oswald Avery identifie l'ADN comme composante des chromosomes et support de l'hérédité.

1959 – Mary et Louis Leakey découvrent le premier australopithèque.

1962 – Crick, Watson et Wilkins reçoivent le prix Nobel de médecine pour la découverte de la forme en double hélice de l'ADN. Rosalind Franklin, qui en a pris les clichés, est l'oubliée de l'histoire.

1964 – La primatologue Jane Goodall révèle au monde que les chimpanzés se servent d'outils.

1968 – Un arrêt de la Cour suprême des États-Unis annule une loi qui interdisait d'enseigner l'évolution.

1974 – Découverte des restes fossilisés de l'australopithèque Lucy.

1982 – Deuxième « procès du singe » à Little Rock (Arkansas). Les créationnistes sont déboutés.

1990 – Début du séquençage du génome humain (détermination complète de notre information génétique).

2000 – Le séquençage complet de la mouche drosophile est publié.

2003 – Fin du séquençage du génome humain. Découverte de l'homme de Florès.

2005 – Troisième « procès du singe » à Dover (Pennsylvanie). Le tribunal fédéral interdit la diffusion d'un manuel évoquant le « dessein intelligent » dans les établissements publics.

2007 – Un Atlas créationniste publié en Turquie est envoyé dans les établissements scolaires de plusieurs pays d'Europe. Les ennemis désignés des auteurs sont Darwin et les darwinistes.

2007 – Mort de la guenon Washoe à 42 ans. Elle fut le premier singe à apprendre le langage des signes. Elle connaissait 250 mots, qu'elle transmit en partie à Loulis, son fils adoptif. D'autres animaux connaissent aujourd'hui des milliers de signes.

2009 – Bicentenaire de la naissance de Charles Darwin. Sa théorie reste au cœur des débats scientifiques, mais aussi philosophiques et théologiques. Son importance n'a pas faibli.

La nature est son école

À plein gaz dans la campagne

Le chien du jeune Charles Robert Darwin pourrait nous raconter intimement le tempérament de son maître, car il passe des heures avec lui, joue avec lui, traque les animaux avec lui. Le garçon préfère nettement se promener en sa compagnie et galoper à cheval dans la campagne plutôt que d'étudier. La nature est son école. Le petit Charles aime observer les animaux, les plantes et les cailloux. Il se passionne pour les sciences naturelles et les collections « de toutes sortes de choses[1] ». Il ramasse les œufs des oiseaux sauvages, mais – écologiste avant l'heure ? – il n'en prend qu'un par nid. Il a collectionné aussi les insectes, jusqu'à ce

1. Cette citation et celles qui suivent sont tirées de son autobiographie, qu'il a rédigée à soixante-sept ans « pour son plaisir comme pour satisfaire la curiosité de ses enfants et de leurs descendants », d'après sa petite-fille Nora Barlow dans son introduction. Voir bibliographie.

que l'une de ses sœurs, Caroline, trouve sa manie cruelle et lui recommande de ne plus tuer de malheureuses bestioles : Charly *be good* !

Ses professeurs l'ennuient. « En tant que moyen d'éducation, l'école fut pour moi une simple parenthèse », avoue-t-il dans son autobiographie. Il ne se sent pas spécialement doué : « On m'a dit que j'étais beaucoup plus lent à apprendre que ma sœur Catherine, et je crois que j'étais, de bien des façons, un méchant garçon. » Bien qu'il avoue quelques farces ou mensonges dans son autobiographie, le petit Darwin semble loin d'être aussi racaille qu'il le prétend.

Après la mort de leur mère (Charles a alors huit ans), ses trois sœurs aînées prennent en charge son éducation. À douze ans, le jeune Charles apprend à manier un fusil et découvre qu'il aime passionnément la chasse (« Comme je me rappelle ma première bécassine ! ») et la pêche. Mais il est sensible. Comme on lui a enseigné une manière de tuer les vers avec de l'eau et du sel, il cesse de les empaler vivants sur ses hameçons. Enfin, il se fabrique avec son frère Erasmus un petit laboratoire dans lequel ils font des expériences, parfois si nauséabondes que ses camarades l'appellent « Gaz » !

Darwin grandit entouré de chiens. Dans ses écrits, il évoquera Shelah (un terrier), Nina (peut-être la fille de Shelah), Dash (un pointer que Darwin emmènera avec lui à Cambridge), Spark (le chien de son frère Erasmus), Polly (un terrier), Czar, Pincher, Snow, Bob et Bran. Dans l'Angleterre du XIXe siècle, on pense volontiers que le chien et le cheval, si proches de l'homme, sont plus intelligents que les grands singes. Darwin, qui chasse en équipe avec ses chiens, a-t-il eu l'occasion de constater des points communs entre les animaux et les humains ? Puisque les animaux ont droit à la parole dans ce récit, demandons leur avis aux chiens de Darwin. Pour eux, c'est sûr : on s'entend bien avec ce naturaliste en herbe qui est aussi un naturaliste dans l'âme.

Être le chien du jeune Darwin, c'est la belle vie !

Médecin ? Non merci

Robert Waring Darwin, le père de Charles, fils de médecin et médecin lui-même, le destine logiquement à la médecine. Il enverra pour cela l'adolescent à Édimbourg en 1825. Papa Darwin est un médecin renommé et plein d'intuition, et pourtant… Son fiston raconte : « Jusqu'à la fin de sa vie, la pensée d'une opération le rendait presque malade, et il supportait difficilement de voir quelqu'un saigner – répugnance qu'il m'a d'ailleurs transmise. » En effet, un sordide trafic de cadavres pour les dissections des étudiants[1], deux opérations sans anesthésie (il n'y avait pas encore de chloroforme) dont une sur un enfant horrifient Charles à tel point qu'il s'éloigne à jamais de la médecine.

Le rapport mitigé des Darwin à la médecine est sans doute dû à leur passé familial. Un frère du père de Charles, l'oncle homonyme Charles Darwin (1758-1778), surdoué plein d'avenir et grand espoir du grand-père Erasmus, est mort d'une septicémie contractée lors d'une autopsie.

1. Seuls les corps des assassins étant autorisés à la dissection, il y avait pénurie de dépouilles. En 1828, un homme fut exécuté pour avoir tué au moins seize personnes uniquement pour revendre leur corps. Après son exécution, lui-même fut livré aux anatomistes…

Contraint par son père Erasmus de suivre des études de médecine, Robert s'était promis d'être moins autoritaire avec ses enfants.

Parallèlement à ses études, Charles apprend la taxidermie auprès de John Edmonstone, un esclave noir affranchi qui lui raconte de passionnantes histoires de forêts tropicales. Il fréquente la *Plinian Natural History Society*, où il rencontre des personnalités comme le zoologiste Robert Edmond Grant (1793-1874), grand admirateur de Lamarck, avec qui il travaillera sur les cycles vitaux des animaux marins. Il embarque sur des bateaux de pêche et récolte des échantillons. Il étudie des invertébrés marins vivant en colonie, tels les coraux, que l'on appelait alors les zoophytes, c'est-à-dire des êtres tenant à la fois de l'animal et du végétal, dont Grant pense qu'ils sont intermédiaires entre les deux règnes.

En 1826, Charles Darwin démontre un jour à ses camarades de la société plinienne que les spores noires des huîtres, traditionnellement appelées œufs de flustres (des animaux marins coloniaux), sont en fait des larves qui avancent grâce à des cils. Il publie ensuite un court article démontrant que les corps globulaires attribués au varech courroie (une algue) sont des œufs de sangsues marines. Les sangsues lui en savent gré.

Un scarabée lui explose dans la bouche !

Après deux années à Édimbourg, Charles revient chez lui, et s'adonne à ses passions d'enfance, d'où les rudes reproches de son père : « Tu ne t'occupes que de chasse, de chiens, et d'attraper des rats : tu seras le déshonneur de la famille ! » Comme Charles traînait, Robert l'envoie à Cambridge dans l'espoir d'en faire un pasteur anglican. Des trois années suivantes, Charles fera ce commentaire aussi bref que clair : « Je perdis complètement mon temps. » Pourtant, il réussit ses examens, et se fait quelques amis : « Parfois nous buvions trop, chantant joyeusement et jouant aux cartes après. Je sais que je devrais avoir honte (...) mais (...) je ne peux m'empêcher de repenser avec grand plaisir à ces moments. »

Charles n'oublie pas ses collections de coléoptères. Hélas, les coléoptères ont mauvais caractère : « Un jour, en arrachant une vieille écorce, je vis deux scarabées rares et en pris un dans chaque main ; puis j'en vis un d'une troisième et nouvelle sorte, que je ne pouvais admettre de laisser échapper ; je fourrai donc dans ma bouche celui que je tenais dans ma main droite. Hélas, il lâcha un fluide extrêmement acide qui me brûla la langue, de sorte que je fus obligé de recracher le scarabée, qui fut perdu, comme d'ailleurs le troisième[1]. » Dans le monde animal, ce genre de leçon est fait pour ne pas être oublié : après l'expérience de la douleur, le prédateur n'y revient pas. Cependant, le naturaliste n'est pas un animal comme les autres : le principal problème de celui-ci n'est pas d'avoir eu la langue brûlée, mais d'avoir perdu un bel échantillon... Le scarabée, lui, plaide la légitime défense.

Sur les traces des explorateurs naturalistes

À Cambridge, Charles suit avec enthousiasme les cours de botanique du révérend John Henslow (1795-1861), dont il devient l'élève préféré, et qui influencera toute sa carrière. Puis il suit les leçons du révérend Adam Sedgwick (1785-1873), géologue, qui lui prédit un grand avenir. Darwin rencontre des gens brillants et lit beaucoup. Cependant, ses idées restent classiques, il ne remet pas en question ce qu'il a appris à l'église. Il lit même avec enthousiasme le philosophe William Paley (1743-1805) qui voit dans la nature l'œuvre d'un « Grand Horloger » – tout comme Voltaire. Darwin reprendra plus tard dans *L'Origine*

1. Charles Darwin, *Autobiographie...*, p. 47.

des espèces des exemples d'adaptation parfaite cités par Paley, en oubliant l'Horloger.

Charles lit des récits de voyageurs naturalistes. Un livre d'Alexander von Humboldt (1769-1859) et un autre de l'astronome John Herschel (1792-1871) suscitent en lui « une envie brûlante d'ajouter ne serait-ce qu'une modeste contribution au noble édifice de la Science de la Nature ». Darwin recopie des passages d'Humboldt sur le volcan de Tenerife et les lit à ses professeurs. Plein d'ambition, il projette une expédition dans les îles Canaries.

En attendant les voyages, Darwin acquiert une expérience de géologue au pays de Galles avec son professeur le révérend Sedgwick, qui l'initie au terrain. C'est alors qu'il reçoit une lettre d'Henslow, son cher professeur de botanique. Un certain capitaine FitzRoy, lui apprend-il, cherche un compagnon naturaliste pour le distraire le temps d'une mission en Amérique du Sud… Grâce à une intervention de dernière minute de son oncle Jos (Josiah Wedgwood) auprès de son père réticent, et malgré d'inquiétantes palpitations cardiaques dont il ne dit mot, Charles Darwin quitte l'Angleterre le 27 décembre 1831 à bord du *Beagle*. Il est alors âgé de vingt-deux ans.

Darwin part en bateau

L'envol des pinsons bleus

Les oiseaux des îles ont la réputation d'être joliment colorés. C'est le cas des pinsons bleus des Canaries, destination vers laquelle vogue Darwin. Les pinsons bleus sont endémiques des Canaries, c'est-à-dire qu'ils n'existent nulle part ailleurs. Dans cet archipel, on ne rencontre ces oiseaux rares que sur deux îles, et sur chacune, ils présentent des formes distinctes. Tout comme les célèbres « pinsons » des îles Galápagos, ces oiseaux endémiques montrent des variétés très significatives de la différenciation des espèces, une des grandes idées qui germeront dans le cerveau de Darwin… un peu plus tard.

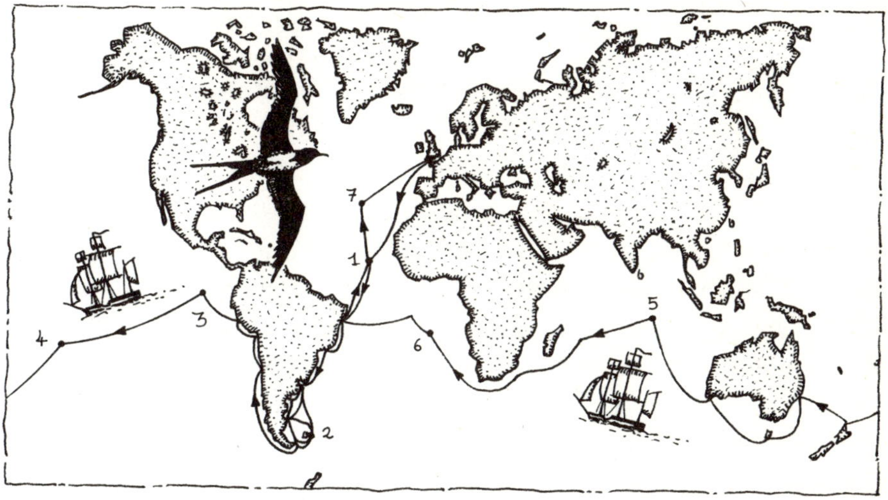

Le périple du Beagle

1 Cap-Vert ; 2 Îles Falkland ; 3 Galápagos ; 4 Tahiti ; 5 Archipel des Keeling ; 6 Île de Sainte-Hélène ; 7 Açores

Pour l'instant, le *Beagle* fait route vers sa première escale dont rêve Charles Darwin depuis qu'il a lu les récits de voyage d'Humboldt. Le *Beagle* est un trois-mâts à dix canons, d'à peine vingt-sept mètres de long et huit de large en son milieu, peu spacieux pour les soixante-quatorze personnes qu'il transporte. Charles, qui doit partager sa minuscule cabine avec un jeune hydrographe, dort dans un hamac duquel il tombe souvent. À cause des mouvements du bateau, il se coupe régulièrement en se rasant ; il finira par se laisser pousser la barbe.

À bord, il y a également le chirurgien et naturaliste officiel de l'expédition, un certain Robert McCormick[1], mais, trop critique envers le capitaine, il se verra réformé pour incompatibilité d'humeur et remplacé par Darwin. L'artiste

1. Plus tard, en 1841, cet explorateur décrira pour la première fois en Antarctique un oiseau marin qui portera son nom : le labbe de McCormick.

peintre Augustus Earle fait partie du voyage, mais il tombera malade et, un an après le départ, il restera à Montevideo. Plusieurs hommes périront au cours du voyage. Enfin, trois Fuégiens, des Indiens de la Terre de Feu jadis pris en otage par FitzRoy en représailles d'un vol de bateau et amenés en Angleterre afin d'y être « civilisés », sont embarqués pour un retour vers leur terre natale.

Le 6 janvier 1832, le *Beagle* jette l'ancre à Tenerife, aux Canaries. Hélas, l'équipage ne peut pas débarquer, car les autorités craignent le choléra. Le naturaliste ne partira donc pas sur les traces d'Humboldt comme il l'avait tant souhaité, et ne rencontrera donc pas les pinsons bleus. Les pinsons bleus des Canaries nous gazouillent que si la rencontre avait eu lieu, l'histoire de la science n'aurait sans doute pas été tout à fait la même

Le 16 janvier, le fameux trois-mâts fin comme un oiseau – hisse et oh – fait escale à Santiago, l'île principale du Cap-Vert. Charles Robert Darwin met pour la première fois le pied sur une terre lointaine.

Mal de mer sur le *Beagle*

Beagle signifie « le Fouineur », comme le chien de chasse du même nom, ce qui ne doit pas déplaire à son passager. Bien que le voyage de Darwin soit désormais associé au nom du vaisseau, le naturaliste passe surtout son temps à terre : trois ans et trois mois contre dix-huit mois de mer. Plusieurs raisons à cela : il doit mener ses études géologiques, botaniques et zoologiques, mais aussi il souffre atrocement du mal de mer. Pour couronner le tout, le *Beagle* n'est pas stable par gros temps, et le pauvre Charles fait tout pour s'en échapper.

On oublie souvent que le rôle de Darwin durant le voyage était d'abord de tenir compagnie au capitaine ; il était censé partager ses repas avec lui. Dans son autobiographie, il conclut son portrait de FitzRoy avec beaucoup de retenue : « C'était, par certains aspects, un des plus nobles caractères que j'aie rencontrés, altéré cependant par de graves défauts. » Autrement dit, ce jeune aristocrate, descendant direct de Charles II, pétri de préjugés de classe, est tourmenté, instable et autoritaire. Il fait fouetter des marins ivres qui avaient retardé le départ de l'expédition, dont l'un, ensanglanté, s'évanouit sous les coups. La dureté du châtiment choque le naturaliste. Les divergences d'opinion entre les deux hommes provoqueront des difficultés ponctuelles, mais Darwin est de nature accommodante. Le plus souvent, il fait tampon entre l'irascible capitaine et son équipage.

Le jeune bourgeois acquiert l'expérience de la vie sur le bateau. Il subit sans se formaliser le bizutage du « passage de la ligne » (le franchissement de l'équateur) au cours duquel des marins déguisés lui bandent les yeux, lui tartinent le visage de goudron et de peinture, puis le rasent avant de le jeter dans une voile pleine d'eau de mer. Il supporte avec une égale sérénité les surnoms dont on l'affuble : « le Philosophe », qu'il doit à sa brillante conversation, « Celui qui mange avec le capitaine », tout autant empreint de respect, mais aussi « Attrape-mouches » donné par les matelots le jour où il attrape un gros criquet d'un coup de filet vif et précis.

L'attrape-mouches et les araignées volantes

Malgré son mal de mer et sa santé fragile, Charles Darwin ne chôme pas à bord. Il utilise des filets pour récolter des organismes marins, et quelques surprises : scarabée, sauterelle égarés loin des côtes. Parfois, le vaisseau est entouré de bestioles, et c'est le paradis pour notre scientifique : « Un soir, à environ dix miles de la baie de San Blas, nous avons vu des bandes ou des troupeaux de papillons en multitude infinie, s'étendant aussi loin que la vue pouvait porter ; à l'aide même du télescope, il était impossible de découvrir un seul endroit où il n'y eût pas de papillons. Les matelots s'écrièrent qu'il "neigeait des papillons" ; c'était là, en effet, l'aspect que présentait le ciel[1]. »

---

1. Cette citation est extraite du *Voyage d'un naturaliste autour du monde* (p. 169).

Le paille-en-queue, oiseau marin tropical

À plusieurs occasions, le mât et les cordages du *Beagle* se recouvrent de fils de soie d'araignées : « Un jour [le 1er novembre 1832], je m'occupai tout particulièrement de cette question. Le temps, depuis quelques jours, était beau et clair, et, dans la matinée, l'air était plein de ces toiles floconneuses, comme par un beau jour d'automne en Angleterre. Le vaisseau était alors à soixante miles [96 kilomètres] de la terre dans la direction d'une brise constante, bien que fort légère. Ces fils de la Vierge supportaient un grand nombre de petites araignées couleur rouge foncé et ayant à peu près un dixième de pouce de longueur. Il devait y en avoir plusieurs milliers sur le bâtiment[1]. » Ces fils sont l'œuvre de jeunes araignées volantes qui se laissent porter par le vent à la recherche de nouveaux territoires. Sous l'œil sans doute goguenard des matelots, Charles se penche, se passionne, scrute la nature au plus près : « Sa réserve de fil semble inépuisable. J'ai remarqué que le plus léger souffle d'air suffit à entraîner horizontalement celles qui sont suspendues à un fil. Dans une autre occasion [le 25], j'observai avec soin la même espèce de

1. *Ibid.*, p. 171.

petite araignée : quand on la place sur une petite éminence, ou qu'elle a grimpé jusque-là, elle soulève son abdomen, laisse échapper un fil, puis se met à voguer horizontalement avec une rapidité inexplicable[1]. » Lorsqu'ils seront publiés, tous ces récits captiveront le public tant la passion de leur auteur est communicative.

Guerres indiennes et tremblement de terre

Tout au long du périple, de 1831 à 1836, Darwin s'étonne de tout, étudie tout, note tout. Il montre une curiosité infatigable. Il s'adapte parfaitement à la vie en plein air des gauchos. Il fait des étapes de près de mille kilomètres, traverse à pied, en canot ou à cheval les marécages, les fleuves et les steppes, explore les forêts vierges, pénètre des terres inconnues, grimpe sur les montagnes jusqu'à quatre mille mètres d'altitude, et, sur l'île Maurice, voyage à dos d'éléphant.

Il observe les roches, les fossiles, les plantes, les bêtes sauvages ou domestiques, les cultures humaines : « La vision d'un sauvage nu dans son pays natal est un événement que l'on ne peut jamais oublier[2]. » Il croise des baleines, affronte un nuage de sauterelles, des cannibales, de dangereuses révoltes indiennes sans paraître s'en troubler, il est retenu par une révolution, il est témoin d'une éruption volcanique au Chili, puis se retrouve dans un tremblement de terre. Le séisme « bouleverse en un instant les idées les plus arrêtées ; la terre, l'emblème même de la solidité, a tremblé sous nos pieds comme une croûte fort mince placée sur un fluide ; un espace d'une seconde a suffi pour éveiller dans l'esprit un étrange sentiment d'insécurité que des heures de réflexion n'auraient pu produire[3] ».

Ses anciennes balades dans la campagne anglaise sont un atout pour le naturaliste ainsi déjà habitué à l'observation

1. *Ibid.*
2. Charles Darwin, *Autobiographie*..., p. 66.
3. Charles Darwin, *Voyage*..., p. 324.

de terrain et bon connaisseur de la faune européenne, qui lui sert de base de comparaison, car il connaît mal les espèces exotiques. Charles Darwin recueille et collectionne les échantillons. Il dissèque, fouille dans les estomacs, naturalise, compare, catalogue, envoie ses spécimens, communique avec l'Europe. Il lit les ouvrages emportés à bord, il réfléchit. Il prend conscience de la lenteur des temps géologiques, du mouvement des sols, il confronte les répartitions géographiques des espèces, fait le rapport entre les animaux passés et actuels, et il émet des hypothèses. Bref, cette aventure humaine et scientifique hors du commun mûrit ses réflexions.

Dans son autobiographie, il se souviendra : « Déterminant pour toute ma carrière, le voyage du *Beagle* fut de loin l'événement le plus important de ma vie. (...) J'ai toujours eu le sentiment que ce voyage m'avait donné la première éducation, la première formation intellectuelle réelle[1]. »

C'est l'occasion de rappeler que sa participation à l'expédition avait tenu à « un détail aussi ridicule que la forme de mon nez[2] ». Eh oui, le nez de Charles Darwin n'avait pas plu à Robert FitzRoy ! Le jeune homme, pourtant, avait fait une très bonne impression au capitaine, mais celui-ci croyait fermement que l'on pouvait juger le caractère d'un homme d'après sa morphologie, or le nez rond et épais de Darwin lui faisait douter qu'il eût assez d'énergie et de détermination pour un tel voyage. Le naturaliste conclut avec malice : « La suite devait prouver que mon nez avait menti. »

Darwin fait le clown

Au cours de ses explorations à terre, l'Anglais rencontre des peuples sauvages ou peu habitués aux outils des Occidentaux. Rencontre avec les bestioles, rencontre avec

1. Charles Darwin, *Autobiographie...*, p. 59 et 60.
2. *Ibid.*, p. 60.

les hommes, aussi… S'étant aperçu qu'une simple boussole de poche provoque « l'étonnement le plus extraordinaire », il ne se fait pas prier pour montrer à ses hôtes éberlués que lui, étranger au pays, sait parfaitement où il se situe. S'improvisant prestidigitateur, il sort des lapins de son chapeau – ou plutôt des allumettes, qu'il allume avec ses dents : les autochtones se réunissent en famille pour assister au spectacle. On l'appelle « l'Homme qui sait tout ».

Dans les pays isolés qu'il traverse, l'hospitalité est d'usage, et le naturaliste n'hésite pas à folkloriser son personnage pour monnayer son hébergement : « L'étonnement que causaient la boussole et mes autres jongleries me servait dans une certaine mesure, car, avec cela, et les longues histoires que racontaient mes guides sur mon habitude de briser les pierres, sur la faculté que je possédais de distinguer les serpents venimeux de ceux qui ne l'étaient pas, sur ma passion pour collectionner des insectes, etc., je me trouvais en position de leur payer leur hospitalité[1]. » Darwin s'amuse du décalage des cultures. Un naturaliste allemand, demandant à un notaire chilien « ce qu'il pensait du roi d'Angleterre qui envoyait au Chili un homme dont la seule occupation était de chercher des lézards et des scarabées, et de casser des pierres », s'entendit répondre devant Darwin : « Il y a un chat caché là-dessous[2] » (autrement dit : c'est louche !)… Le naturaliste aime bien aussi faire son petit effet lorsqu'il annonce que la Terre est ronde, ce qui éberlue régulièrement son auditoire.

Charles Darwin se donne d'autres occasions d'amuser la galerie – malgré lui ! Un jour, il expérimente les bolas, ces pierres rondes fixées au bout de cordes que les gauchos utilisent comme des lassos pour capturer les animaux. Il joue alors à faire tournoyer des bolas au-dessus de sa tête, lancé au galop. Hélas pour lui, une boule rencontre « accidentellement » un arbuste et va s'enrouler autour des

1. Charles Darwin, *Voyage…*, p. 44.
2. *Ibid.*, p. 288.

jambes de son cheval, ce qui provoque leur chute et l'hilarité générale. L'Anglais ne s'en formalise pas plus que ça et le relate : « Les Gauchos éclatèrent de rire en criant qu'ils avaient jusqu'alors vu prendre toutes sortes d'animaux, mais qu'ils n'avaient jamais vu un homme se prendre lui-même[1]. »

Darwin pratique volontiers la dérision, à ses dépens ou aux dépens des autres, à poils et à plumes. Pour décrire un oiseau appelé localement *El Turco* (et officiellement tourco à moustaches), qu'il trouve si ridicule que l'animal semble avoir « honte de lui-même », il ironise, disant que lorsqu'on le rencontre, on est tenté de s'écrier : « Un spécimen horriblement mal empaillé s'est échappé d'un muséum et est revenu à la vie[2]… »

À cheval dans la pampa

Charles Darwin parcourt l'Amérique du Sud à cheval. Les déplacements durant parfois plusieurs semaines, et certaines étapes dix heures, il lui semble normal de s'intéresser à son compagnon de voyage. L'Anglais plaint les « pauvres bêtes » lorsque les chevaux n'ont rien à manger ou sont épuisés. Dans la région du Rio de la Plata, il raconte : « Un jour que je parcourais les Pampas à cheval, accompagné de mon hôte, estanciero [fermier] fort respectable, ma monture fatiguée restait en arrière. Cet homme me criait souvent de l'éperonner. Je lui répondais que ce serait une honte, car le cheval était complètement épuisé. "Qu'importe ! criait-il, éperonnez ferme, le cheval m'appartient." J'eus alors quelque difficulté à lui faire comprendre que si je ne me servais pas de l'éperon, c'était à cause du cheval et non à cause de lui. Il parut fort étonné et s'écria : *Ah ! don Carlos, que cosa !* Il n'avait certainement jamais eu une idée semblable[3]. »

1. *Ibid.* p. 47 et 48.
2. *Ibid.* p. 291.
3. *Ibid.* p. 163.

Darwin déplore de la même manière la brutalité avec laquelle les chevaux sont débourrés[1] et la cruauté avec laquelle les bœufs sont abattus dans le corral de Buenos Aires : « Toute cette scène est horrible et révoltante. » Il montre autant de répulsion pour l'habitude de retirer leur carapace à vif aux tortues des îles Chagos, dans l'océan Indien.

Cavalier aguerri, Darwin connut néanmoins quelques déboires...

Cela n'empêche pas le chercheur de tuer ses échantillons ni de pratiquer sur eux des expériences telles que piquer un poulpe pour le regarder changer de couleur, décapiter une « mouche lumineuse » afin de voir si elle continue à briller, couper en deux une planaire (une sorte de ver) pour constater sa régénération, ou abattre un condor afin de l'observer de plus près. En tant que chasseur, il avale toutes sortes de gibier, du puma (un animal que FitzRoy a acheté vivant), des viscaches, ces rongeurs qu'il aime tant observer, des oiseaux,

1. Ce terme d'équitation ne sous-entend pas que les chevaux sont portés sur la boisson, mais désigne l'action d'habituer les jeunes animaux à être sellés et montés.

des tortues et tout ce qu'on lui propose. Au sujet du tatou, auquel il a goûté, il commente : « On éprouve quelque remords à tuer un aussi joli animal ; car, comme me disait un Gaucho tout en en dépeçant un : *Son tan mansos !* [ils sont si doux !]. »

Le tatou, un excellent animal

Un chercheur plein d'empathie

Darwin, au soir de sa vie, se rappellera encore avec remords avoir frappé un chiot lorsqu'il était enfant : « Cet acte pèse lourdement sur ma conscience. » Avec la maturité, la sensibilité du chercheur/chasseur s'étend à ses sujets d'étude : « C'est maintenant que, regardant en arrière, je peux saisir à quel point mon amour de la science a, petit à petit, pris le pas sur tous mes autres goûts. Pendant les deux premières années du voyage, ma vieille passion pour la chasse subsista dans presque toute sa vigueur, et je tirais moi-même toutes sortes d'oiseaux et d'animaux pour ma collection ; mais peu à peu, j'abandonnai mon fusil et le laissai finalement à mon serviteur, car la chasse interférait sur mon travail et plus spécialement avec le relevé de la structure d'une région. Je découvris, quoique inconsciemment, que le plaisir d'observer et de raisonner l'emportait de beaucoup sur celui de l'adresse et du sport. Les instincts primitifs du barbare cédèrent lentement la place aux goûts acquis de l'homme civilisé[1]. »

Évidemment, cette empathie pour les êtres vivants s'applique aussi à l'être humain quel qu'il soit, y compris le sauvage nu, dansant et criant, qui désoriente quelque peu notre bourgeois victorien. Révolté par les discriminations en général et par l'esclavage en particulier, Darwin n'hésite pas à affronter la colère du capitaine FitzRoy, ultraconservateur et esclavagiste. Un jour, FitzRoy affirme que des esclaves à qui l'on avait demandé s'ils voulaient devenir libres avaient répondu non. Darwin l'interroge : la réponse d'un esclave donnée en présence de son maître a-t-elle une quelconque valeur ? Hors de lui, FitzRoy répond que leur cohabitation devient impossible, et le naturaliste se voit déjà débarqué. Mais la colère retombe, et le capitaine cyclothymique présente ses excuses.

Les massacres des Indiens sont un autre sujet d'écœurement. Suite au récit d'un Espagnol qui décrit comment il a tranché la gorge de l'un d'eux, Darwin fait ces réflexions : « Mais combien n'est pas plus horrible encore le fait certain qu'on massacre de sang-froid toutes les femmes indiennes qui paraissent avoir plus de vingt ans ! Quand je me récriai au nom de l'humanité, on me répondit : “Cependant, que faire ? Ces sauvages ont tant d'enfants !”[2]. » Incompris de son entourage, le naturaliste pressent les conséquences de la situation : « Dans un demi-siècle il n'y aura plus un seul Indien sauvage au nord du Rio Negro[3]. »

La zoologie du voyage du *Beagle*

Bien qu'essentiellement géologue de formation, Darwin s'intéresse beaucoup, on l'a vu, à la zoologie, notamment aux

1. Charles Darwin, *Autobiographie*..., p. 162 et 163.
2. Charles Darwin, *Voyage*..., p. 109.
3. *Ibid.*, p. 110.

invertébrés. Il découvre et décrit de nouvelles espèces ; il empaquette des fossiles, épingle des insectes, conserve des bêtes aquatiques dans l'alcool, naturalise des mammifères, et fera parvenir ses spécimens à Henslow. Ils seront ensuite transmis aux meilleurs scientifiques d'Angleterre de chaque spécialité pour être identifiés. À son retour, et sous sa direction, tous ces savants rédigeront ensemble *The Zoology of the Voyage of H.S.M.*[1] Beagle, « La Zoologie du voyage du *Beagle* » (de 1838 à 1843), édité en cinq parties, texte qui, hélas, reste à traduire[2]. Parmi les auteurs, on trouve des célébrités comme Richard Owen (pour les mammifères fossiles), ou John Gould (pour les oiseaux).

Darwin s'intéresse entre autres à un rongeur adapté à la vie souterraine, le tuco-tuco, aussi aveugle que les taupes de son Angleterre natale. Il rencontre une vipère qui secoue la queue comme les serpents à sonnette bien qu'elle soit incapable d'émettre aucun son. Ce genre de détail nourrira un jour sa réflexion sur l'évolution des organes et l'existence possible de stades intermédiaires.

Impossible de répertorier ici toutes les espèces animales collectionnées par Charles Darwin au cours de son périple. Il y a beaucoup d'insectes et de poissons, des animaux marins, mais aussi des vertébrés. Arbitrairement, nous en retiendrons quelques-uns parmi ceux qui ont l'honneur de porter son nom, tel le gecko marbré de Darwin trouvé en Patagonie, ou l'amusante souris à grandes oreilles de Darwin, rencontrée en Amérique du Sud, un vrai personnage de dessins animés.

Après Mickey la souris, voici Zorro le renard : le zorro de Darwin, ou renard de Darwin (*zorro* est le nom espagnol du renard) a été rencontré en 1834 par le naturaliste sur l'île de Chiloé, au Chili : « Un renard (*Canis fulvipes*), espèce particulière, dit-on, à cette île, où elle est même fort rare, et qui

---

1. HMS = *His/Her Majesty ship*, « Le Vaisseau de Sa Majesté ».

2. Les anglophones peuvent consulter *The Zoology of the* Beagle sur darwin-online.org.uk et tout le monde peut y admirer les magnifiques planches de John Gould, vraisemblablement aidé de sa femme Elizabeth ou encore d'Edward Lear, plus connu aujourd'hui pour ses poèmes, mais qui possédait un grand talent de peintre.

est nouvelle, était assis sur un rocher. Il était si absorbé dans la contemplation des deux officiers, que je pus m'approcher de lui et lui casser la tête avec mon marteau de géologue. Ce renard, plus curieux ou plus ami des sciences, mais dans tous les cas moins sage que la plupart de ses frères, se trouve aujourd'hui dans le muséum de la Société zoologique[1]. » On a pensé un moment à une variété insulaire du renard gris d'Argentine, mais une petite population semblable trouvée depuis sur le continent a confirmé les observations de leur découvreur, à savoir qu'il s'agit bien d'une espèce distincte. Avec un poids plume de deux à quatre kilos, ce petit canidé brun foncé est malgré sa taille plus proche du loup que du renard. Il reste aujourd'hui moins de quatre cents renards de Darwin dans le monde, divisés en deux populations ; c'est, plus encore qu'au XIXe siècle, un animal menacé de disparition.

La grenouille de Darwin, qui vit au Chili et en Argentine, doit, elle aussi, son nom à son illustre découvreur. Les Américains la surnomment « grenouille cow-boy », car elle siffle à la façon des cow-boys qui appellent leur troupeau. Avec son nez pointu, c'est une drôle de bête. Le mâle de cet amphibien se charge de la garde des œufs pendant environ deux semaines, jusqu'à ce que les embryons commencent à bouger. Puis il les happe avec sa langue et les transfère dans son sac vocal qui s'étend sur ses flancs, jusqu'aux hanches. Les têtards se métamorphosent dans ce sac, qui grossit comme le ventre d'une femme enceinte, et n'en sortiront que lorsqu'ils seront devenus de petites grenouilles : ils viendront au monde par la bouche de leur père !

Parmi les plus beaux animaux répertoriés au cours du voyage, un magnifique petit oiseau bleu et jaune orangé, le tangara de Darwin, a été découvert dans l'embouchure du río de la Plata en train de se nourrir de cactus. Le tinamou de Darwin, lui, est nettement moins coloré. Les habitudes des tinamous rappellent un peu celles des faisans ; ils volent mal et se déplacent presque toujours au sol. Leur reproduction est

1. Charles Darwin, *Voyage...*, p. 301.

assez complexe, chaque sexe pouvant être polygame. Le mâle couve un nid dans lequel différentes femelles ont pondu. Il compte parmi les rares volatiles à posséder un pénis, tout comme les autruches, dont il est un proche parent en format réduit.

L'autruche de Darwin

L'animal le plus célèbre de ce bestiaire labellisé « Darwin » est sans doute l'autruche de Darwin, ou nandou de Darwin. Le naturaliste appelait ces oiseaux américains « autruches » ; le mot nandou, tiré de l'amérindien guarani *yandou*, ne s'est imposé que par la suite. La première fois qu'il a rencontré un nandou, Darwin a été si surpris par son apparence qu'il en a oublié de tirer. Par la suite, il a beaucoup observé ces « autruches », et s'est renseigné sur leurs mœurs auprès des locaux, notamment sur le nombre d'œufs impressionnant que l'on peut compter dans le même nid. Comme chez le tinamou, le mâle est polygame et couve les œufs de toutes les femelles de son harem. Lorsque le nombre de ses fiancées dépasse la dizaine, il doit ainsi assurer la couvaison et la protection d'une bonne soixantaine de poussins !

Les gauchos distinguent une espèce commune (le nandou d'Amérique, qui est le plus gros oiseau du Nouveau Monde) et une autre plus petite et beaucoup plus rare qu'ils appellent *Avestrus Petise*. Alcide d'Orbigny, qui avait parcouru l'Amérique du Sud avant Darwin, n'avait pas réussi à capturer un seul *Avestrus Petise*. Notre naturaliste rêve de relever le défi. Sans succès jusqu'au jour où il trouve l'oiseau mythique… dans son assiette ! « Il m'a fallu un temps avant que je ne saisisse de quel oiseau il s'agissait, il avait déjà été plumé et cuit avant que je comprenne. » Par chance, la tête, le cou, les ailes, les pattes et une grande partie de la peau et des plumes principales avaient été épargnés par le cuistot, et un spécimen presque parfait a pu être reconstitué, envoyé et exposé au muséum de la Zoogical Society sous le nom scientifique de *Rhea darwinii*… Son heureux découvreur se contentera d'un court commentaire : « M. Gould, en décrivant cette nouvelle espèce, m'a fait l'honneur de lui donner mon nom[1]. » La dénomination scientifique de l'oiseau a évolué depuis, mais pas son nom commun : on l'appelle toujours le nandou de Darwin.

Le nandou de Darwin a sans doute montré quelque chose à son découvreur : son cousin et lui, qui se côtoient sur un même continent, sont peut-être issus l'un de l'autre par transmutation…

L'« autruche de Darwin » est en réalité un nandou

Une tortue qui ne manque pas d'air

Donner son nom au découvreur d'une espèce ou d'un lieu géographique était la coutume des explorateurs, et tous ces noms propres jalonnant le monde rappellent la grande épopée des voyageurs naturalistes. D'autres appellations sont des hommages. C'est ainsi que Darwin, en l'honneur du capitaine FitzRoy, baptise *Delphinus fitzroyi* un dauphin rencontré

1. *Ibid.*, p. 98.

au large des côtes de Patagonie, un véritable acrobate capable de sauts périlleux et de bonds prodigieux (de son côté, FitzRoy baptise le plus haut sommet de la Terre de Feu le « Mont Darwin » pour remercier le naturaliste d'avoir sauvé une baleinière du *Beagle*). Malheureusement pour le capitaine, le vent scientifique a tourné : aujourd'hui, son nom n'est plus associé au dauphin, rebaptisé lagénorhynque obscur (ça, c'est le petit nom courant, pas l'appellation scientifique…).

Le nom de FitzRoy perdure malgré tout. Une rivière australienne le porte, et il a été transmis récemment à une tortue locale vivant dans ce cours d'eau : l'émydure du Fitzroy (*Fitzroy river turtle*), qui n'a été découverte qu'en 1976. Cette tortue est l'une des plus rares et des plus étranges d'Australie. L'évolution a procuré à ce reptile une capacité respiratoire peu ordinaire. Il connaît trois manières de respirer : par le nez, par la peau et… par le cloaque. La tortue de Fitzroy ne manque pas d'air, puisqu'elle utilise à fond ses bourses cloacales pour s'alimenter en oxygène. Ainsi, elle est capable de rester étonnamment longtemps la tête sous l'eau, le derrière seul effleurant la surface, faisant office de narine ! L'émydure nous l'assure : une telle singularité, ça vaut bien un dauphin acrobate…

Entre le fou et le benêt

Un extrait du *Voyage d'un naturaliste autour du monde*[1] montre la précision des observations de Charles Robert Darwin dès le début de son voyage. Nous sommes ici dans l'Atlantique, à huit cent soixante-cinq kilomètres des côtes américaines, sur des îles rocheuses dont la blancheur de nacre se révèle due à la couche de guano dont elles sont recouvertes. Le naturaliste accoste, puis il examine ce revêtement à la loupe. Il y trouve d'étranges corps ramifiés, observe un crabe, et fait un inventaire.

1. *Ibid.*, p. 11.

« On ne trouve que deux sortes d'oiseaux sur les rochers de Saint-Paul : le fou et le benêt. Le premier est une espèce d'oie, le second une sterne [...]. Voici, je crois, la liste complète de la faune terrestre : une mouche (*Olfersia*) qui vit sur le fou et un acarus qui a dû être importé par les oiseaux dont il est le parasite ; un petit ver brun qui appartient à une espèce qui vit sur les plumes ; un scarabée (*Quedius*) et un cloporte qui vit dans les excréments des oiseaux ; enfin, de nombreuses araignées qui, je le suppose, chassent activement ces petits compagnons des oiseaux de mer. Il y a tout lieu de croire que la description si souvent répétée, d'après laquelle de magnifiques palmiers, de splendides plantes tropicales, puis des oiseaux et enfin l'homme s'emparent, dès leur formation, des îles coralliennes du Pacifique, il y a tout lieu de croire, dis-je, que cette description n'est pas tout à fait correcte. Au lieu de toute cette poésie, il faut malheureusement le dire pour rester dans le vrai, les premiers habitants des terres océaniques nouvellement formées consistent en insectes parasites qui vivent sur les plumes des oiseaux ou se nourrissent de leurs excréments, outre d'ignobles araignées. » En dehors de toute considération esthétique, il faut constater que ces misérables bestioles conduisent Darwin à s'interroger sur le peuplement des îles de formation récente.

Charles est stone

L'expérience cuisante qu'il a connue avec les scarabées dans son jeune âge n'a pas conduit Charles Robert à plus de prudence. En approchant trop près des poulpes, il reçoit un jet d'eau en plein visage. Dans l'océan Indien, il est brûlé par un corail, ailleurs c'est par une limace de mer.

Il en faut plus pour le faire reculer, car la passion des sciences le pousse à tout connaître, quitte à payer de sa personne. Ainsi, au cours de son voyage, il fait un test auquel peu d'entre nous se risqueraient, comme ça, juste pour voir : « Nous sommes environnés de mouches lumineuses et de moustiques ; ces derniers sont fort désagréables. J'expose ma main à l'air pendant cinq minutes, elle est bientôt entièrement recouverte par ces insectes ; il y en avait au moins cinquante suçant tous à la fois. » Un autre jour, en dépeçant un peu distraitement un cerf, il est aspergé du liquide nauséabond contenu dans une glande destinée à marquer le territoire. Il en garde le souvenir imprégné sur son foulard pendant des mois.

Aux Galápagos, le chercheur attrape des iguanes par la queue pour voir s'ils mordent. Ne cherche-t-il pas plutôt les ennuis ? Il joue aussi avec les tortues géantes qui, note-t-il, « n'entendent pas une personne restant immédiatement derrière elles. Rien d'amusant comme de dépasser un de ces gros monstres qui chemine tranquillement ; dès qu'il vous aperçoit, il siffle avec force, retire ses jambes et sa tête sous sa carapace et se laisse tomber lourdement sur le sol comme s'il était frappé à mort. Je montais souvent sur leur dos ; si l'on frappe alors sur la partie postérieure de leur écaille, la tortue se relève et s'éloigne ; mais il est très difficile de se tenir debout sur elle pendant qu'elle marche[1] ». Un vrai gamin ! À Tahiti, il goûte une plante interdite fortement enivrante – par pure curiosité scientifique, n'en doutons pas. Charles est stone ? On ne le saura pas, il ne dit rien de ses effets. Juste qu'elle a un goût âcre…

L'animal qui fabrique des îles

Darwin occupe une grande partie de ses observations à l'étude des roches et de leur passé. Et pendant ses heures de repos, il lit l'ouvrage récent de Charles Lyell (1797-1875), *Principes de géologie*. Considéré comme le fondateur de la géologie moderne, Lyell explique, contre les enseignements de l'Église, que la terre a une très longue histoire : il évalue l'âge des fossiles en millions d'années ! À la lumière de cette lecture, Charles Darwin réfléchit au sens de ses découvertes et de ses expériences. D'une part, le séisme qu'il a vécu au Chili lui a montré violemment, physiquement, viscéralement que la terre

1. *Ibid.*, p. 412. C'est un exemple à ne pas suivre…

n'était pas stable : les côtes s'en étaient trouvées soulevées de plusieurs mètres. Il sait que le phénomène auquel il a assisté n'est pas unique, qu'il s'est répété des milliers de fois. D'autre part, le naturaliste a découvert des fossiles de coquillages dans la Cordillère des Andes, à quatre mille mètres d'altitude : donc, ces roches se situaient autrefois sous la mer ! Il a compris le soulèvement ancien de l'Amérique du Sud, l'action géologique des glaciers, l'affaissement de la région des Antilles, l'érection et la disparition des montagnes. Bref, il sait que la terre bouge, et qu'elle évolue… Il appliquera brillamment cette idée d'évolution à la sphère biologique.

Conscient de l'œuvre du temps sur la transformation des paysages, Darwin a également exercé sa puissance d'analyse sur la formation des atolls. Les atolls sont dus à un invertébré : le corail, un animal minuscule, proche des anémones de mer, dont la partie vivante est appelée le polype. Animal minuscule, mais qui se multiplie et s'associe à des milliers d'autres polypes pour fabriquer un immeuble, logement commun en calcaire : le récif corallien. Cet invertébré marin est capable de bâtir des reliefs immenses : la Grande Barrière de Corail australienne, vieille d'environ cinq cents millions d'années, longue de quelque deux mille quatre cents kilomètres, est le seul monument vivant qui soit visible depuis la Lune !

Aux îles Keeling (ou Cocos) dans l'océan Indien, Darwin s'émerveille de la beauté des lieux et s'étonne de la résistance des coraux aux assauts des vagues : « Que la tempête les brise, si elle le veut, en mille fragments, qu'importe ! et que sera ce déchirement passager relativement au travail de myriades d'architectes toujours à l'œuvre, nuit et jour, pendant des mois, pendant des siècles ? N'est-ce donc pas un magnifique spectacle que de voir le corps mou et gélatineux d'un polype vaincre, à l'aide des lois de la vie, l'immense puissance mécanique des vagues d'un océan, puissance à laquelle ni l'industrie de l'homme ni les œuvres inanimées de la nature n'ont pu résister avec succès[1] ? »

1. *Ibid.*, p. 491.

Une théorie toujours en vigueur

Il existe une grande variété d'espèces de coraux dans le monde, des tropiques aux profondeurs des mers froides. Ceux qui intéressent Darwin, et qui nous concernent ici, sont les espèces tropicales responsables de la formation des « atolls », mot indien qu'il introduit dans le langage courant. Les coraux des atolls se développent uniquement en eau peu profonde, car ils sont associés à des algues, les zooxanthelles, qui ont besoin de lumière pour subsister. Contre les théories de maître Lyell lui-même, Darwin affirme que la formation en anneau de l'atoll corallien est due à l'affaissement d'une île. Les coraux présents autour de la terre émergée se sont développés pour se maintenir vers la surface tandis que descendait l'île volcanique. Bien qu'elle ait été discréditée pendant un temps, cette explication a été ensuite parfaitement vérifiée dans de nombreux cas et elle est toujours admise de nos jours.

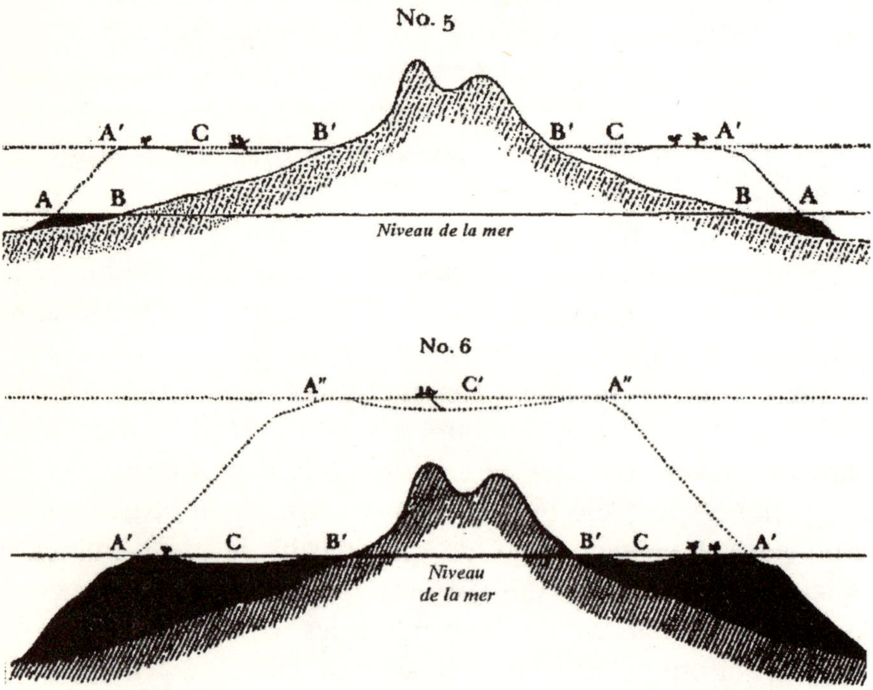

La formation des atolls révélée par Darwin

Après avoir conçu cette théorie sur la côte occidentale de l'Amérique du Sud, avant même de voir ses premiers atolls, Darwin vérifie ses idées sur le terrain et accumule les indices. Il étudie les coraux à Tahiti et dans diverses autres îles. Ses connaissances des « zoophytes » acquises auprès du docteur Grant à Édimbourg lui sont certainement utiles. Et peut-être ces « plantes/animaux » le conduisent-ils à penser qu'il n'y a pas de limite stricte précise entre le règne végétal et l'animal, et que la notion de frontière est difficile à préciser.

Le Darwin nouveau est arrivé

Débarquement en Angleterre

À son retour en Angleterre, le 2 octobre 1836, Charles Robert Darwin n'est plus tout à fait le même. Et ça se voit ! La preuve, lors des retrouvailles familiales, son père se tourne vers ses sœurs en s'exclamant : « Tiens, la forme de sa tête a complètement changé ! » Sans doute à cause de l'abus de hamac, il a rapetissé d'un demi-pouce !

En revanche, ses idées ont grandi. Charles avait embarqué à bord du *Beagle* pétri des conceptions religieuses sur la création en vigueur à l'époque, il revient l'esprit plein de questions. Et il n'est plus un inconnu. Certaines des lettres qu'il a écrites au cours de son expédition ont été lues par le professeur Henslow devant la Société philosophique de Cambridge en novembre 1835, et imprimées. Sa collection d'ossements a fortement intéressé les paléontologistes. Ses écrits sont lus, il s'est fait une réputation.

Darwin a complètement oublié son avenir présumé de pasteur, tout comme la jolie Fanny Owen qui partait à la chasse avec lui, et dont il était amoureux : elle lui a annoncé ses fiançailles par lettre au cours du voyage. Il trie ses caisses d'échantillons, et prépare la publication des notes de son voyage. Il mûrit ses réflexions sur l'histoire de la vie. Les germes semés dans son esprit au cours de ce long périple sont en train de pousser. Depuis son retour, il ne chôme pas : « Ces deux ans et trois mois furent les plus actifs de mon existence, malgré quelques indispositions qui me firent perdre du temps[1]. »

Le 7 mars 1837, il s'installe à Londres, à côté des musées mais aussi de son frère Erasmus, qui tient un salon où s'échangent des idées d'avant-garde – Erasmus est intimement lié à Harriet Martineau (1802-1876), journaliste engagée en faveur des femmes, des Noirs et des pauvres, et considérée comme une des fondatrices de la sociologie. Elle connaît Thomas Malthus et Herbert Spencer, dont nous entendrons bientôt parler à propos de la théorie de Charles Darwin.

Charles parle maintenant d'égal à égal avec de grands noms de la science comme Richard Owen. Il prend confiance en lui. Il est l'un des secrétaires honoraires de la Société géologique et devient l'ami de l'illustre Charles Lyell, le géologue qui l'a inspiré. Avec une belle largesse d'esprit, ce dernier salue l'explication de Darwin sur la formation des atolls qui, pourtant, contredit la sienne.

Darwin ne fréquente pas que des humains. Le 23 mars 1837, il rend visite à Jenny, l'orang-outang femelle du zoo de Londres. C'est la première fois qu'il voit un grand singe. L'anatomie et le comportement du primate frappent le naturaliste, qui note dans un de ses carnets : « Homme issu des singes ? » Jenny sera exhibée devant la duchesse de Cambridge… pudiquement habillée de vêtements féminins !

En juillet 1837, Darwin commence un premier carnet de notes consacré à la « transmutation des espèces » ; c'est l'amorce de ce qu'il va appeler « ma théorie ».

Une femme, c'est quand même mieux qu'un chien !

Parmi les notes personnelles de Darwin, l'une des plus connues est son tableau des « pour » et des « contre » le mariage. Son père l'encourage à prendre épouse, car il atteint la trentaine ; Charles le réfléchi soupèse l'affaire. Dans la colonne « Ne pas se

1. *Ibid.*, p. 67.

marier », il place : c'est la « liberté d'aller où l'on veut » (recevoir les parents est une « terrible perte de temps »), et pas d'enfant pour s'occuper de vous une fois devenu vieux (*sic*). Dans la colonne « Se marier », on trouve : « enfants – (s'il plaît à Dieu) – compagnon permanent (amie une fois l'âge venu) qui s'intéresse à vous, objet à aimer et avec qui se divertir – mieux qu'un chien de toute façon, [...] bonnes choses pour la santé – [...] se représenter seulement une jolie femme douce sur un sofa, avec un bon feu, des livres et peut-être de la musique[1]. » Conclusion : « Se marier – Se marier – Se marier. » Le 9 novembre 1838, il se rend chez son oncle Josiah Wedgwood pour lui demander la main de sa fille Emma, sa cousine de quelques mois son aînée. Les futurs époux s'apprécient depuis longtemps. Ils se sont toujours confiés l'un à l'autre et se sont soutenus face à l'autorité parentale. Emma accepte. Les deux familles sont enchantées. Emma et Charles se marient le 29 janvier 1839. Emma est riche, elle parle plusieurs langues, tire à l'arc et joue du piano. Elle a été l'élève de Chopin.

Les notes de Charles sur le mariage paraissent dénuées d'affect, et pourtant de profonds sentiments unissent Emma et Charles. Leurs lettres témoignent de liens très forts, tendres et respectueux. Les visiteurs évoquent l'atmosphère heureuse de la maison Darwin. Les deux époux s'occupent beaucoup de leurs enfants. Le père aime jouer avec eux. Charles dit d'Emma : « Elle a été la plus grande bénédiction de ma vie, et je peux affirmer que je ne l'ai jamais entendue prononcer un mot dont j'aurais souhaité qu'il ne fût pas dit. Son affection ne m'a jamais fait défaut, et elle a supporté avec la plus grande patience les plaintes fréquentes dues à ma mauvaise santé[2]. »

Un écureuil sur la jambe

Toute sa vie ou presque, Charles Darwin sera souffrant. Certains attribuent ses maux à la maladie de Chagas, transmise

1. Extraits du journal de Darwin. Supplément à *L'Autobiographie*, Le Seuil, 2008.

2. Charles Darwin, *Autobiographie*..., p. 79.

par des punaises et sans doute contractée en Amérique du Sud, puisqu'il note avoir été piqué. Mais, même s'ils se sont aggravés pendant le voyage, ses troubles gastriques, vomissements, palpitations, crises de panique et autres malaises existaient avant son départ, et d'autres commentateurs y voient plutôt un trouble psychosomatique, peut-être lié à la disparition prématurée de sa mère. Le décès de sa fille chérie, puis de deux autres de ses enfants, provoque en lui une obsession morbide, en même temps que de la culpabilité : il a épousé sa propre cousine, et il ne méconnaît pas les dangers de la consanguinité.

Bien qu'il affirme le contraire, Darwin est sans doute hypocondriaque. Il ne cesse de relater en détail ses symptômes à tout un chacun. Mais à soixante ans passés, sur les conseils de son médecin, il monte encore son cheval Tommy une heure par jour. Une seule fois, Tommy l'ayant quelque peu contusionné en tombant sur lui, il arrêtera momentanément l'équitation. Malgré cette chute et quelques autres, Darwin restera bel et bien assez en forme pour continuer à monter quotidiennement jusqu'à un âge honorable[1].

En 1842, la famille Darwin emménage à Down House, dans le Kent, près de Londres. Jusqu'à la fin de sa vie, Charles ne quittera sa maison que pour des cures et quelques visites. L'allée de sable qui parcourt la propriété est le théâtre de ses réflexions personnelles, des discussions familiales ou scientifiques. D'abord appelée tout simplement « le Sable » (*the Sand*), elle sera rebaptisée, une fois Darwin devenu célèbre, « le Chemin du Futur ». On y voit Darwin si absorbé par ses pensées que des écureuils grimpent sur ses jambes comme sur un arbre. Il faut dire qu'en Angleterre, les écureuils sont peu farouches… Bob, petit chien de chasse noir et blanc, l'accompagne dans ses promenades. Observé au même titre que les enfants de la famille, il aidera sans le savoir son maître à mettre à mettre au point son livre sur les expressions, *L'Expression des émotions chez l'homme et chez les animaux*.

---

1. Irvin Stone, *Charles Darwin, le roman de nos origines*, p. 610 et 625.

Une indigestion de crustacés

Vous connaissez les cirripèdes. Si. Vous connaissez, par exemple, ces « chapeaux pointus » qui s'accrochent aux coquilles des moules, et qu'il faut gratter avant de les cuisiner. Ces cirripèdes-là s'appellent des balanes. Certains sont beaucoup plus gros : ils se fixent sur la peau de ces pauvres baleines que ça doit gratter sacrément (si les cétacés bondissent hors de l'eau, pensent certains biologistes, c'est pour s'en débarrasser). D'autres espèces de cirripèdes vivent au bout d'un pied, comme les anatifes, que l'on retrouve chez certains poissonniers sous le nom de pousse-pieds, ou pouces-pieds. Tous ces cirripèdes sont surtout connus au stade adulte, fixés sur un support ; à l'état de larve, ce sont des animaux flottants, comme quasiment tous les animaux marins. Bien qu'ils ressemblent à des mollusques, les cirripèdes sont des crustacés. Des cousins du homard un peu particuliers, qui passent leur vie d'adulte la tête scotchée à un support, battant des pieds pour respirer et attirer leur nourriture vers eux.

Une balane, un des cirripèdes étudiés par Darwin

Ces crustacés bizarres vont occuper une bonne partie de la vie de Charles Darwin. Jusqu'à l'indigestion…

À partir de 1846, Darwin entreprend la classification des cirripèdes fossiles et actuels. Surtout connu en tant que géologue, il a besoin d'une légitimité en zoologie avant de publier *sa* théorie et défendre ses idées. Darwin voit dans ces animaux qui se transforment au cours de leur existence une démonstration particulière des changements généraux de la nature. La difficulté de leur classification l'intéresse. Jusqu'à Cuvier lui-même, les scientifiques ont pris les cirripèdes pour des mollusques, et la confusion témoigne des points communs qui existent entre différentes branches animales, et de leur ascendance commune.

Le naturaliste plonge donc dans l'étude et confirme l'appartenance des cirripèdes aux crustacés grâce à l'examen de leurs larves. Comme ces animaux se divisent en milliers d'espèces, des collections du monde entier arrivent sous son microscope perfectionné, fabriqué sur mesure pour discerner les valves et les muscles. Il fait même construire une tablette spéciale pour utiliser son microscope plus confortablement. L'étude de ces animaux est quasiment vierge ; il doit nommer des parties anatomiques que personne n'avait observées avant lui. Une seule espèce de cirripède l'occupe pendant trente-six jours, et inspire vingt-deux pages de descriptions, une autre vingt-sept pages ! Darwin consacre à ces invertébrés huit ans de travaux acharnés, à tel point que son fils William, en visite chez un voisin, demande quand ce dernier étudie ses cirripèdes : Darwin junior croyait que c'était l'activité principale de tous les adultes ! Charles Darwin, finalement, publie sur ses « horribles crustacés » une monographie en quatre gros volumes : *A Monograph of the Sub-Clas Cirripedia* (1851-1854). La publication connaît un certain succès et rencontre l'admiration de scientifiques reconnus comme le paléontologiste Richard Owen. L'auteur, lui, avoue : « Je hais les anatifes plus qu'aucun homme ne les a jamais haïs. »

Cependant, ces petites bêtes haïssables ont fourni à Darwin des preuves de l'incroyable variabilité des espèces. Et de la parenté qui les unit.

Un pénis trop voyant

À la fois filles et garçons, les balanes sont hermaphrodites, cependant elles doivent s'accoupler pour se féconder.

Mais comment faire lorsqu'on est scotché à sa moule ou à sa baleine ? On envoie son pénis en mission chez la voisine. Le pénis des balanes est donc gigantesque. Proportionnellement, c'est le plus grand zizi du monde, puisqu'il atteint huit fois la longueur de son propriétaire !

On a découvert récemment que la forme et la taille du pénis des balanes dépendaient des conditions extérieures : long et fin dans les endroits calmes, il permet de visiter un maximum de partenaires. Mais dans les zones où la mer est agitée, il est plus court et trapu pour résister à l'assaut des vagues : c'est un sexe à géométrie variable. Tout cela, ni Charles Darwin ni sa fille Henrietta ne le savaient. La taille dudit pénis posait déjà assez de problèmes à la demoiselle.

Henrietta Darwin, ou Etty, était une enfant de l'ère victorienne. On raconte que, choquée par les notes de son père sur le pénis géant des balanes et autres fantasmagories sexuelles propres aux cirripèdes (chez certaines espèces, les mâles sont si petits qu'ils vivent en parasite dans le corps des femelles), Etty en aurait interdit la publication. On dit aussi qu'elle aurait milité pour un programme d'éradication du satyre puant, champignon de nos campagnes aux formes très suggestives.

Henrietta Darwin craignait également les opinions de son père sur la religion. « Etty alla jusqu'à parler d'une procédure légale pour empêcher la publication » de l'autobiographie de Darwin, comme le rappelle sa petite-fille Nora Barlow dans l'introduction de la version non expurgée qu'elle a fait paraître en 1958 : « Elle [Etty] pensait que, sur ces questions religieuses, le texte était abrupt et peu réfléchi, et que, dans ces circonstances, il était non seulement injuste pour sa mémoire de le publier, mais encore qu'il s'y serait lui-même opposé. » On n'est jamais trahi que par les siens…

L'énigme de la méduse volante

Cela peut se passer aujourd'hui, un peu partout en France et en Europe. L'événement est relayé par la presse : le fleuve est infesté de méduses ! Des méduses en eau douce ? Oui, ces centaines de petites masses gélatineuses, qui forment une nappe blanchâtre à la surface de l'eau, sont bien des méduses d'eau douce. Elles sont apparues soudainement, et, dans la région, on n'avait jamais vu ça. Par chance, elles sont inoffensives pour l'homme. Elles ont la taille d'une pièce d'un euro, et ne vivent que quelques jours. Habituellement, elles se maintiennent au stade polype, êtres transparents d'un millimètre accrochés à un support, si bien que l'on ne soupçonne pas leur présence. Mais lorsque l'eau dépasse 25 °C pendant un certain temps, les polypes bourgeonnent tous ensemble et prennent une forme sexuée de méduses nageantes, devenant soudain visibles.

Ces animaux, baptisés *Craspedacusta sowerbyi* par les scientifiques, viennent du fleuve Yang-tseu-Kiang, en Chine. On les trouve désormais un peu partout en Europe, en Amérique du Nord, en Australie et ailleurs. Le professeur Théodore Monod, qui les a découverts dans la Seine en 1970, les a surnommés « méduses volantes » à cause de leur capacité de voyager. Mais comment sont-ils arrivés là ? C'est Darwin qui le premier s'est attaqué à l'énigme du déplacement de certaines espèces, et qui trouvé des réponses…

Aux Galápagos, Charles Darwin s'était déjà étonné de la présence de nombreux lézards et serpents dans les îles océaniques, et de l'absence de grenouilles. Il attribua le fait à une meilleure résistance des œufs de reptiles dans l'eau salée. La présence de petits rongeurs l'intriguait aussi ; il avait émis l'hypothèse que des rapaces avaient pu en rapporter au nid encore vivants, qui s'étaient échappés. Dans sa maison de Down, sa sédentarité ne l'empêche pas de se lancer dans des recherches concrètes sur le voyage des espèces.

Expériences dans la basse-cour

Peu convaincu par l'existence d'anciens « ponts de terre » proposée par certains géologues afin d'expliquer la colonisation des îles par les plantes et les animaux, Darwin entreprend des expériences sur la survie des graines auxquelles il fait participer ses enfants. Ceux-ci s'amusent comme des petits fous à remplir des dizaines de bocaux d'eau salée et de semences. Emma, si elle déteste les dissections d'animaux, se pique à ce jeu-là. Puis ce sont les enfants de la région qui sont mis à contribution : les petites filles de la paroisse collectionnent les graines (que Darwin paie en timbres), et les garçons de la classe d'un de ses cousins reçoivent un shilling pour une demi-douzaine d'œufs de lézard.

Ainsi le naturaliste observe-t-il que, malgré un séjour de plusieurs mois dans l'eau salée, certaines graines restent capables de germer. Il calcule la distance qui peut être parcourue dans ce laps de temps par des semences transportées au gré des courants marins. Il fouille dans les fientes des oiseaux de sa basse-cour afin de vérifier si les graines résistent à l'acidité gastrique[1]. Il nourrit les rapaces du zoo de Londres avec des poussins ayant ingéré des graines, puis analyse leurs pelotes de réjection (la partie non digérée de leurs proies qu'ils recrachent) pour les y retrouver. Il fait germer des graines restées trente jours dans le corps d'un pigeon mort ayant flotté sur de l'eau salée. Toutes expériences qui le conduisent à constater l'étonnante résistance des végétaux.

Les oiseaux, comme ce colvert, transportent des graines

1. Non seulement les graines résistent, mais on sait aujourd'hui que certaines doivent impérativement passer par le tube digestif d'un volatile pour pouvoir germer. La disparition des dodos a ainsi failli entraîner celle d'un arbre : le bois de fer, qui n'a pas germé pendant deux siècles. Ses graines dures étaient dissoutes par leurs sucs gastriques. Faute de sauver les dodos, on a perpétué l'arbre en faisant transiter ses graines dans les estomacs de dindons.

Enfin, en examinant la boue trouvée sur les plumes et les pattes des oiseaux, il trouve non seulement des graines, mais aussi des larves. Ainsi les œufs de mollusques, de poissons et d'amphibiens, dont la surface est souvent collante, comme les méduses, peuvent-ils voler de région en région, de continent en continent… Notre méduse volante est arrivée à pattes d'oiseaux[1] !

Une confirmation de cette découverte peu connue de Darwin a été donnée récemment grâce à un escargot des îles de Tristan da Cunha, dans l'Atlantique nord. En comparant son ADN avec celui d'un escargot européen, on s'est aperçu qu'il s'agissait de la même espèce, et que ses œufs étaient certainement arrivés par les airs, accrochés aux volatiles. L'attrape-mouches avait vu juste !

Des hypothèses hardies

Si le fait n'était pas prouvé, y compris dans les tourbières de nos régions, qui croirait que des plantes sont capables de *manger des animaux* ? Le botaniste Linné n'y avait d'ailleurs pas cru lorsqu'il avait reçu en 1763 de Caroline un de ces végétaux carnivores, la dionée… attrape-mouches. Un sujet de rêve pour Darwin l'attrape-mouches ! Celui-ci a démontré la nature carnivore de cette plante et fait de nombreuses expériences sur son piège en forme de mâchoires, avec ce commentaire : « C'est l'une des plantes les plus merveilleuses du monde. »

Darwin a émis des hypothèses dont certaines nous semblent banales aujourd'hui tant elles ont été assimilées par notre culture générale, mais qui secouaient les habitudes intellectuelles de son époque. Il a aussi imaginé des scénarios novateurs qui, bien que possibles, n'ont pas donné de suite. Ainsi,

1. En Europe, les premières méduses d'eau douce ont été observées en 1880 dans un bassin tropical, à Kew, en Angleterre, en compagnie de plantes exotiques avec lesquelles elles ont peut-être été introduites. Elles se sont ensuite répandues naturellement dans d'autres régions, entre autres à pattes d'oiseaux. Désormais, la méduse d'eau douce chinoise se rencontre un peu partout dans les eaux très calmes : lacs, gravières, canaux, cours d'eau lents. Merci les canards !

cette proposition destinée à souligner des questions sur les origines de nos rapports sociaux. « Si, par exemple, pour prendre un cas extrême, les hommes étaient élevés exactement dans les mêmes conditions que les abeilles de ruche, il ne ferait guère de doute que nos femelles célibataires penseraient, comme des abeilles ouvrières, qu'elles ont le devoir sacré de tuer leurs frères, et que les mères tenteraient de tuer leurs filles fécondes ; et personne ne songerait à y faire obstacle[1]. » Tout ça peut paraître farfelu, mais n'en est pas moins logique.

Considérant que certains oiseaux se sont tellement adaptés à la nage qu'ils ne peuvent plus voler, comme le manchot, et que des insectes ou des reptiles ont conquis les airs, Darwin imagine une évolution des poissons tout aussi plausible : « On peut concevoir que les poissons volants, qui peuvent actuellement s'élancer dans l'air et parcourir des distances considérables en s'élevant et en se soutenant au moyen de leurs nageoires frémissantes, auraient pu se modifier de manière à devenir des animaux parfaitement ailés[2]. »

Poisson volant de l'Atlantique

L'hypothèse de Darwin la plus citée dans le genre est probablement celle de l'ours pêcheur, base d'explication pour une évolution des mammifères vers des mœurs aquatiques : « Hearne a vu, dans l'Amérique du Nord, l'ours noir nager

1. Charles Darwin, *La Filiation de l'homme…*, p. 185.
2. Charles Darwin, *L'Origine des espèces*, p. 234.

pendant des heures, la gueule toute grande ouverte, et attraper ainsi des insectes dans l'eau, à peu près comme le ferait une baleine. Même dans un cas aussi extrême, si le nombre des insectes était constant, et s'il n'existait pas encore de concurrents sérieux adaptés dans la région, je ne vois pas de difficultés à l'idée qu'une race d'ours soit rendue, par la sélection naturelle, plus aquatique dans sa structure et ses habitudes, avec une bouche de plus en plus grande, jusqu'à ce qu'une créature aussi monstrueuse qu'une baleine soit produite[1]. »

Le biologiste Richard Dawkins, qui cite l'ours pêcheur de Darwin dans son ouvrage *Il était une fois nos ancêtres*[2], évoque « cette réflexion dont on se moque parfois sans que j'aie jamais compris pourquoi ». Le courage intellectuel n'est risible que pour les esprits conservateurs : c'est en prenant des risques que Darwin a ouvert des portes.

La force du raisonnement

Darwin n'a pas été le premier à penser que l'évolution transforme les êtres vivants, mais il a été celui qui en a apporté l'explication la plus poussée et la plus étayée d'exemples. Comme s'il attendait que la science future comble les vides provisoires de sa théorie, il s'est passé de certaines explications (sur les mécanismes de l'hérédité par exemple) tout en s'appuyant sur ce qui lui semblait solide, témoignant d'une incroyable confiance dans la force de sa logique. Sur sa théorie de la formation des atolls, il écrivait : « ... j'ose défier qui que ce soit d'expliquer d'une autre façon l'existence des nombreuses îles (...) formées de coraux... »

Un des meilleurs résumés de la démarche de Darwin est donné par Carl Vogt dans sa préface de la traduction française de l'ouvrage *De la variation des animaux et des plantes* (1879). Le livre contient, annonce Vogt, ce que l'on « trouvera dans chaque production du maître : haute indépendance de vues, déduction logique des résultats, matériaux immenses

1. *Ibid.*, p. 236.
2. Richard Dawkins, *Il était une fois nos ancêtres*, p. 252. Voir bibliographie.

recueillis avec soin et observés avec sagacité, connaissance approfondie et appréciation impartiale des travaux d'autrui ».

Darwin a eu de nombreuses intuitions dans des domaines très divers. Il a une fois évoqué l'apparition possible de la vie[1] d'une façon extraordinairement proche de la notion de « soupe primitive » développée plus tard, en 1926. Il a deviné que les origines de l'homme, « enfant des tropiques », sont africaines alors qu'on les croyait eurasiennes ; que nos ancêtres lointains étaient sans doute plus petits que nous ; mais aussi que le chimpanzé est notre plus proche parent. Il a supposé que les Égyptiens n'étaient pas les premiers éleveurs à avoir inventé la sélection du bétail, ce qui est prouvé aujourd'hui. Il a expliqué comment les mamelles ont pu apparaître chez les mammifères, ce que des études récentes ont confirmé. Il a expliqué les ressemblances entre animaux des montagnes et des régions nordiques. Il a entrevu la dérive des continents, hypothèse formulée en 1912, et réellement admise quarante ans seulement plus tard[2] ! Il a compris le premier, nous l'avons vu, comment se forme un atoll. Ayant appris d'un missionnaire du Liberia, et par une publication de 1843, que les chimpanzés se servent d'outils, il l'a accepté sans préjugé (l'utilisation d'outils était censée différencier l'homme de l'animal) – le monde incrédule et passablement choqué ne l'a réellement su qu'après les révélations de Jane Goodall, en 1964. Enfin, Darwin fut un pionnier de l'écologie scientifique, dans le sens où il a mis en lumière les interactions entre les différents organismes, et entre ceux-ci et leur environnement.

Avec son livre sur les expressions paru en 1872, Darwin a jeté les bases de l'éthologie – l'étude du comportement – plus d'un siècle avant sa consécration officielle en 1973. Avec « La filiation de l'homme, les facultés mentales de l'homme et celles des animaux inférieurs », il a bouleversé la psychologie naissante.

---

1. Texte de 1871 rapporté par son fils Francis dans la *Correspondance de Charles Darwin*.

2. Un géologue britannique a même déclaré en 1924 : « Quiconque voudra être considéré comme un scientifique sérieux ne pourra jamais défendre une telle théorie. » Aujourd'hui, on sait que Paris s'éloigne chaque année de New York de trois centimètres. Avant d'être une danse, la tectonique est un événement géologique.

Les erreurs de Darwin

Darwin dit parfois tout et son contraire tant il use de précautions oratoires, un peu comme ces hommes politiques qu'on ne prend jamais au dépourvu. Aussi peut-on faire des citations peu glorieuses, ou au contraire brillantes et visionnaires, avec la même subjectivité. Il a tant écrit, et sur des sujets si neufs, qu'il ne pouvait pas ne pas commettre d'erreurs.

Certains passages de ses ouvrages restent obscurs, croulant sous les détails dont beaucoup ne s'appuient que sur le témoignage « digne de foi » d'un de ses correspondants lointains. D'autres se sont carrément révélés être des fausses pistes[1], même si celles-ci n'enlèvent rien à la vérité générale de sa théorie.

Une des hypothèses de Darwin les plus critiquées a été sa conviction que l'évolution ne fait pas de bonds, qu'elle ne fonctionne que par petites variations. Mais son « erreur » considérée comme la plus flagrante aujourd'hui est sa croyance en l'influence de « l'usage et du non-usage » : l'usage d'un organe favorise son développement, le non-usage le fait disparaître. En fait, Darwin a fini par croire à l'hérédité des caractères acquis. En effet, même si ce point lui paraissait secondaire par rapport à sa nouvelle théorie, et son ralliement apparaît comme une concession à ses détracteurs, Darwin s'est parfois rangé à cette croyance universelle à son époque de l'hérédité des caractères acquis. Nous y reviendrons avec la girafe de Lamarck.

Les opposants actuels de Darwin ne se font pas faute de souligner les points faibles de sa théorie, mais les objections répétées n'enlèvent rien à la puissance et à la longévité de sa

1. Par exemple, Darwin supposait que les chiens domestiques avaient plusieurs ancêtres, alors que les analyses génétiques ont prouvé depuis qu'ils descendent tous du loup. Il pensait au contraire que les poules domestiques descendent du coq bankiva, ou coq doré. Or, de récentes analyses génétiques montrent que les poules possèdent aussi quelques gènes d'une espèce sauvage proche, le coq de Sonnerat. Le Sonnerat se serait accouplé avec les premières poules domestiquées, et ça Darwin ne pouvait pas le savoir.

pensée, au contraire. Des ennemis vigoureux sont un symptôme de vigueur…

Charly botaniste, Emma protectrice

Même si nous nous attachons ici essentiellement à la zoologie, rappelons que Charles Darwin a écrit autant d'ouvrages sur la botanique que bien des spécialistes des végétaux. Il a étudié la pollinisation et les rapports entre les insectes et les fleurs d'une façon novatrice, devinant l'existence d'un insecte à longue trompe en observant une orchidée à long pistil. Il a également publié sur les mouvements des plantes grimpantes.

Emma préfère voir son mari s'occuper de plantes que d'animaux. Choquée par l'utilisation des pièges en acier dans lesquels les bêtes agonisent pendant des heures, elle publie un article sur le sujet dans le *Gardener's Chronicle* et se rapproche de la Société protectrice des animaux anglaise afin de lancer un prix qui récompenserait l'invention d'un piège plus humain. Si Charles refuse à sa fille Etty, au nom de la science, de signer une pétition contre la vivisection, il n'en réclame pas moins plus d'humanité dans les pratiques, car il déteste la cruauté. Sur l'insistance du mari d'Etty, il témoigne devant une commission royale destinée à étudier la question. En une autre occasion, ayant appris qu'un de ses voisins avait laissé ses moutons mourir de faim, il prend la peine de recueillir des témoignages et d'intenter une action en justice pour négligence[1].

Une incontestable honnêteté

« Je suis sûr que je n'ai pas dévié d'un pouce pour acquérir la renommée », écrit le naturaliste dans son autobiographie. Conscient de sa valeur mais dénué d'arrogance,

1. Irvin Stone, *Charles Darwin, le roman de nos origines*, p. 597, 607 et 648. Voir bibliographie.

fuyant les honneurs publics, Charles Darwin a le sens de l'honneur tout court. Dans ses écrits, il ne prétend pas expliquer tout, il ne dissimule pas ses questions, et c'est là sa force. Il fonde sa démarche sur d'innombrables exemples, mais, quand il repère une faille dans sa théorie, il l'expose, désireux de stricte vérité. Intègre, il a tellement écouté ses détracteurs qu'il a publié de nombreuses versions retouchées de *L'Origine des espèces* pour leur répondre, au point de parfois noyer son discours avec des explications un peu alambiquées.

Darwin sera également honnête avec Alfred Russel Wallace, qu'il cite dans plusieurs de ses ouvrages, et à qui il laisse un passage entier dans *La Filiation de l'homme*. Wallace ayant abouti aux mêmes conclusions que lui sur l'évolution des espèces, ce que nous verrons plus tard, les deux hommes agiront l'un envers l'autre avec un élégant *fair-play*, sans chercher à se doubler. La classe.

Des vers de terre chez les Darwin

Quand les vers de terre s'attaquent aux châteaux forts

La dernière publication de Charles Darwin – il a alors soixante-douze ans – n'est pas la moins originale. Elle porte sur un animal plutôt délaissé par le monde scientifique, mais que lui-même considère comme capital : le ver de terre. Il y pense depuis longtemps : « C'est en fait la suite d'un court article lu il y a plus de quarante ans devant la Société de géologie », écrit-il dans son autobiographie. Paru à Londres en 1881, ce livre est intitulé *The Formation of Vegetable Mould through the Action of Worms, with Observations on their Habits* (« La formation de la terre végétale par l'action des vers, avec des observations sur leurs habitudes »). À sa parution, l'ouvrage connaît encore plus de succès que *L'Origine des espèces* !

Pour Darwin rien n'est insignifiant. Si les vers sont des animaux peu remarquables, ils sont formidablement nombreux ; celui qui a maintes et maintes fois creusé la terre à la recherche de fossiles en sait quelque chose. « Toute la terre végétale sur la totalité du pays, écrit-il, est passée de nombreuses fois et repassera encore de nombreuses fois, à travers les canaux intestinaux des vers. » Si les maisons romaines, les églises et les châteaux anciens s'enfoncent dans le sol, écrit-il encore, c'est à cause du brassage souterrain perpétuel causé par les vers. L'activité de ces petites bêtes démontre que des changements imperceptibles sur une courte durée entraînent sur une longue durée des changements visibles, comme la formation des atolls ou l'évolution des espèces.

Les qualités mentales des vers

La curiosité infatigable de Darwin, ses questionnements multiples, l'acuité de ses observations, la précision de ses mesures, sa patience inébranlable et le soin apporté à ses tests sur les vers de terre sont représentatifs de la méthode qui a été la sienne toute sa vie. Certes, à son époque, les chercheurs fortunés pouvaient dépenser leur temps sans compter, mais l'obstination de Darwin n'en fut pas moins remarquable. Un exemple de sa précision : le naturaliste dispose trois cent trois triangles de papier enduits de graisse sur l'humus de ses terrariums à seule fin de voir comment les vers s'en emparent pour les enfoncer dans le sol.

Malgré quelques précautions oratoires sur les capacités de ces animaux situés « si bas sur l'échelle », il écrit qu'il lui est « difficile d'échapper à la conclusion que les vers montrent un certain degré d'intelligence dans leur manière d'obturer leurs galeries[1] », et de rédiger un passage détaillé sur leurs « qualités mentales ». Certains reprocheront à Darwin cet anthropomorphisme assumé – il n'hésite pas à parler de l'affection de l'araignée, du sentiment de la beauté chez les

1. Charles Darwin, *La Formation de la terre végétale par l'action des vers…*, p. 75. Voir bibliographie.

PUNCH, OR THE LONDON CHARIVARI.

PUNCH'S FANCY PORTRAITS.—No. 54.

CHARLES ROBERT DARWIN, LL.D., F.R.S.

IN HIS *DESCENT OF MAN* HE BROUGHT HIS OWN SPECIES DOWN AS LOW AS POSSIBLE—*I.E.*, TO "A HAIRY QUADRUPED FURNISHED WITH A TAIL AND POINTED EARS, AND PROBABLY *ARBOREAL* IN ITS HABITS"—WHICH IS A REASON FOR THE VERY GENERAL INTEREST IN A "FAMILY TREE." HE HAS LATELY BEEN TURNING HIS ATTENTION TO THE "POLITIC WORM."

Portrait de Darwin avec un ver, caricature d'époque

oiseaux ou de la conscience du chien, une autre façon d'exprimer la continuité entre tous les êtres vivants : les uns ont en prémices ce que d'autres ont développé, tous étant de même nature.

Être ver de laboratoire chez Charles Robert Darwin, ce n'est pas une vie. Le chercheur les guette des jours et des nuits dans le dessein de tester leurs sens. Pour évaluer leur vue – ou plutôt leur sensibilité à la lumière –, il approche d'eux des éclairages divers, chandelle, lampe à pétrole, dans des conditions différentes de rapidité et d'intensité, et mesure leur temps de réaction. Pour expérimenter leur sensibilité au contact, il leur souffle dessus. Il essaie les haleines parfumées, et pour cela chique du tabac, met dans sa bouche du coton imprégné de parfum de mille-fleurs ou d'acide acétique ! Pour identifier leurs goûts, les expériences sont plus douces : il propose des feuilles mortes plus ou moins décomposées, des feuilles de chou vert, de chou rouge, de tilleul, de merisier, de céleri, de betterave, de carotte, de panais, des morceaux d'oignon, de navet, de raifort (très apprécié paraît-il), des bouts de viande, fraîche ou non, crue ou rôtie, etc., et même d'autres vers morts. Conclusion : les vers de terre sont morfales et cannibales, mais ils manifestent des préférences.

Un réseau international de correspondants

Après avoir abondamment nourri ses vers de terre, Charles Darwin étudie les conséquences de ses bienfaits : leurs déjections. Avec la précision et le sérieux qu'on lui connaît. Pour cela, il fait jouer son réseau international de correspondants, qui lui envoient tout aussi consciencieusement des échantillons d'excréments de vers depuis des pays lointains. Il les soupèse, les calibre et les analyse. Le docteur Ernst, de Caracas, a ramassé et mesuré pour lui cent cinquante-six déjections dans la cour de sa maison au Venezuela. Un certain Fritz Müller observe les turricules (les tortillons d'excréments) dans le sud du Brésil. Le docteur G. Krefft prospecte en Australie, enquête auprès des jardiniers, ramasse et envoie sa récolte. John Scott, responsable d'un jardin botanique situé près de Calcutta, fait de même, et Darwin compare les échantillons avec d'autres collectés à Nice. On en trouve une gravure dans son ouvrage. Les déjections du docteur King – ou plutôt envoyées par lui depuis le sud de l'Inde – ont également l'honneur d'une gravure.

Darwin a toujours beaucoup cité ses sources : amis, fonctionnaires britanniques résidant à l'étranger, explorateurs, scientifiques, correspondants divers. Il s'est créé un riche réseau de personnes « de bonne foi » qui se dévouent pour l'aider. Edward Blyth (1810-1873) est sans doute le correspondant qu'il cite le plus. Ce zoologiste a séjourné vingt-deux ans en Inde, et il lui a fourni une grande quantité d'informations, notamment sur les croisements des animaux domestiques. Pour ses recherches sur les races domestiques, Darwin envoie des questionnaires à tout un réseau d'éleveurs. Il reçoit aussi des peaux et même des animaux vivants, tels ces lapins expédiés de Madère ou de Moscou.

Malgré les expériences qu'il pratique et la rédaction de ses ouvrages, Charles prend le temps d'écrire jusqu'à dix lettres par jour à divers spécialistes. Son livre sur les expressions se fonde en partie sur des réponses à ses questionnaires de sources planétaires, car il s'agit de comparer le langage gestuel des humains du monde entier, depuis les Amérindiens jusqu'aux Aborigènes. Bien qu'il sorte peu de chez lui, Charles Darwin n'est pas isolé.

Enfin, le naturaliste lit beaucoup. Il ne prétend pas tout trouver tout seul et s'appuie sur des « autorités compétentes » et autres « juges irrécusables », tel Henri Fabre pour les insectes. Parmi ses correspondants et ses auteurs de référence, beaucoup sont encore connus des zoologistes d'aujourd'hui pour avoir transmis leur nom à des animaux : pouillot de Pallas (un petit oiseau), chat de Pallas, chat de Temminck, bécasseau de Temminck, puffin d'Audubon ou encore faisan de Swinhoe, bécassine de Swinhoe et trionyx de Swinhoe, une tortue chinoise rare – le consul et naturaliste Robert Swinhoe (1836-1877) était un des correspondants de Darwin en Chine.

Leçon de piano pour vers de terre

Nous terminerons ce chapitre en musique. Darwin jouait du piano, sifflait, hurlait et faisait jouer du basson à l'un de ses fils devant des vers de terre afin de tester leurs capacités auditives… pour en déduire qu'ils sont sourds : « Ils ne s'apercevaient aucunement des notes stridentes produites par un sifflet métallique, que l'on faisait retentir à maintes reprises autour d'eux ; et pas davantage des sons les plus graves et les plus forts d'un basson. Ils étaient indifférents aux cris, si l'on prenait garde que le souffle ne les touchât pas. Placés sur une table à côté des touches d'un piano, dont on jouait aussi fort que possible, ils restaient parfaitement tranquilles[1]. » Chez les Darwin, on passait de sacrées soirées…

1. *Ibid.*, p. 45.

II

La théorie de l'évolution

ET LES ANIMAUX APPARURENT

Pour bien comprendre ce que Darwin a apporté à notre connaissance du monde vivant, et notamment des animaux, il est instructif de faire un rapide survol de la longue histoire des idées naturalistes depuis l'Antiquité, principalement dans la culture occidentale.

De tout temps, les hommes se sont posé les mêmes questions : D'où venons-nous ? D'où viennent les plantes et les animaux ? Pourquoi ont-ils ces formes ? Comment se transmettent-ils leurs caractères ? Les réponses d'hier peuvent aujourd'hui nous sembler farfelues, logiques ou inexplicables, elles sont toujours intéressantes… Et que dira-t-on dans deux siècles de nos convictions actuelles ?

La vérité vint des asticots

La licorne, le mammouth et le cyclope

La licorne portait une barbiche et une longue corne torsadée sur le front. Elle ressemblait à un cheval blanc aux yeux bleus, et pouvait vivre mille ans. Elle était si farouche et si rapide que personne n'est jamais arrivé à la capturer. Vers 390 avant Jésus-Christ, Ctésias décrit l'animal dans ses récits sur l'Inde, pays qu'il n'a jamais visité. Sa source est probablement une description de rhinocéros faite par un voyageur inconnu. D'autres histoires fabuleuses alimentent la légende de la licorne, aux mœurs souvent cruelles, ennemie des éléphants mais amie des tourterelles : Cuvier émettra l'hypothèse qu'il s'agit en fait de l'association entre le rhinocéros et le pique-bœuf.

Aristote de Stagire (384-322 av. J.-C.) évoque deux espèces de licornes, dont l'une est certainement l'oryx, une gazelle aux longues cornes droites. Au Moyen Âge, on rapporte des pays lointains des cornes censées provenir de licornes, aux propriétés médicinales, cadeaux princiers valant onze fois le prix de l'or. Il s'agissait généralement de dents de narvals mâles, cétacés des mers arctiques dont l'incisive peut dépasser deux mètres de long. D'autres sont des défenses de mammouths, animaux totalement inconnus à l'époque.

Mammouth ou souris géante ?

Comment expliquer la provenance de ces vestiges parfois gigantesques enfouis dans le sol ? De nombreuses légendes de bêtes fabuleuses, d'humains ou d'animaux géants sont nées de leur découverte un peu partout dans le monde. En Sibérie, on pensait que les squelettes de mammouths étaient des restes de souris colossales aux mœurs souterraines, dont les déplacements expliquaient les tremblements de terre. Des légendes similaires, originaires d'Amérique du Sud, seront rapportées par Darwin. Dans l'Europe du Moyen Âge, les restes d'ours des cavernes étaient considérés comme provenant de dragons cracheurs de feu.

Le mythe grec du cyclope Polyphème, qui n'avait qu'un œil au milieu du visage, trouve probablement son origine, lui aussi, dans une mauvaise interprétation d'ossements énigmatiques, ceux d'éléphants nains trouvés par les marins grecs. Ne mesurant que soixante centimètres au garrot, hauteur approximative d'un enfant d'un an, ces mini-pachydermes ont peut-être, si l'on en croit les légendes, vécu jusqu'à l'époque des Grecs, voire des Romains, dans les îles méditerranéennes. Les éléphants ont de petits yeux situés sur les côtés du crâne ; ce ne sont pas leurs orbites que l'on remarque, mais un énorme trou central : l'ouverture nasale qui correspond à la base de la trompe. D'où cette déduction que ces créatures n'avaient qu'un œil…

Bien que des hommes avisés comme Léonard de Vinci aient parfaitement deviné la provenance des fossiles, restes d'animaux disparus, il faudra attendre le développement des fouilles archéologiques et, entre autres, les théories lumineuses de Darwin pour éclairer le passé de la vie sur Terre.

Pendant quinze siècles, la zoologie s'est appuyée sur les textes d'Aristote et du naturaliste latin Pline l'Ancien (23-79), où se côtoient des observations précises et des histoires abracadabrantesques. Les trente-sept volumes de son *Historia naturalis*, les seuls ouvrages de Pline qui soient parvenus jusqu'à nous, ont été maintes et maintes fois traduits, copiés et recopiés, mais jamais actualisés. En Occident, ils ont longtemps été les seules références savantes, et les chercheurs puisaient leurs connaissances dans ces livres plus que dans l'observation directe de la nature. De Pline aux savants du Moyen Âge, les bestiaires mêlaient des connaissances zoologiques réalistes à des croyances mythologiques ou religieuses. La Bible et le Talmud évoquaient la licorne, l'existence de ce genre de créatures ne soulevait donc pas de question particulière.

Et la mouche fut

Pour les fidèles des religions judaïque et chrétiennes, la Bible fut pendant des siècles la seule référence pour expliquer l'origine du cosmos, des animaux et des hommes[1]. L'interprétation littérale des textes sacrés conduisait à de surprenantes affirmations. Grâce à des calculs savants fondés sur les écrits bibliques, l'archevêque irlandais James Ussher avait ainsi, en 1654, déterminé la date de naissance de la Terre : le 23 octobre 4004 avant Jésus-Christ, pile à 9 heures du soir ! Le Déluge, lui, avait eu lieu en 2349 av. J.-C., ni avant ni après. Une précision… diabolique.

Pour ceux qui prennent la Bible au pied de la lettre, le monde n'a pas bougé depuis sa création, d'où le nom de créationnistes qui leur est donné. Les animaux et les humains sont selon eux apparus d'emblée sous leur forme actuelle, fixée une fois pour toutes. Créés par Dieu à son image, Adam et Ève sont nos ancêtres à tous. De même, chaque espèce animale à reproduction biparentale est issue d'un couple d'origine. Mais un problème va surgir avec la mouche, qui semble nier la création divine.

Personne ne l'a vue venir. Et pourtant elle est là, bien réelle, bien vivante. La mouche a surgi comme par magie de la charogne. Elle se nettoie, se sèche les ailes et s'envole vers le soleil en vrombissant sans se douter des enjeux théologiques, philosophiques et scientifiques qu'elle représente. Depuis Aristote jusqu'au XVIIe siècle, on a cru que ces petites bêtes et d'autres naissaient spontanément de la boue, du fumier ou de la viande en décomposition : on en voyait sortir des insectes qui n'y étaient pas entrés, et qui n'avaient pas de parents, contrairement aux grands animaux. On appelait ce phénomène la génération spontanée. Certains avançaient qu'il suffisait d'enfermer des chemises sales dans des récipients pleins de blé pour engendrer des souris ! Virgile, qui y croyait ferme, a même donné des recettes pour faire apparaître des

1. En Occident, les écrits de Pline restent les références savantes sur l'histoire naturelle. Monothéistes également, les musulmans s'appuient sur le Coran, texte sacré révélé au prophète Mahomet par l'archange Gabriel (ou Jibraïl), considéré comme la parole de Dieu (Allah).

mouches ! La génération spontanée déplaisait à l'Église, car elle niait la création des animaux par Dieu au commencement du monde telle qu'elle est décrite dans la Genèse.

La mouche, objet de grands débats philosophiques

Ce sont justement les bébés mouches – les asticots – qui ont permis à Francisco Redi, médecin des Médicis de Florence, de démontrer en 1668 la provenance véritable de ces bestioles. Redi disposa des récipients contenant du poisson et de la viande. Certains étaient ouverts et d'autres fermés hermétiquement ; ceux qui étaient clos ne virent apparaître aucune larve. Le médecin italien prouva ainsi que les asticots éclosaient des œufs pondus par les mouches[1].

Adam et Ève avaient-ils un nombril ?

Redi avait démontré la provenance des asticots, mais il croyait encore que les vers parasites de nos intestins, eux, apparaissaient sans géniteurs – puisqu'ils ne donnaient pas de

1. Malgré cette révolution de 1668, le chemin sera encore long avant que la science range au placard l'idée de génération spontanée. Des matérialistes comme Buffon ou Diderot, qui ne voulaient pas donner d'explication surnaturelle à l'origine de la vie, devaient encore se référer, de près ou de loin, à la génération spontanée chère à Aristote, bien qu'elle fût de moins en moins défendable. C'est Louis Pasteur qui a désamorcé la question en France, entre autres pour plaire à l'empereur et à l'Église afin d'obtenir des subventions. En 1861, Pasteur montra que les fermentations venaient de germes microscopiques qui étaient en suspension dans l'air, et qui n'avaient rien de spontané. Sa démonstration fut plus élégante que sa méthode, car le grand homme ne s'était pas privé de cacher les résultats qui ne lui convenaient pas.

mouches volant à l'air libre. La génération spontanée niant la création divine, les croyants devaient considérer ces vers comme les descendants d'autres vers. Autrement dit, Adam, le premier des humains, connaissait déjà le problème ! Logique, mais pourquoi Dieu, dans son infinie bonté, lui aurait-il infligé ce désagréable parasite ? Le péché et sa punition furent l'explication la plus plausible.

D'autres questions techniques se posaient sur Ève, sortie d'après la Bible de la côte d'Adam : les vers logeaient-ils sur la côte adamique, ou ont-ils été introduits par Dieu dans les boyaux de la première dame du monde ?

Une autre interrogation était d'ordre anatomique. N'étant pas nés d'une mère, Adam et Ève avaient-ils un nombril ? Le nombril, trace du cordon ombilical, n'avait pas de raison d'être, et pourtant les peintres représentaient traditionnellement Adam et Ève avec un ombilic. Jusqu'à ce qu'en 1717, le Français Jean-Baptiste Santerre, rebelle et logique, lisse l'abdomen du couple originel, ce qui provoqua un gentil petit scandale. La question du nombril, d'ailleurs, se posait pour tous les mammifères créés de l'œuvre de Dieu à l'aube du monde, donc non nés d'une mère.

Parmi les théories inspirées par le mystère des origines de l'homme, il y a celle-ci, selon laquelle l'humanité tout entière serait contenue dans les ovaires d'Ève, emboîtée comme dans des poupées russes, qui à chaque naissance libéraient un nouvel élément ! Ne jugeons pas une époque sans connaître l'état de ses connaissances : des savants aussi illustres que Linné ont adhéré à cette théorie, et ils ont pourtant fait brillamment avancer la science.

Les idées bougent, les animaux s'animent

Le singe et Cyrano

Parallèlement à toutes ces croyances, l'idée d'évolution a quasiment toujours existé. En Occident, on en retrouve les prémices dès la Grèce antique. Anaximandre et Héraclite évoquaient déjà la non-fixité des espèces, de même qu'Ibn Khaldoun, au XIVe siècle, pour le monde musulman. Plutarque a même affirmé que « les poissons sont les pères et les mères de l'espèce humaine » – Voltaire lui répondait qu'il « ne parvenait pas à croire [qu'il] descendait d'une morue » !

La notion d'évolution se fait plus discrète au Moyen Âge, mais on la retrouve à la Renaissance. En 1616 par exemple, le philosophe italien Lucilio Vanini écrit qu'une espèce de plante peut en donner une autre et suggère que l'homme descend du singe, discours hérétique qui le conduit au bûcher trois ans plus tard. La peur a probablement joué un rôle important dans la longévité des idées créationnistes...

Le foisonnant Savinien de Cyrano de Bergerac, dont Edmond Rostand s'est inspiré pour sa pièce éponyme, évoque en 1662 l'idée que l'homme n'est qu'un singe dont les jambes avant sont si faibles qu'il ne peut pas s'appuyer dessus. Bien d'autres auteurs ont évoqué les parentés entre le singe et l'homme, si visibles, si difficiles à nier.

En 1663, le philosophe mathématicien Gottfried Wilhelm von Leibniz (1646-1716) affirme dans son *Protogaea* : « Les espèces d'animaux ont de nombreuses fois été transformées. » Quant à Diderot (1713-1784), il écrit dans *Le Rêve de d'Alembert* : « Tous les êtres circulent les uns dans les autres... Tout est en un flux perpétuel... Tout animal est plus ou moins homme ; tout minéral est plus ou moins plante ; toute plante est plus ou moins animal. Il n'y a rien de précis en nature[1]. »

Le jeu de familles de Buffon

Georges Louis Leclerc, comte de Buffon (1707-1788), est connu pour son *Histoire naturelle*, rédigée de 1749 à sa mort, et qui totalise trente-cinq volumes. Influencé par des hommes de lettres comme Diderot, Buffon s'était opposé aux dogmes religieux, n'hésitant pas à reculer la date de naissance

1. Cité par Ernst Mayr dans son *Histoire de la biologie*. Voir bibliographie.

de la Terre de soixante-dix mille ans ni à situer l'homme dans le règne animal. Mais sous la pression de la Faculté de théologie de la Sorbonne, qui envoyait des avis de censure à l'encontre des propositions contraires aux dogmes, il se ravisa souvent, et se contredit d'un écrit à l'autre. Après avoir nié l'existence des espèces (il préférait la notion d'individu), il rangea les animaux qui lui arrivaient de tous les continents grâce aux voyageurs naturalistes suivant la nomenclature du Suédois Carl von Linné, l'inventeur de la classification des espèces, et son ennemi favori !

Nés tous les deux en 1707, Linné et Buffon se sont opposés toute leur vie. Buffon admettait une forme d'évolution, alors que Linné était un fixiste. Linné ne daignait pas répondre aux critiques de Buffon, mais il n'a pas résisté au plaisir de baptiser *Buffonia* une plante à l'odeur nauséabonde… Et pourtant, en rangeant bien sagement des espèces animales qu'il croyait immuables, ce fixiste a sans le vouloir souligné leur parenté et ainsi installé le contexte qui servirait un jour à Darwin l'évolutionniste… De plus, en 1758, il a classé le chimpanzé et l'homme dans le même ordre des primates, et dans le même genre *Homo*. À noter qu'à l'époque, la présence d'un orang-outang au Jardin du Roy (l'actuel Jardin des Plantes à Paris) attirait et interpellait le public. Face à lui, le cardinal de Polignac aurait dit : « Parle, et je te baptise ! »

De son côté, le comte de Buffon constatait des similitudes entre les espèces qui pouvaient autoriser à grouper ces dernières en familles. Il évoquait des origines communes entre l'âne et le cheval, entre le singe et l'homme. Sans doute à cause des pressions religieuses, il préféra considérer le singe comme un homme dégénéré. Il osait même penser qu'un accouplement entre une femme et un singe pourrait donner un être viable ! La notion d'espèce fit l'objet de débats et de controverses, et l'idée d'évolution était déjà là. Parler de *familles* animales, c'est déjà leur attribuer une parenté, ce qui contredit la création mentionnée dans la Bible. Qu'il se soit réfuté ou non, Buffon a émis des doutes sur la stabilité des espèces. Le « transformisme limité » est né.

Ce sacré ibis refuse d'évoluer

Aujourd'hui, on peut observer des ibis sacrés à l'état sauvage en France. Ils sont issus d'individus échappés du zoo de Branféré, en Ille-et-Vilaine. Ils ont fait souche un peu partout, des étangs de Brenne jusqu'en Camargue, où ils semblent vouloir se rapprocher de l'Afrique, la terre de leurs ancêtres[1]. Ces beaux échassiers noir et blanc sont en tout point semblables à ceux qui ont été dessinés par les Égyptiens de l'Antiquité. Ce qui avait déjà frappé Cuvier.

Grand anatomiste et personnage influent, Jean Léopold Frédéric Cuvier, dit Georges Cuvier (1769-1832), est considéré comme le père de la paléontologie. Bien qu'il tire sa vocation de la lecture de Buffon, qu'il connaisse l'existence des mammouths congelés de Sibérie et qu'il ait démontré l'extinction d'animaux disparus, il considère les espèces comme fixes. Créationniste convaincu, vice-président de la Société biblique, Georges Cuvier n'a pas cherché la preuve de l'existence d'un créateur dans les merveilles naturelles, mais il s'oppose fermement à l'idée d'évolution. C'est un fixiste.

Il prend l'ibis sacré en exemple pour prouver que les espèces n'évoluent pas. L'ibis en question a été rapporté des campagnes napoléoniennes d'Égypte par Geoffroy Saint-Hilaire avec d'autres d'animaux momifiés : des chats, des chiens, des crocodiles, des singes et des rapaces, qui tous datent de plusieurs siècles. Cuvier compare l'ibis embaumé aux oiseaux actuels et déclare : « Il est encore maintenant le même que du temps des Pharaons. Je sais bien que je ne cite là que des individus de deux ou trois mille ans ; mais c'est toujours remonter aussi haut que possible. » Bref, s'il n'a pas bougé pendant une si longue période, c'est que l'évolution n'existe pas.

Arrogant et sûr de son prestige, Cuvier glisse volontiers des peaux de banane sous les pas de ses collègues : « Je sais que quelques naturalistes comptent beaucoup sur les milliers

---

1. Cette expansion inquiète les ornithologues, car les ibis sont en concurrence avec des espèces indigènes rares.

de siècles qu'ils accumulent d'un trait de plume ; mais dans de semblables matières, nous ne pouvons guère juger de ce qu'un long temps produirait qu'en multipliant par la pensée ce que produit un temps moindre. J'ai donc cherché à recueillir les plus anciens documents sur les formes des animaux, et il n'en existe point qui égalent, pour l'antiquité et pour l'abondance, ceux que nous fournit l'Égypte. » Là-dessus, Cuvier est en total désaccord avec Geoffroy Saint-Hilaire, et surtout avec Lamarck, deux hommes qui l'ont pourtant recruté au Muséum national d'histoire naturelle.

Élève de Buffon, Lamarck n'est pas un fixiste comme Cuvier mais un transformiste.

Lamarck nous fait le coup de la girafe

Le mâle peut porter deux, quatre, et même cinq cornes en comptant la proéminence qu'il a sur le front. La girafe semble aussi fabuleuse qu'une licorne, mais elle est bien réelle et, parmi les herbivores de la savane africaine, elle est imbattable dans son genre. Son cou démesuré lui permet d'être le seul animal à atteindre sans effort les feuilles hautes des arbres. Comme un prolongement du cou, sa longue langue noire et gluante, mesurant un demi-mètre, entoure sans une égratignure les épines d'acacia. Elle n'a pourtant que sept vertèbres cervicales – pas plus que l'humain et la souris ! – mais extraordinairement allongées, comme si on avait tiré dessus. Comment cette spécialité anatomique lui est-elle venue ? Lamarck et Darwin voient les choses différemment.

Selon Jean-Baptiste Pierre Antoine de Monet, chevalier de Lamarck (1744-1829), c'est à force de tirer sur son cou pour atteindre les feuilles des arbres que la girafe l'a déformé : « Il est résulté de cette habitude, soutenue depuis longtemps, dans tous les individus de sa race, que ses jambes de devant sont devenues plus longues que celles de derrière, et que son col s'est tellement allongé, que la girafe, sans se dresser sur ses jambes de derrière, élève sa tête et atteint à six mètres de hauteur. » Pour Lamarck, « la fonction crée

La girafe, à la longue langue emmanchée d'un long cou

l'organe ». Cette fausse évidence, en fait, inverse le processus des transformations anatomiques. Il sera contredit par Darwin soixante-trois ans plus tard (et dans quelques pages), puis surtout par la génétique, qui confirmera le rôle du hasard et montrera qu'un caractère acquis ne se transmet pas. Darwin ne comprendra pas cette « volonté de s'adapter » que Lamarck prête aux animaux.

Lamarck a beaucoup été décrié à cause de ses erreurs, notamment sa croyance dans la génération spontanée. Il n'en reste pas moins qu'il a eu l'audace de parler de transformation des espèces. Il a montré que le monde était dynamique et obéissait à un flux constant. En 1809, il a même soutenu (avec plus de courage que Darwin cinquante ans plus tard dans *L'Origine des espèces*) qu'un anthropoïde quadrumane était notre ancêtre ! Lamarck est considéré par beaucoup, et pas seulement par quelques Français un peu chauvins, comme le premier véritable évolutionniste : ne le réduisons donc pas à ce fameux cou de girafe, qui fut, malgré lui, un coup médiatique[1]. Lamarck est l'auteur d'une œuvre majeure, et également l'inventeur du mot « biologie », qui fait de l'étude de la vie une science.

Les idées de Lamarck étaient connues en Angleterre, y compris de la reine Victoria. Dans son autobiographie, Darwin dit avoir entendu parler de Lamarck par le Dr Grant lorsqu'il était encore à l'université : « Un jour que nous nous promenions ensemble, il laissa éclater sa grande admiration pour Lamarck et ses vues sur l'évolution. Je l'écoutai dans un silence étonné et, autant que j'en puisse juger, sans que cela eût de l'effet sur mon esprit. »

Papy Darwin avait tout compris

Revenons un peu en arrière, avant même les publications de Lamarck, vers d'autres « ancêtres » de la théorie, qui comptent un ancêtre de Charles Darwin. Celui-ci n'a pas connu son grand-père paternel Erasmus Darwin (1731-1802), mais il déclare avoir lu dans sa jeunesse son ouvrage le plus célèbre. Voici tout ce qu'il en dit dans son autobiographie : « J'avais déjà lu la *Zoönomia* de mon grand-père, laquelle soutient des vues semblables [à celles de Lamarck], mais je n'étais guère plus convaincu. Il est probable néanmoins que d'avoir entendu, assez tôt, exposer et louer de tels points de vue peut avoir favorisé la défense que j'en pris sous une forme différente dans mon *Origine des espèces*. À cette époque [l'université], j'admirais beaucoup la *Zoönomia* : mais en la relisant une seconde fois après dix ou quinze ans, je fus très déçu, tant la part de la spéculation y est développée par rapport aux faits présentés. » Il faut dire qu'en cette époque farouchement campée sur la morale, le bonhomme était un des derniers représentants d'une époque libertine révolue, balayée par le renouveau du puritanisme.

1. Un Italien, Gauteri, a lui aussi pris l'exemple du cou de la girafe, et de ses pattes, d'une manière beaucoup plus poussée.

Médecin célèbre, poète réputé, botaniste, libre-penseur, anti-esclavagiste, méprisant ouvertement le pouvoir en place (il refusa la proposition de devenir le médecin personnel du roi George III), Erasmus Darwin prônait « la joyeuse contagion de la liberté ». Gros mangeur, il avait fait découper sa table d'un demi-cercle pour que sa panse volumineuse s'y sente à l'aise. Passionné par les progrès techniques, il inventa une machine parlante et bien d'autres choses. Il écrivit des contes licencieux, eut douze enfants de ses deux épouses et deux autres de sa gouvernante.

Erasmus Darwin produisait également des essais scientifiques, et rédigea – entièrement en vers – le fameux traité de médecine *Zoönomia, or the Laws of Organic Life* (« Zoonomia, ou les lois de la vie organique ») de 1796, dans lequel il évoquait l'évolution des êtres vivants. Il y suggérait que toutes les espèces existantes descendaient d'un ancêtre commun très simple, une sorte de filament vivant doué d'irritabilité. Selon lui, une preuve de notre origine commune résidait dans les similitudes anatomiques entre le bras humain, la patte du chien et la nageoire de la baleine.

Comme son petit-fils Charles un demi-siècle plus tard, Erasmus déduisait la possibilité de transformation du vivant des évolutions imposées aux animaux domestiques par les éleveurs. Il connaissait l'existence des animaux fossiles, et imaginait que l'évolution pouvait être un phénomène ancien. Lamarck ne semble pas l'avoir lu, mais ce Darwin-là fut bien un des pionniers du transformisme, même s'il emprunta beaucoup de ses idées à d'autres.

Les fossiles, archives de l'évolution

Un déluge d'animaux

Tous les animaux de la création sont arrivés par couple dans l'Arche de Noé, qui les a sauvés du Déluge. C'est ce qu'affirme la Bible, et la chanson traditionnelle *The Animals Went in Two by Two* : les animaux sont entrés deux par deux. Les Occidentaux croyaient littéralement au Déluge et n'envisageaient pas d'autres catastrophes. Cependant, Cuvier, en se basant sur sa connaissance des fossiles, a dû proposer l'existence de plusieurs catastrophes ayant anéanti les faunes successives, ce qui présentait l'avantage de continuer de correspondre, en gros, aux écrits religieux. Ce réajustement scientifique s'est avéré insuffisant, car des questions gênantes se posent peu à peu.

Amerigo Vespucci, qui a navigué aux côtés de Christophe Colomb, et à qui l'on doit le nom de l'Amérique, se demande comment les centaines d'espèces découvertes dans le Nouveau Monde ont pu embarquer dans l'Arche de Noé... avant de détruire ses notes par crainte de l'Inquisition. D'autres voyageurs naturalistes font le même constat : comment l'Arche aurait-elle pu contenir une telle somme d'animaux ?

D'autre part, comment l'ours polaire et le boa des forêts tropicales humides ont-ils bien pu se rendre au rendez-vous du père Noé, dans les étendues désertiques du mont Ararat ? Quant aux animaux aquatiques, comment un déluge pouvait-il les anéantir ?

Les fossiles trouvés çà et là dans le sol ont pu être expliqués par une catastrophe passée, voire plusieurs, sans contredire les saintes écritures, mais ça se complique à partir du XVIIIe siècle. Le début de l'ère industrielle entraîne le creusement de mines et de canaux qui révèlent une quantité et une variété impressionnantes de vestiges d'animaux inconnus.

Tous ces ossements rendent de plus en plus difficile à admettre l'idée que le monde n'a pas bougé depuis sa création. Une autre évidence s'impose : la Terre est bien plus vieille qu'on ne le pense. Le mythe du Déluge planétaire s'effondre peu à peu, les cyclopes et les dragons sont oubliés pour céder la place à des êtres tout aussi fantastiques surgis de l'aube des temps.

Cuvier n'a pas peur du diable

C'est ici que l'on retrouve le Français Cuvier, car, en dehors de ses idées fixes (et fixistes), il a permis de grandes avancées dans l'interprétation des fossiles. En 1825, par exemple, il confirme que les restes d'un prétendu « homme témoin du déluge » (*Homo diluvii testis*) découverts un siècle auparavant sont en réalité ceux d'une « salamandre aquatique de taille gigantesque et d'espèce inconnue ». Sa conviction se fonde sur la logique rigoureuse de l'anatomie comparée. Il en énonce les principes de base, qui seront ceux de la paléontologie à venir.

Cuvier démontre magistralement la corrélation des formes chez tout animal, qui implique que chaque partie anatomique ne peut changer sans que changent les autres. Chacune témoigne d'un mécanisme général : « Si les intestins d'un animal sont organisés de manière à ne digérer que de la chair et de la chair récente, il faut aussi que ses mâchoires soient construites pour dévorer une proie ; ses griffes pour la saisir et la déchirer ; ses dents pour la couper et la diviser ; le système entier de ses organes du mouvement pour la poursuivre et pour l'atteindre ; ses organes des sens pour l'apercevoir de loin ; il faut même que la nature ait placé dans son cerveau l'instinct nécessaire pour savoir se cacher et tendre des pièges à ses victimes [...]. Pour que les griffes puissent saisir cette proie, il faudra une certaine mobilité dans les doigts, une certaine force dans les ongles, d'où résulteront des formes déterminées dans toutes les phalanges, et des distributions nécessaires de muscles et de tendons ; il faudra que l'avant-bras ait une certaine facilité à se tourner, d'où résulteront encore des formes déterminées dans les os qui le composent ; mais les os de l'avant-bras s'articulant sur l'humérus, ne peuvent changer de formes sans entraîner des changements dans celui-ci... » et ainsi jusqu'au moindre osselet. C'est grâce à ce jeu de déduction de l'anatomie comparée qu'à partir d'une molaire ou de quelques os, on est capable de reconstituer entièrement et avec vraisemblance un animal disparu.

Petite démonstration par l'anecdote : une nuit, des étudiants voulant effrayer Cuvier frappent à sa porte. L'un d'eux, vêtu d'une peau de bouc, s'écrie : « Je suis le diable, je vais te manger ! », et Cuvier de lui rétorquer sans sourciller : « Tu as des cornes et des pattes à sabots, tu es donc un herbivore. » Et il repart se coucher.

Le coup de maître de Cuvier reste sa démonstration publique sur un fossile trouvé dans les gypses de Montmartre. Il y reconnaît la dent d'une sarigue, un petit marsupial qu'on ne s'attendrait pas à trouver ici. Se mettant lui-même en scène devant ses collègues, il dégage le reste du squelette, trouve et montre exactement ce qu'il avait prédit : les petits os typiques des marsupiaux qui soutiennent leur abdomen.

Cuvier décrit des mammouths et des animaux du monde entier, y compris le mégathérium d'Amérique du Sud, dont Darwin trouvera des restes au cours de son périple. Le mot de la fin revient à Balzac, qui a rendu un vibrant hommage à Cuvier dans son roman *La Peau de chagrin* : « Notre immortel naturaliste a reconstruit des mondes avec des os blanchis [...], a retrouvé des populations de géants dans le pied d'un mammouth. Il réveille le néant. » Et malgré ses convictions fixistes, il établit sans contestation possible l'existence d'espèces éteintes. Ce qui reste, pour les créationnistes actuels, à la limite du blasphème : comment imaginer que des êtres créés par Dieu, donc parfaits, aient pu disparaître, sinon par la main de l'homme ?

Les dinosaures entrent en scène

Le monstre était plutôt lourdingue, à se demander s'il pouvait avancer autrement qu'en chaloupant péniblement. Cette sorte de lézard géant portait une corne sur le nez, comme un rhinocéros. Avec ses neuf mètres de long, il était bien plus grand que n'importe quel animal terrestre actuel. Le monstre en question n'est qu'une reconstitution grossière d'iguanodon, le deuxième dinosaure jamais découvert, et dont le nom signifie « dent d'iguane ». À l'intérieur de cette maquette grandeur nature, des savants font la fête. Nous sommes à Londres au parc de Sydenham où se situe le Crystal Palace, le 31 décembre 1853, et l'alcool coule à flot. Ces messieurs célèbrent bruyamment l'ouverture du parc, qui offre aux visiteurs des reconstitutions de dinosaures et autres bêtes disparues. Une première mondiale.

Dans la tête de l'iguanodon, le paléontologue Richard Owen (1804-1892) trône au-dessus d'une vingtaine d'éminents mais joyeux convives. On le surnomme « le Cuvier britannique ». C'est lui qui, avec l'aide du sculpteur Benjamin Hawkins, a conçu l'exposition. C'est aussi lui l'inventeur du mot dinosaure, du grec *deinos*, terrible, et *sauros*, lézard, ou saurien (pour « reptile », car ce mot n'existe pas en grec). Ami personnel de la reine Victoria, précepteur de ses enfants, il fascine la cour en révélant que les têtards se transforment en grenouilles. Il est auréolé de prestige et jaloux de toute concurrence. C'est à lui que revient la tâche d'identifier les fossiles extraordinaires exhumés par le jeune Charles Darwin.

Reconstitution ancienne d'iguanodon

Ces premières reconstitutions de dinosaures du Crystal Palace ne valent pas le réalisme de *Jurassic Park.* Toutes fausses, elles influenceront néanmoins les artistes pour une vingtaine d'années. À l'heure de vérité, la corne nasale de l'iguanodon se révélera être une de ses griffes. On réalisera également par la suite que les dinosaures sont bien plus vifs qu'on ne l'a d'abord cru, qu'ils ont le sang chaud, et que les iguanodons sont en partie bipèdes. Mais à l'époque, seules quelques espèces de dinosaures, témoins de l'évolution, ont été découvertes. Ces monstres n'en fascinent pas moins les foules, les collectionneurs se disputent leurs ossements. La chasse aux fossiles est ouverte.

La petite fille et le reptile géant

L'animal ressemble à un énorme crocodile. Ses restes ont été dégagés par une tempête, une nuit de 1811. Une tempête, c'est exactement ce que voulait la jeune Mary Anning. Du haut de ses douze ans, la petite fille attend depuis plusieurs mois l'événement providentiel qui l'aiderait à mettre au jour l'animal fossilisé. Elle mettra plus d'une année à l'extraire complètement, avec l'aide de son frère et d'un ouvrier. Mary Anning vient de découvrir un reptile à l'allure de poisson, mesurant près de neuf mètres : c'est le premier ichtyosaure complet qui soit connu. Le grand Cuvier, qui a eu vent de la découverte, a commencé par douter de sa validité, mais il a fini par l'admettre.

Mary Anning est pauvre, orpheline et passionnée par la chasse aux fossiles, comme l'était son père. C'est ainsi qu'elle gagne sa vie : elle cherche des restes dans la campagne anglaise, aidée de son chien et d'un œil extraordinaire, et les revend à des collectionneurs, puis, sa réputation grandissant, à des scientifiques. Tout au long de son existence, elle va contribuer non seulement à remplir les musées mais à montrer que les espèces peuvent disparaître, point fondamental de la théorie de l'évolution. Elle a trouvé le premier ichtyosaure complet, le premier plésiosaure connu en 1821, ou encore le premier ptérosaure anglais, le premier ptérodactyle localisé hors d'Allemagne, et tout un bestiaire fantastique d'animaux disparus. Mais Mary Anning est une femme, sans éducation, issue d'un milieu modeste de surcroît, autant dire sans aucune valeur sociale. Bien que quelques mois avant sa mort, et malgré les préjugés sexistes de l'époque, elle ait été élue membre de l'Association britannique pour l'avancement des sciences, les naturalistes acheteurs de ses fossiles ont gardé pour eux le prestige de leur découverte. Mary Anning (1799-1847) s'éteint dans l'oubli au moment où Charles Darwin travaille à son ouvrage clé. L'histoire des sciences, comme celle des arts, est semée de noms masculins… et d'épisodes amnésiques.

Une tente en tatou titan

Les fossiles dégagés par Charles Darwin en Amérique du Sud ont apporté à leur découvreur plus de prestige que ceux trouvés par la malheureuse Mary Anning. Envoyés en Angleterre et décrits par Richard Owen, ils furent des éléments clés de sa renommée naissante.

En août 1833, près de Buenos Aires, Darwin tombe sur un gisement extrêmement riche en ossements de mammifères géants, en tout neuf grands quadrupèdes sur moins de cent quatre-vingts mètres carrés. Il exhume les parties de trois têtes et d'autres ossements de mégathériums (déjà décrits par Cuvier, et dont le nom veut dire « grosses bêtes »), des paresseux de la taille d'un éléphant ; des fossiles de mégalonyx ; un squelette presque complet de scélidothérium, de la taille d'un rhinocéros ; et un mylodon (baptisé par Owen le *Mylodon darwinii*), tous des animaux proches des tatous et des paresseux.

Darwin met également au jour « d'énormes fragments de carapaces offrant, mais sur une échelle magnifique, les mêmes dessins en mosaïques qui ornent aujourd'hui le test écailleux du petit tatou[1] ». Ce sont des restes de glyptodon, un tatou de la taille d'un rhinocéros. On sait aujourd'hui que plusieurs espèces de ces animaux géants ont vécu jusqu'à l'arrivée de l'homme, voici dix mille ans, peut-être moins[2]. Des fouilles

1. Charles Darwin, *De la variation des animaux et des plantes*, p. 12. Voir bibliographie.

2. Certains de ces mammifères auraient-ils vécu plus longtemps ? Dans les années 1890, le géographe argentin Ramon Lisa a rencontré en Patagonie une gigantesque créature velue ressemblant à un énorme xénarthre (tatou ou paresseux). Or, les Indiens racontaient qu'ils chassaient dans les temps anciens un grand animal nocturne qui pouvait correspondre à la description de Ramon Lisa…

ultérieures ont montré que les Indiens, qui aiment les tentes, s'en aménageaient dans la carapace du glyptodon, qui atteignait un mètre soixante-dix de long pour un mètre de hauteur.

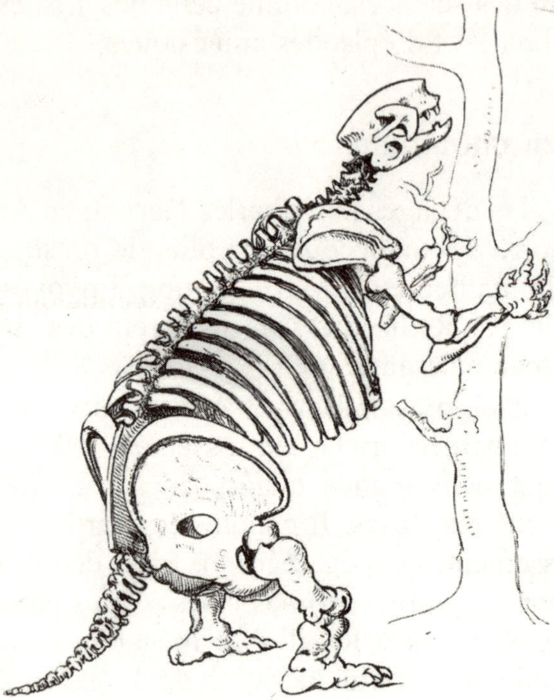

Squelette de mylodon de Darwin

Darwin trouve aussi des restes de toxodon, un herbivore comparable à un hippopotame, qu'il rapproche du cabiai, gros rongeur d'Amérique du Sud bien connu de lui.

Enfin, en 1834, Darwin découvre en Patagonie la moitié d'un squelette de macrauchenia, un étrange animal de trois mètres de long, à l'allure de chameau à long cou, vraisemblablement muni d'une trompe de tapir. Owen situera cette nouvelle espèce dans les camélidés, le macrauchenia est donc assimilé aux lamas et aux guanacos (il est aujourd'hui classé dans le groupe particulier des litopternes).

Les animaux disparus, un indice pour Darwin

Les animaux fossiles de l'Amérique du Sud interpellent Darwin. Malgré quelques inexactitudes de classification bien compréhensibles pour son époque, il constate d'évidentes similitudes entre eux et la faune actuelle. La cause de la disparition des espèces, ainsi que cette parenté entre les animaux contemporains et disparus en un même lieu inspirent au naturaliste de nombreuses réflexions. Qui dit parenté dit filiation : « Une série de formes alliées aux types actuels a été antérieurement observée aussi en Australie. Nous voyons donc là la persistance, dans le temps et dans l'espace, des mêmes types dans les mêmes régions, comme s'ils descendaient les uns des autres, et, dans aucun des cas, la similitude des conditions ne peut suffire à expliquer la similitude des formes vivantes[1]. »

La répartition géographique des espèces est un indice révélateur : les plantes et les animaux d'un même continent sont plus proches du point de vue de leur classification, y compris sous des climats différents, que d'un continent à l'autre. La flore et la faune sud-américaines ont des caractéristiques qu'on ne retrouve pas en Europe. Les animaux des Galápagos sont apparentés à ceux du continent américain proche et pas aux autres. De même, quelle que soit leur forme, les mammifères d'Australie sont des marsupiaux, et n'ont pas de rapport avec la faune équivalente d'un autre lieu. Darwin invoque ce qu'il appellera « la loi de succession des types ». Il commence à penser à une évolution des espèces qui ne se déroulerait pas en sens unique, mais qui se ramifie comme un arbre généalogique ou comme les branches du corail qu'il a tant admiré[2].

---

1. Charles Darwin, *De la variation...*, p. 12.

2. « L'arbre de la vie devrait peut-être s'appeler le corail de la vie », écrit Darwin dans un de ses carnets de notes. L'historien d'art et philosophe Horst Bredekamp formule l'hypothèse que Darwin a beaucoup plus été inspiré par le corail pour symboliser graphiquement l'évolution des espèces que par un arbre. *Les Coraux de Darwin*. Voir bibliographie.

LES ANIMAUX ÉVOLUENT

L'origine des animaux commence à trouver des explications vraisemblables. De grands esprits s'affrontent sur la manière dont les animaux apparaissent et se transforment, et de nombreuses théories voient le jour. Darwin va peaufiner la sienne pendant plus de vingt ans. Son livre sur l'origine des espèces sera l'un des textes scientifiques les plus importants de tous les temps. Mais il n'a pas tout à fait vu le jour dans les conditions que l'on croit habituellement.

Rendez-vous manqué avec les pinsons

Prise de bec chez les pinsons

Après avoir cavalé dans la pampa, découvert des ossements de tatous géants, observé des « autruches » et parcouru le monde, Darwin fait escale dans l'archipel des Galápagos, sans doute fatigué et pressé de rentrer chez lui. Il n'en parle que dans les dernières pages de son livre *Voyage d'un naturaliste autour du monde*, mais cette étape restera dans les esprits, à cause des tortues géantes (*galápago* est un surnom catalan donné aux tortues[1]), et surtout des pinsons…

1. Le mot *Galápagos* a une histoire : des marins qui dérivaient en 1535 au large du Pérou ont découvert ces îles qu'ils ont appelées *las Encantadas* (les îles Enchantées)

Pinsons. Quatre espèces, quatre formes de becs

Les fameux « pinsons » des Galápagos (treize espèces locales que les ornithologues appellent des géospizes, car ce ne sont pas des pinsons) ont des formes de bec adaptées à des fonctions différentes selon les ressources de nourriture. Ces becs présentent une gradation d'aspect qui va de l'instrument fin comparable à celui du rouge-gorge à la grosse pince style perroquet. Ils sont les symboles les plus célèbres des réflexions de Darwin sur sa théorie naissante, car la variation des becs, exemple de variabilité des êtres vivants, en est un élément clé. Dans son journal de bord, Darwin note que ses observations à propos des tortues pourraient « ébranler la stabilité des espèces »[1]. En fait, Darwin n'a

où vivaient des tortues géantes alors extraordinairement nombreuses. À cause de leur carapace bombée, elles ont été surnommées *galápagos*, mot catalan qui signifie en réalité « selle de cheval ». Avec l'usage, *galápagos* a également été attribué à l'archipel. Le mot espagnol qui désigne la tortue est *tortuga*.

1. Dans *Le Voyage d'un naturaliste* (voir bibliographie), on lit cette réflexion de Charles Darwin sur les géospizes des Galápagos : « Quand on considère cette gradation et cette diversité de conformation dans un petit groupe d'oiseaux très voisins les uns des autres, on pourrait réellement se figurer qu'en vertu d'une pauvreté originelle d'oiseaux dans cet archipel, une seule espèce s'est modifiée pour atteindre

vraiment perçu l'intérêt de ces volatiles qu'à son retour, et encore.

Peu expert en avifaune exotique, il fit identifier les peaux ramenées de son périple au grand peintre et ornithologue John Gould (1804-1881). Celui-ci corrigea ses multiples erreurs, et remarqua la parenté des divers géospizes, que nous appellerons pinsons, selon l'habitude. Les germes de la théorie ont donc en partie été semés grâce au minutieux travail de John Gould.

Aux Galápagos, occupé à l'étude de la géologie de l'archipel, Darwin ne captura que quelques oiseaux, laissant cette tâche à son assistant. Il ne prit pas la peine de les trier ni de noter les lieux de collecte, ce qu'il regretta plus tard. Il eut du mal à reconstituer leur histoire et s'emmêla dans ses notes. Incroyablement distrait, il ne releva pas non plus leur régime alimentaire, qui constitue pourtant l'élément clé de la variation des becs. Il n'avait donc sur place aucun moyen d'élaborer une théorie sur des faits qu'il ne connaissait pas encore.

Quant aux énormes tortues terrestres, dont on lui avait affirmé qu'elles étaient d'une forme différente d'une île à l'autre – témoignage capital de leur variation –, Darwin n'y prêta pas attention sur le moment et le regretta également. Les trente tortues géantes capturées aux Galápagos sur l'île de Chatham (aujourd'hui San Cristóbal) furent mangées en cours de route, et leurs précieuses carapaces jetées par-dessus bord comme n'importe quel déchet de cuisine[1]...

---

des buts différents... » Hélas pour la légende, cette analyse prophétique n'a été ajoutée que dans la deuxième édition, celle de 1845, et ne pouvait donc pas figurer dans la première. Lire également *Le Sourire du flamant rose*, de Stephen Jay Gould (chapitre « Darwin en mer – et enfin à bon port »). Voir bibliographie.

1. Une tortue géante des Galápagos célèbre pour sa longévité, Harriet, est née vers 1830 d'après des tests ADN opérés sur elle. Cette tortue a donc été la contemporaine de Darwin. Elle est censée avoir été rapportée par lui à Londres, mais elle provient d'une île que le naturaliste n'a pas visitée. Cela tient vraisemblablement de la légende, peut-être encouragée par les responsables du zoo d'Australie où elle est morte le 23 juin 2006. Pour l'anecdote, elle s'est appelée Harry pendant plus de cent ans, car on a d'abord cru que c'était un mâle.

Les origines de la théorie des origines

La théorie de l'évolution n'est donc pas vraiment née aux Galápagos, contrairement à ce qui est encore affirmé un peu partout, même si la visite de ces îles a fait partie des éléments de réflexion de Darwin. Mais la légende est en marche. En 1935, soit un siècle après l'identification des oiseaux, l'appellation « pinsons de Darwin » voit le jour, et sera popularisée avec le temps.

Darwin commence à écrire sur « sa théorie » à son retour de voyage, avant de s'installer dans sa maison de Down : « En juillet (1837), j'entamai la rédaction de mes premières notes sur les faits relatifs à l'origine des espèces, sur lesquelles j'avais longuement réfléchi, et ne cessai plus d'y travailler vingt ans durant[1]. »

Sélection artificielle chez les pigeons

Pigeons hiboux et glouglous

Peu après son voyage, et pour plusieurs années, Darwin investit beaucoup de temps et d'argent afin d'étudier la sélection artificielle. Il est en contact avec de nombreux éleveurs auxquels il adresse des questionnaires. Il adhère à deux Pigeons-clubs de Londres. Plus tard, à Down House, il fait construire un vaste pigeonnier – à la grande joie de ses enfants – dans lequel il élève des races différentes : pigeon tambour (ou glouglou, à cause de son roucoulement), pigeon hibou (à cravate), grosse gorge (ou boulant), indien (ou dos frisé), à queue de paon, jacobin, culbutant, heurté, barbe, messager anglais, bagadais, coquille, hirondelle, rieur… Ces pigeons aux formes incroyablement variées, dont certains ne ressemblent même plus à des pigeons, sont les résultats de la sélection artificielle que les humains opèrent depuis des millénaires sur les animaux domestiques.

1. Charles Darwin, *Autobiographie…*, p. 67.

Deux variétés incroyablement différentes de pigeons

En 1868, dans son livre *De la variation des animaux et des plantes à l'état domestique*[1], Darwin explique son choix d'élever des pigeons : « ... l'éleveur peut, avec la plus grande facilité, choisir et accoupler ses oiseaux, et observer promptement les résultats de ses essais, car le pigeon se multiplie avec une grande rapidité. Il peut, en outre, se débarrasser facilement des oiseaux inférieurs, car le pigeon constitue une excellente nourriture ». C'est dit. L'appétit de connaissances n'empêche pas d'autres appétits...

Le poulain de Darwin fait le zèbre

Pour Darwin, un autre avantage des pigeons domestiques est qu'on leur reconnaît un ancêtre unique : le biset sauvage. Leur variété ne s'explique donc pas par des origines différentes. Le naturaliste constate que les jeunes pigeons portent souvent les mêmes couleurs que le biset. Il en déduit que ce dernier est leur ancêtre par la « loi du retour ». Cette hypothèse se fonde sur

1. Charles Darwin, *De la variation des animaux...*, p. 224. Voir bibliographie. Nous suivons plus ici le cheminement logique des arguments de Darwin que la chronologie exacte des parutions : en 1859, le premier chapitre de *L'Origine des espèces* a déjà pour objet la sélection artificielle, mais ce thème sera développé plus amplement dans ce livre paru en Angleterre en 1868 sous le titre *The Variation on Animals and Plants under Domestication*.

l'apparition de caractères communs chez les animaux, qui ne sont pas des variations nouvelles, et s'explique par « le principe que les espèces d'un même genre descendent d'une forme primitive unique[1] ». Ces caractères communs, telles les rayures dorsales et les zébrures sur les jambes chez certains chevaux domestiques, sont des témoins de ceux de leurs ancêtres.

Darwin constate que tous les équidés sauvages possèdent une raie dorsale. Il décrit les zébrures d'un poulain élevé par lui-même, et dont les parents étaient de robe unie. Sous certains éclairages, le poulain présentait des raies sur tout le corps et la tête, disposées comme celles d'un zèbre. Ces raies ont disparu à l'âge de deux ou trois mois. Pour Darwin, les rayures des marcassins, les taches des lionceaux et autres motifs présents sur le pelage des jeunes animaux sont également des vestiges de leur lignée originelle. L'habitude de représenter les ancêtres des chevaux avec des rayures vient de l'application de cet énoncé de Charles Darwin. Dans *L'Origine* (p. 219), il écrit : « remontant par la pensée à quelques millions de générations en arrière, j'entrevois un animal rayé comme le zèbre ».

Croisement d'un labrador et d'un pingouin

Darwin travaille énormément sur des squelettes de poulets, de canards ou de dindes. Pour les préparer, il doit les faire bouillir, et Emma, qui doit apprécier modérément les effluves de ces préparations, lui suggère de construire une cabane à cet effet. Il quantifie, note les variations, et met au point un système de mesure des membres. Il fait également mesurer des chevaux de course et des chevaux de trait, ou étudie la structure de l'œil de centaines d'animaux sauvages et domestiques.

Pour étudier la transmission des caractères héréditaires, Darwin élève de nombreux animaux autres que ses pigeons et observe le résultat des hybridations. Il croise deux sortes différentes de poules, un labrador et un pingouin (en fait, deux races de canards : le pingouin, ou canard coureur, a pour caractéris-

1. Charles Darwin, *De la variation des animaux...*, p. 264.

tique de se tenir en position verticale), et note les caractéristiques des descendants. Il insiste sur un fait : ce n'est pas l'éleveur qui « invente » ces formes incroyables de coqs, de canards ou de pigeons. L'éleveur se contente juste de garder, parmi les variations apparues spontanément, celles qui l'intéressent ; puis il croise entre eux les animaux porteurs de ces caractères pour en favoriser la transmission et la maintenance. Bref, l'homme ne fait que *sélectionner* des variétés qui apparaissent par hasard. La notion de sélection est désormais solidement étayée.

Grâce à ses élevages personnels et à une énorme quantité de faits transmis par ses correspondants, Darwin démontre la variabilité des animaux, et la division en plusieurs formes différentes à partir d'un ancêtre commun. Pour convaincre ses contemporains de la réalité de l'évolution des espèces sauvages, Darwin a eu – comme son grand-père Erasmus – le coup de génie de prendre d'abord l'exemple des animaux domestiques, connu de tous et indéniable. Il manque maintenant son application aux espèces sauvages : quel mécanisme naturel engendre la sélection ?

La « lutte » pour la vie

La reproduction mathématique des éléphants

L'éléphant dort peu : cinq à six heures par nuit, dont deux debout. C'est normal, il mange tout le temps ! Un éléphant d'Afrique engloutit de cent cinquante à deux cent quatre-vingts kilos de végétaux et quelque quatre-vingts litres d'eau par jour. Et un troupeau d'éléphants, ça mange énormément. La survie de ces géants est aujourd'hui un problème parmi les plus visibles de la protection des espèces sauvages, car ils ont besoin de territoires immenses pour se déplacer et se nourrir. Or, aujourd'hui, l'expansion humaine et la destruction de la nature provoquent des problèmes de cohabitation : les parcs entourés de barbelés conviennent moyennement aux grandes migrations, et depuis les années 1960 les bêtes ne peuvent plus circuler librement d'un espace naturel à un autre sans risquer de rencontrer une sagaie, un fusil ou une seringue hypodermique. Dans la lutte pour le territoire, l'espèce humaine a gagné contre le pachyderme, qui ne sait plus où aller. La limitation des ressources, et le partage de l'espace entre les espèces a toujours existé dans la nature. Cette notion de limite fut l'épine dorsale de la théorie de Darwin.

C'est à la lumière des idées de l'économiste Thomas Robert Malthus (1766-1834) que Darwin a considéré la démographie des éléphants.

Le révérend Thomas Malthus pensait que la pauvreté des masses populaires a pour cause le fait que leurs ressources sont inférieures à leur taux de natalité[1]. En effet, une population augmente selon une courbe exponentielle ou géométrique (par exemple 1, 2, 4, 8, 16, 32…) tandis que ses moyens de subsistance ne croissent que d'une façon arithmétique (1, 2, 3, 4, 5, 6…). Darwin, qui cherche le mécanisme de la sélection naturelle, applique le principe aux espèces animales et végétales. Dans *L'Origine des espèces*, il calcule qu'un seul couple d'éléphants – animaux se reproduisant très lentement – pourrait théoriquement produire, en cinq cents ans, quelque quinze millions de descendants ! Chaque espèce, en principe, peut s'accroître à l'infini si rien ne l'en empêche, mais les disponibilités en nourriture et en espace sont finies et entraînent l'élimination de certains individus. La stabilité des effectifs, dans un troupeau d'éléphants, est apparente ; elle cache une réalité plus complexe : certains individus disparaissent au cours d'une compétition impitoyable pour les ressources au profit des survivants.

Les éléphants nous montrent que seuls les individus les mieux adaptés aux contraintes du milieu survivent. Pour

1. Les travaux de Malthus ont donné le « malthusianisme », c'est-à-dire, en gros, la restriction volontaire de la procréation (et, dans un sens plus large, le ralentissement de la production). Pour Malthus, pasteur anglican témoin d'une famine due à une mauvaise récolte, aider les pauvres les conduit à proliférer : il faut donc cesser de donner aux nécessiteux pour leur bien-être… Le malthusianisme a beaucoup été critiqué par Proudhon et Marx, qui préféraient expliquer la pauvreté par la propriété privée et le non-partage des richesses. En fait, Darwin n'a jamais approuvé le contrôle des naissances de Malthus.

Darwin, l'idée de « lutte » pour la vie (*struggle for life*, expression empruntée à Malthus) explique les mécanismes de l'adaptation par la sélection naturelle qui lui manquaient. Il peut désormais appliquer la sélection artificielle à la nature : sa théorie est mûre.

Publication de *L'Origine des espèces*

Pendant ce temps, Charles attend

« En octobre 1838, c'est-à-dire quinze mois après le début de mon enquête systématique, il m'arriva de lire, pour me distraire, l'essai de Malthus sur la *Population* ; comme j'étais bien placé pour apprécier la lutte omniprésente pour l'existence, du fait de mes nombreuses observations sur les habitudes des animaux et des plantes, l'idée me vint tout à coup que, dans ces circonstances, les variations favorables auraient tendance à être préservées, et les défavorables à être détruites. Il en résulterait la formation de nouvelles espèces. J'avais donc enfin trouvé une théorie sur laquelle travailler ; mais j'étais si anxieux d'éviter les critiques que je décidai de n'en pas écrire la moindre esquisse pour quelque temps. En juin 1842, je m'accordai un très bref résumé de ma théorie en 35 pages ; puis je l'augmentai, pendant l'été 1844, jusqu'à 230 pages, que j'ai soigneusement recopiées et possède encore », déclare Darwin dans son autobiographie[1].

En 1844 paraît anonymement *Témoignages de l'histoire naturelle de la création*, écrit par l'éditeur et journaliste Robert Chambers (1802-1871). Les attaques violentes dont le livre est l'objet rafraîchissent nettement l'enthousiasme de l'ami Charles…

Les doutes de Darwin sont connus. Le 11 janvier 1844, il écrit à son jeune ami le botaniste Joseph Hooker (1817-1911) :

1. Chapitre « Mes publications ».

« … je suis à peu près convaincu, contrairement à l'opinion qui était la mienne au départ, que les espèces ne sont pas (c'est comme avouer un meurtre) immuables… » C'est comme avouer un meurtre… Il rêve qu'il est décapité ou qu'il est le chapelain du diable. Charles ne veut pas heurter sa femme[1], très pieuse (elle camoufle soigneusement les frasques du grand-père Erasmus Darwin), ni être déconsidéré socialement pour ses écrits.

Mais on peut aussi penser que Darwin n'a pas traîné tant que ça, il a pu simplement suivre son rythme. Il s'est d'abord attelé aux volumes sur les cirripèdes, et y a longuement travaillé. Ses pensées ne sont d'ailleurs pas secrètes. On en parle dans les salons où se réunissent les intellectuels, et parmi lesquels la question des espèces et le lamarckisme sont débattus.

Les oiseaux tombent du paradis, Darwin tombe des nues

Les paradisiers sont des oiseaux si merveilleux qu'ils semblent presque irréels. On a longtemps cru qu'ils vivaient dans l'éther de l'Éden et qu'ils ne se posaient jamais, faute de pattes – les amours se déroulant en vol et la femelle déposant ses œufs sur le dos de son compagnon. C'est en 1857, dans les îles d'Aru, que l'explorateur naturaliste Alfred Russel Wallace (1823-1913) découvre et décrit pour la première fois scientifiquement une de ces créatures, le paradisier grand-émeraude. Sa découverte que les Papous leur coupent les pattes avant de les vendre aux Occidentaux met fin aux légendes.

En 1858 sur l'île de Batjan, aux Moluques, le même Wallace trouve un nouvel oiseau de paradis que Gould décrira et baptisera en son honneur : le paradisier de Wallace. Il inventorie de nombreuses autres espèces et décrit une grenouille volante qui fera sensation. Comme Darwin en Amé-

1. Néanmoins, il laisse de l'argent pour publier ses travaux au cas où il meure…

Le paradisier grand-émeraude, découvert par Wallace

rique du Sud, Wallace ne se contente pas d'accumuler les échantillons. Il réfléchit sur les lois qui régissent cette nature exubérante. Il détermine une ligne de démarcation entre la faune australienne et la faune asiatique qui porte encore son nom. Pendant une attaque de paludisme, aux Moluques, Wallace laisse ses pensées s'envoler… et arrive exactement aux mêmes conclusions que Charles Darwin sur la sélection naturelle, qu'il rédige fiévreusement (c'est le cas de le dire) en trois jours. Par déférence pour cette figure estimée du monde scientifique britannique, il lui transmet aussitôt les résultats de ses recherches. Darwin est assommé : exactement ses idées, presque mot pour mot[1] !

1. Wallace avait déjà écrit en 1855 un article, « De la loi qui a présidé à l'introduction de nouvelles espèces », qui perturba Darwin, mais ce dernier pensait que la théorie de Wallace n'était pas aboutie. En revanche, le manuscrit du 18 juin 1858, « Sur la tendance qu'ont les variétés à s'écarter indéfiniment du type d'origine », s'appuie clairement sur la sélection naturelle.

C'est décidément une bien mauvaise période : le bébé de Charles et Emma, Charles Waring, meurt de la scarlatine. Accablé par la mort de son enfant, Darwin n'a pas le cœur à mettre en avant l'antériorité de ses découvertes. Alors se déroule une des plus belles histoires d'estime réciproque, d'amitié et de loyauté de l'épopée des sciences.

Ses amis, le botaniste Joseph Hooker et le géologue Charles Lyell, prennent les choses en main. Le 1er juillet 1858, devant la Société linnéenne de Londres, de façon à rester équitables, ils lisent successivement les théories de Wallace et de Darwin. La suite est à l'avenant… Non seulement les deux hommes éviteront toute rivalité, mais ils défendront ensemble leurs idées novatrices et garderont une haute considération mutuelle. Et quand Wallace sera victime de déboires financiers, il profitera de cette solidarité entre darwinistes. Dans l'immédiat, et contre toute attente, la lecture des deux textes évolutionnistes ne provoque pas d'hostilité, ni même de réaction particulière. Pour garder la paternité de sa théorie et en montrer l'ampleur, avec le soutien de ses amis, et sous leur pression insistante, Darwin se résout finalement à en publier rapidement un résumé, plus de vingt ans après son élaboration.

Le coup de tonnerre d'une publication

Le résumé de la théorie de Darwin totalise quand même cinq cents pages et s'intitule *On the Origin of Species by Means of Natural Selection or the Preservation of Favoured Races in the Struggle for Life* (« L'Origine des espèces au moyen de la sélection naturelle ou la conservation des variétés avantagées dans la lutte pour l'existence ») – Darwin faisait rarement court, et, si vous le voulez bien, je continuerai de nommer son livre *L'Origine*, en vous laissant le soin de compléter… Sa première version est publiée le 24 novembre 1859. Les mille deux cent cinquante exemplaires de l'ouvrage s'arrachent dès le premier jour. En 1876, soixante mille exemplaires auront été vendus rien qu'en Angleterre, et l'ouvrage connaîtra de nombreuses traductions.

Les réactions sont très contrastées.

Les attaques les plus virulentes viennent du clergé ; elles portent bien plus sur la théologie que sur la science. Cependant, certains ecclésiastiques se montrent ouverts, tel Charles Kingsley, le chapelain de la reine Victoria, qui témoigne son admiration au désormais célèbre Charles Darwin : « Tout ce que j'ai lu de votre livre m'impressionne grandement. À la fois le volume des faits et le prestige de votre nom, et aussi l'intuition très nette que, si vous avez raison, il me faudra abandonner beaucoup de ce que j'ai cru et écrit jusqu'à présent. De cela, je ne me soucie guère. »

À l'opposé, la déception vient des proches de Charles, et même de scientifiques amis comme Lyell, qui ne se montre pas d'emblée très favorable aux idées évolutionnistes. Le vieux professeur Sedgwick écrit une lettre qui déçoit terriblement Darwin : « J'ai lu votre livre avec plus de désagrément que de plaisir. J'en ai grandement admiré certaines parties, d'autres m'ont fait rire à en avoir mal aux côtes. » Le naturaliste est très sensible à ces critiques. Malgré tout, il répond sans détour à un détracteur : « J'ai tendance à croire qu'il vous serait plus facile de prendre un lavement que de relire le moindre passage de mon livre[1]. » Richard Owen, plus subtil et plus ambigu, tente publiquement de minimiser l'importance de l'œuvre de Darwin, et ne néglige aucun coup bas, commettant notamment des publications anonymes contre *L'Origine*.

FitzRoy, enfin, exprime l'inexprimable : « Je ne vois pour ma part rien de très noble à l'idée de descendre même du plus ancien des singes. » Aïe. Malgré toutes les précautions prises par Darwin pour éviter d'évoquer les origines naturelles de l'homme, voici les singes entrés en jeu. La boîte de Pandore est ouverte. De nombreuses caricatures montrent Darwin en créature simiesque et velue. Une des citations les plus connues à ce sujet est cette réflexion de la femme d'un archevêque, Lady Worcester : « Ainsi, l'homme descendrait du singe ? pourvu que cela ne soit pas vrai ; mais si cela devait l'être, prions pour que le peuple ne le sache pas ! »

1. Irvin Stone, *Charles Darwin, le roman de nos origines*, p. 572.

Darwin et Littré, caricature de Gill

Sam le Savonneux et le Bouledogue

Voici ce que Darwin raconte sur son bouledogue : « Son esprit était rapide comme l'éclair et aussi aigu qu'un rasoir. C'est le plus brillant causeur que j'aie connu. Il ne dit ni n'écrit jamais rien de plat[1]. » L'animal en question, c'est le jeune biologiste Thomas Henry Huxley[2], et s'il est surnommé « le bouledogue de Darwin », c'est parce qu'il va sur le terrain défendre les idées du maître. Il se fait notamment remarquer au cours de la fameuse réunion d'Oxford du 30 juin 1860, proche du pugilat. Du côté des anti-évolutionnistes, voici *Soapy Sam*, Sam le Savonneux, l'évêque d'Oxford Samuel Wilberforce ; son surnom fait référence à sa voix mielleuse et sa capacité à glisser du discours respectable aux venimeux noms d'oiseaux.

1. Charles Darwin, *Autobiographie*…
2. Thomas Henry Huxley sera le grand-père de l'écrivain Aldous Huxley, auteur du *Meilleur des mondes*, mais aussi l'ami de l'oncle de H. G. Wells, l'auteur de *La Guerre des mondes*.

Devant une assistance d'un millier d'auditeurs, les échanges durent plusieurs heures, au point qu'une femme s'évanouit. Sam le Savonneux à Huxley : « J'aimerais savoir, est-ce par votre grand-père ou par votre grand-mère que vous prétendez descendre du singe ? » Et le Bouledogue de répondre : « Je prétends qu'il n'y a pas de honte pour un homme à avoir un singe pour grand-père. Si je devais avoir honte d'un ancêtre, ce serait plutôt d'un homme, un homme à l'intellect superficiel et versatile, qui, ne se contentant pas du succès dans sa propre sphère d'activité, plonge dans des questions scientifiques qui lui sont totalement étrangères, ne faisant que les obscurcir par une rhétorique vaine et distraire l'attention de ses auditeurs du vrai point de discussion par des digressions éloquentes et d'habiles appels aux préjugés religieux[1] ! » Suite à ce coup de crocs dans la soutane, le débat se resserre sur les questions strictement scientifiques.

Quelques années plus tard, Darwin sera défendu non par un bouledogue, mais par un homme-singe. Edgar Rice Burroughs (1875-1950), l'inventeur de Tarzan, est un darwinien convaincu. C'est pourquoi il met en scène des primates intermédiaires entre les grands singes et les hommes, dotés d'un langage rudimentaire (*Tar-zan* signifiant « singe blanc »), mais aussi des pithécanthropes et autres hominidés représentant des stades différents de l'évolution. Tarzan lui-même n'est-il pas un mélange des qualités humaines et animales qui montre la proximité entre l'homme et le singe[2] ?

Les fondements de l'origine des espèces

Darwin n'a pas employé d'emblée le mot « évolution » dans son ouvrage. Il parle plutôt de variations ou de transmutation. Le terme évolution n'apparaît qu'à la sixième édition !

---

1. D'après le récit fait à Darwin par Hooker, cité dans *Charles Darwin, le roman de nos origines*, p. 569.

2. D'après Claude Aziza, historien de la littérature populaire, *in L'Histoire*, n° 328, février 2008.

La transmutation des espèces, qu'il étaye par une multitude d'exemples, se fonde sur trois notions complémentaires :

1. Les organismes vivants présentent des variations, dont une partie se transmet à leurs descendants (ainsi les becs des pinsons de Darwin).

2. Les êtres vivants produisent plus de descendants qu'il ne peut en survivre, car les capacités de l'environnement sont limitées (ce que nous montrent les éléphants).

3. Les individus porteurs de variations favorables survivent et se reproduisent. Leurs caractères favorables se répandent dans la population. Les autres sont éliminés par les contraintes du milieu : c'est la sélection naturelle (les pigeons domestiques nous ont dit que la sélection artificielle opérée par l'éleveur, remplaçant ici la nature, fonctionne de manière comparable).

D'une génération à l'autre, des variations de taille, de forme, de couleur, etc., apparaissent spontanément au sein d'une espèce. Selon Darwin, elles se produisent au hasard, sans direction précise. Il distingue des variations nuisibles, des variations sans incidence et des variations favorables. Les plantes et les animaux qui bénéficient des mutations les mieux adaptées aux contraintes du milieu survivent et se reproduisent, transmettant leurs caractères héréditaires à leur descendance. Soulignons que la sélection ne *crée* pas les variations héréditaires, elle se contente de les *trier*, de même que l'éleveur ne crée pas les variations des espèces domestiques. L'hérédité est au cœur de ce mécanisme ; la sélection joue donc plus sur la descendance que sur la survie de chaque individu.

Avec le temps, la transmission des caractères héréditaires modifie des populations entières et crée de nouvelles espèces. Ces espèces nouvelles deviennent si différentes de l'espèce souche qu'elles ne peuvent plus se reproduire avec elle.

Deux scandales en un volume

Prises séparément, quasiment aucune des idées évoquées par Darwin dans ce qu'il appelait « mon grand livre » n'est réellement nouvelle pour les biologistes de son époque, mais il les a rendues cohérentes. Sa théorie globale est révolutionnaire parce qu'elle introduit une notion de hasard qui exclut Dieu de la science, et choque parce qu'elle détrône l'homme de la place privilégiée qu'il s'est attribuée dans l'univers, au mépris de l'animal.

Les deux idées qui scandalisent le plus, dans *L'Origine des espèces*, sont :

1. L'absence de Dieu. La sélection naturelle s'opère sans intervention divine. Le hasard fait de l'être humain un organisme comme n'importe quel autre, arrivé presque là par accident. Aïe, ça fait mal à l'ego !

2. L'animalité de l'homme. Il n'est plus créé par Dieu à Son image, il « descend du singe », selon le raccourci bien connu. Ouille, la chute est dure !

Tu parles, Charles !

Le coup est parti. Entre 1859, date de la sortie de *L'Origine*, et 1871, année de la publication de *La Filiation de l'homme*, Darwin s'exprime peu, alors que se répandent en Europe et aux États-Unis des interprétations perverties de ses idées. Certaines dérives fallacieuses sont si tenaces qu'elles sévissent encore aujourd'hui, entachant le darwinisme de soupçons infondés. Des eugénistes aux nazis en passant par les capitalistes les plus sauvages, tout le monde y est allé de sa petite interprétation.

Le philosophe Herber Spencer (1820-1903), que Darwin n'appréciait pas, applique « la lutte pour l'existence » du monde biologique à la sphère économique, imaginant un libéralisme impitoyable qu'il appelle « darwinisme social ». D'autres voient au contraire dans l'évolutionnisme les justifications biologiques du marxisme. Une légende prétend même que Marx aurait demandé à Darwin de préfacer l'édition anglaise de son *Capital*. En réalité, c'est son gendre Edward Aveling qui, ayant proposé à Darwin de lui dédier un ouvrage, s'est vu opposer un refus courtois[1]. Darwin s'en tenait strictement à la biologie.

Le pire « traître » de Darwin est certainement son propre cousin Francis Galton. Transposant radicalement le prétendu constat d'une « élimination des faibles » aux sociétés humaines, il a inventé l'eugénisme. En Allemagne, Ernst Haeckel, que nous retrouverons plus loin, prend le relais en défendant l'eugénisme spartiate et l'euthanasie – on le retrouvera cité dans le *Mein Kampf* d'Adolf Hitler. Pauvre Charles, il s'en est certainement retourné dans sa tombe !

La dérive qui consiste à vouloir couler la science dans le moule d'une idéologie politique est fréquemment appelée le lyssenkisme, du Russe Trofim Denissovitch Lyssenko (1898-1976), faux héritier des évolutionnistes parmi les plus malhonnêtes. C'est surtout au nom de Lamarck que Lyssenko a exercé sa censure. S'appuyant sur les théories du savant français, il prétendait démontrer que les caractères acquis étaient héréditaires, ainsi « l'homme nouveau » serait-il capable d'acquérir et transmettre les vertus socialistes. Grâce au soutien de Staline et à quelques expériences truquées, il a réussi à interdire aux scientifiques russes la génétique, jugée réactionnaire, n'hésitant pas à faire déporter ses rivaux dans les goulags.

Tout cela donne des arguments faciles à d'autres joyeux drilles, opposants de tout évolutionnisme qu'il soit lamarckien ou darwinien, les créationnistes. Faute de bases scientifiques solides, ces derniers masquent désormais leur dogmatisme derrière le supposé caractère eugéniste des idées évolutionnistes. Mais ils n'argumentent ici que sur les trahisons à la pensée de Darwin, et non sur la théorie elle-même. En réalité, Darwin s'est prononcé explicitement contre l'eugénisme, affirmant contre son cousin Galton, dans *La Filiation de l'homme*, qu'il fallait protéger les faibles – et non les supprimer. Il précise que la supériorité de l'homme sur les autres espèces lui vient de ses facultés intellectuelles et de « ses

1. Lettre datée du 13 octobre 1880.

habitudes sociales, qui le portent à aider et à défendre ses semblables[1] ».

Ni sexiste ni raciste ni spéciste ?

Il est malhonnête de vouloir faire passer Darwin pour ce qu'il n'est pas. Certes, l'homme a les préjugés de son époque, il est chauvin et convaincu de la mission civilisatrice de l'Empire britannique. Mais il défend des idées novatrices, fondamentalement non racistes et non sexistes. À nos yeux, hommes et femmes du XXIe siècle, il y a une contradiction entre ses préjugés et son vocabulaire – ceux de son époque – et sa pensée profonde. Du coup, des citations en apparence très opposées peuvent être tirées de *La Filiation de l'homme*. S'il pense que l'homme « possède un génie plus inventif » que la femme, il ajoute que « par sa plus grande tendresse et son moindre égoïsme », elle montre des qualités d'altruisme plus hautes que l'homme, « condamné à la compétition et à l'ambition »[2].

Darwin, s'il est bien de son temps, n'est pas un misogyne. Surtout, toujours, il est un défenseur de tous les instants des droits de l'homme – et de la femme : « L'homme est plus puissant dans son corps et dans son esprit que la femme, et, à l'état sauvage, il la maintient dans un état de servitude bien plus abject que ne le fait le mâle de tout autre animal » (p. 717). Darwin a, en effet, été très choqué par la manière dont les Indiens traitent leurs femmes. Alors, s'il est sexiste, c'est contre la violence des mâles de son espèce.

Darwin parle de races humaines « inférieures » ou « supérieures », mais le mot race désigne une société et non une variété physique héréditaire, et l'« infériorité » un degré de développement sur l'échelle de la civilisation. Il fait ainsi une comparaison entre les Fuégiens du Beagle si « semblables à nous » et leurs congénères restés sauvages[3]. Il se rappelle

1. Charles Darwin, *La Filiation de l'homme,* p. 132.
2. *Ibid.*, p. 676-684.
3. Le mot « sauvage » n'a rien de désobligeant, surtout pour un naturaliste !

que les Fuégiens du *Beagle*, Fuégia Basket, York Minster et Jemmy Button, revenant d'Angleterre, étaient « si semblables » à lui qu'ils se montraient capables de partager les sujets de conversation du naturaliste, tandis que les autres, demeurés chez eux, sont si différents qu'en cas de famine, ils préféraient manger leurs grand-mères que leurs chiens – anecdote dont il a eu du mal à se remettre. Quant à l'emploi du mot « nègre », il n'était pas nécessairement entaché de racisme, à l'époque. Darwin n'a pas oublié avoir été l'élève d'un taxidermiste noir qui lui avait beaucoup apporté, et pour qui il avait une grande estime.

Ne perdons pas de vue l'essentiel : tout en utilisant les références sociales de ses contemporains, Darwin écrit clairement que tous les humains sont de la même espèce, et que les races humaines sont fondamentalement semblables, car d'origine unique. Malgré son tempérament conciliant, le naturaliste n'a pas pu s'empêcher de s'opposer au capitaine FitzRoy au sujet de l'esclavage, qu'il abhorre – il n'a pas de mots assez durs envers ce « scandale des nations chrétiennes ». En fait, Charles Darwin déteste toutes les formes de violence et de ségrégation.

Darwin n'est pas non plus spéciste[1]. En clair : l'homme qu'il est n'a pas, vis-à-vis des autres espèces animales, le moindre mépris, et se montre – nous l'avons vu – non seulement très anthropomorphiste, mais soucieux du bien-être des bêtes. Le rapprochement qu'il établit entre l'espèce humaine et le singe ne comporte aucun sous-entendu méprisant pour l'homme sauvage, mais plutôt, au contraire, une approche du singe exempte de dédain. L'auteure et vétérinaire Cynthia Mills, dans son livre *La Théorie de l'évolution*[2], fait à ce sujet cette très jolie réflexion : « Darwin ne pouvait contempler la nature sans s'y fondre et était incapable de nourrir un sentiment de supériorité ou d'aversion envers les créatures qu'il

1. Le spécisme est aux autres espèces ce que le racisme est aux autres races. Cela devrait faire très plaisir aux anti-spécistes qui militent pour que les grands singes soient protégés par des droits au même titre que les humains.

2. Cynthia Mills, *La Théorie de l'évolution.* Voir bibliographie.

observait. Il ne percevait aucun fossé entre nous et le reste de l'animalité ; la nature tout entière lui apparaissait faite de la même étoffe. »

Un oiseau surgi du sol

Fossile et vrai ami

En visitant les derniers grands espaces sauvages de la planète, le touriste venu des pays industriels, déshabitué à l'observation d'une nature en état de marche, a un choc : un peu partout, il voit des traces de la mort. Des crânes de gnous jonchent la savane africaine ; en Inde, des vautours nettoient des carcasses de vaches ; en Amérique, ce sont des urubus qui dissèquent les charognes – Darwin avait noté le nombre et les mœurs des urubus, ces « êtres extrêmement curieux pour quiconque n'a été habitué qu'aux oiseaux de l'Europe septentrionale[1] ».

Notre touriste fait une autre constatation : les animaux morts disparaissent vite. Depuis les gros charognards jusqu'aux petits insectes nécrophages, toute une équipe de nettoyeurs se charge des dépouilles, puis les os se désagrègent. Dans le parc d'Amboseli, au Kenya, les biologistes ont établi qu'un cadavre d'éléphant est complètement détruit en moins de cinq ans. Il est donc presque impossible de trouver les restes d'une créature disparue depuis longtemps. Le phénomène de fossilisation est exceptionnel.

S'il y a un métier où l'on aime bien tomber sur un os, c'est bien celui de paléontologue. Pour les paléontologues, reconstituer l'histoire de la vie consiste à compléter un puzzle de centaines de milliards de pièces, avec seulement quelques milliers de fossiles généralement incomplets. C'est un jeu de déductions dont les hypothèses peuvent être renversées par la découverte d'une simple mâchoire, voire d'une seule dent trouvée là où ils ne s'y attendaient pas…

1. Charles Darwin, *Voyage d'un naturaliste…*, p. 58.

Charles Darwin se méfiait des fossiles. Il les trouvait beaucoup trop rares et incomplets pour prétendre représenter des archives significatives du passé. Il faut dire qu'à l'époque, les fossiles s'obstinaient à ne pas lui donner ce qui lui manquait pour confirmer sa théorie : une preuve d'existence de forme intermédiaire entre deux espèces, son absence étant l'objection la plus sérieuse à sa théorie… jusqu'à ce jour providentiel de 1861 où est mis au jour un fossile d'archéoptéryx (la « vieille aile ») dans les calcaires lithographiques de Solnhofen, en Bavière. Pour Darwin, qui vient de publier *L'Origine des espèces*, la vieille aile tombe à pic. Cet « oiseau fossile avec une longue queue et des doigts sur les ailes… est de loin le plus grand prodige de ces derniers temps. C'est une grande question pour moi car aucun groupe ne se trouvait aussi isolé que les oiseaux ; et cela montre que nous ne savons que peu de chose de ce qui a vécu durant les périodes qui nous ont précédés ».

Le poulet de Piltdown

L'archéoptéryx est alors une sorte de « chaînon manquant » entre les reptiles et les oiseaux, car il porte des caractéristiques de ces deux classes d'animaux. D'une taille variant entre celle d'un pigeon et celle d'une poule, il ne possède pas de bréchet[1] comme les oiseaux volants actuels, mais un bassin, des côtes ventrales et une queue formée de nombreuses vertèbres typiques des reptiles. Ses plumes sont au contraire dignes des volatiles modernes. D'autres caractères anatomiques de l'archéoptéryx sont intermédiaires, comme les os des pattes – les métatarsiens – qui ne sont ni séparés comme chez les dinosaures, ni fusionnés comme chez les oiseaux actuels, mais partiellement fusionnés.

Comme on pouvait s'y attendre, les anti-évolutionnistes n'y croient pas. Pour Richard Owen, il s'agit d'un oiseau (il fut magistralement contredit par Huxley le Bouledogue). Pour

1. Le bréchet est une crête osseuse située sur le sternum des oiseaux. Indispensable au vol, il sert d'insertion aux muscles des ailes. Les autruches et autres oiseaux marcheurs n'en possèdent pas.

L'archéoptéryx fit l'admiration de Darwin

Andreas Wagner, directeur du musée de Paléontologie de Munich, c'est au contraire un reptile, qu'il nomme *Griphosaurus* : le saurien énigmatique…

Malgré la découverte de nouveaux spécimens, certains insinuent qu'il s'agit de faux. Attaque facile, car, vers la même époque, l'histoire des fossiles connaît un épisode fâcheux : le fameux homme de Piltdown, dont les ossements sont présentés par les experts comme les restes du « premier Anglais », n'est en réalité qu'un assemblage d'un crâne humain et d'une mâchoire d'orang-outang – canular qui sera révélé quarante ans après sa découverte, en 1912. Les créationnistes auront beau jeu de surnommer l'archéoptéryx *Piltdown chicken* : « le poulet de Piltdown ». L'amalgame est malhonnête, car les fossiles d'archéoptéryx, si précieux pour la théorie de Darwin, sont, eux, authentiques.

L'archéoptéryx nous démontre cette vérité intemporelle : on ne voit que ce qu'on croit. L'argument des anti-darwinistes a d'abord été qu'il manquait des intermédiaires entre lui, les reptiles et les oiseaux. Depuis, plusieurs fossiles ont été trouvés en Chine qui sont de parfaits candidats pour le rôle. Mais cela n'a rien changé : quoi qu'il arrive, une certitude figée n'a que faire de la réalité…

LES ANIMAUX SUCCÈDENT AUX ANIMAUX

L'histoire des espèces végétales et animales est inscrite dans les fossiles. Quelques-uns montrent des « lignées » reconnaissables, qui nous permettent de suivre l'évolution de plusieurs animaux actuels. Mais pour établir une parenté, il faut faire le tri entre les ressemblances trompeuses et les véritables traits communs.

L'évolution des organes

Comme un poisson dans l'eau

C'est toujours un bonheur lorsqu'on est en bateau, dans le vent vif et les embruns salés, d'être entouré de dauphins jouant avec l'étrave ; une rencontre familière, pour Darwin l'attrape-mouche. Nous aimons spontanément les dauphins, peut-être à cause de quelques points communs évidents : nous sommes, nous aussi, des mammifères intelligents à peau nue (les cétacés sont des mammifères, nous l'avons appris à l'école).

D'autres animaux ressemblent étrangement à des poissons sans en être. Ainsi l'ichtyosaure, un reptile aquatique disparu ; et même un oiseau, le manchot, lorsqu'il file sous l'eau en se servant de ses ailes comme de nageoires. Tous atteignent la même perfection hydrodynamique, proche de celle du requin. Cette similitude apparente entre animaux de parenté lointaine s'appelle la convergence évolutive.

L'exemple du dauphin et de l'ichtyosaure est bien connue ; il en existe des milliers d'autres chez les plantes et les animaux. L'Australie, en particulier, est une mine de convergences. Les mammifères marsupiaux (dont les petits naissent à l'état d'embryon et finissent leur développement dans des poches dites marsupiales) y prennent des formes étonnamment semblables à celles des mammifères du reste du monde, qui sont presque tous placentaires (l'embryon est nourri par le placenta et naît à un stade beaucoup plus développé). Le thylacine, ou loup de Tasmanie, dont le dernier survivant connu fut abattu en 1961, ressemblait à un loup au dos rayé. Ce marsupial était doté de dents de carnivore et de pattes fines de coureur tout comme les vrais canidés. Sa silhouette était la même que celle d'un renard ou d'un loup, et la logique commune de leur anatomie de carnassiers correspond parfaitement aux préceptes de Cuvier. Le loup est pourtant plus proche du dauphin que du thylacine qui, lui, était un cousin des koalas. En Australie vivent encore des chats marsupiaux et des souris marsupiales, dont les noms sont des clins d'œil à la faune européenne. D'autres marsupiaux, comme les kangourous, ont une démarche parfaitement originale, mais montrent d'évidentes similitudes anatomiques avec des mammifères placentaires partageant les mêmes habitudes alimentaires.

La taupe marsupiale d'Australie présente de nombreux points communs avec la taupe européenne. Ces deux mammifères ont des mœurs souterraines. Ils creusent la terre ou le sable avec leurs pattes avant en forme de pelles et se nourrissent de vers de terre et d'insectes. Plus étonnant encore : la convergence se retrouve chez un insecte, la courtilière, encore appelée grillon taupe. Les pattes de la courtilière sont conformées de la même manière que celles des mammifères fouisseurs, en forme de pelle.

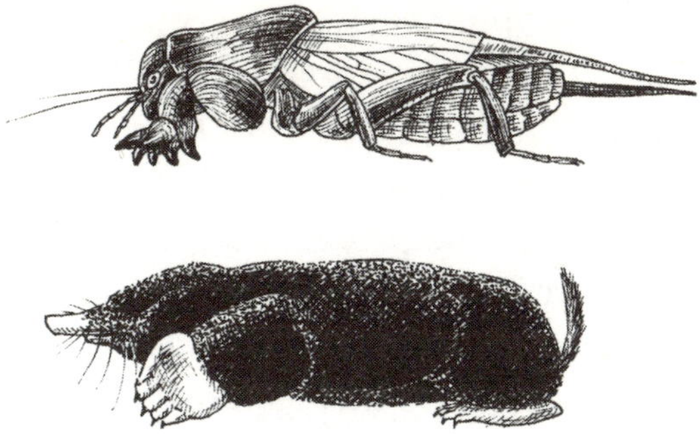

Convergence évolutive :
les pattes antérieures en forme de pelle de la courtilière et de la taupe

Vous avez dit « adaptation » ?

Dans *L'Origine des espèces*, Darwin cite des convergences chez les animaux domestiques, tels le lévrier et le pur-sang, tous les deux splendidement « adaptés » à la course. Il souligne que ces convergences sont des bases trompeuses pour classer les espèces. Il s'agit d'« adaptation », et non d'une preuve de parenté.

Pourquoi ces guillemets au mot « adaptation » ? Parce qu'il est trompeur. Il sous-entend qu'une espèce animale s'« adapte » activement à son milieu, comme la girafe de Lamarck censée allonger son cou à force de le tirer. De fait, c'est le contraire : les contraintes du milieu ont sélectionné les animaux capables de survivre, tout comme les éleveurs ont sélectionné les chevaux performants pour arriver au pur-sang. Allez, je vous aide : cette question fait partie de l'interro surprise à la fin de ce livre.

Haut les mains !

La forme des baleines et des dauphins témoigne de leurs mœurs aquatiques, mais les unes et les autres sont comme nous des mammifères vertébrés. Pour le vérifier, il faudrait « déshabiller » l'une de leurs nageoires. Nous constaterions qu'il s'y cache une *main* étrangement semblable à la nôtre. Cette structure commune entre la main des différents vertébrés est un des arguments de Charles Darwin (et avant lui d'Erasmus Darwin et d'Étienne Geoffroy Saint-Hilaire) en faveur de leur parenté : « N'est-il pas très remarquable que la main de l'homme faite pour saisir, la griffe de la taupe destinée à fouir la terre, la jambe du cheval, la nageoire du marsouin et l'aile de la chauve-souris, soient toutes construites sur un même modèle et renferment des os semblables, situés dans les mêmes positions relatives[1] ? »

Darwin appelle « unité de type » cette concordance des formes, indépendante des habitudes de vie (le terme actuel est *homologie*). Il l'explique par « l'unité de descendance ». Et d'ironiser au passage, comme il se plaît parfois à le faire, sur les naturalistes de son époque qui croient en une création unique : pourquoi, en effet, un créateur se serait-il évertué à inclure ces parentés inexplicables dans des anatomies aux fonctions si différentes ? Parentés inexplicables, sauf bien sûr par la théorie de la transmutation des espèces…

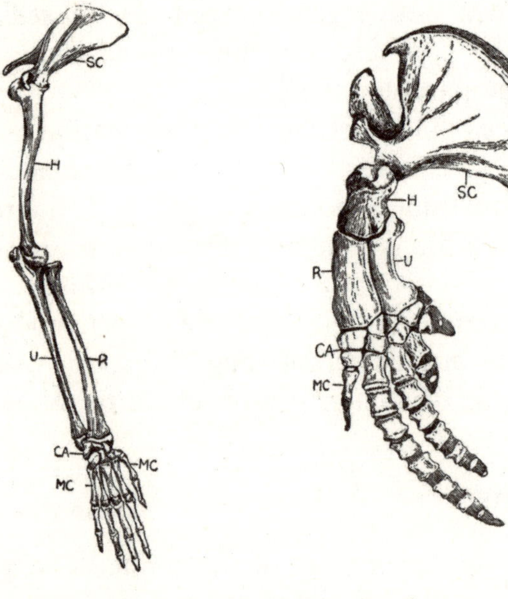

Comparaison entre les membres antérieurs d'un homme et d'un dauphin

1. Charles Darwin, *L'Origine…*, p. 491. Voir bibliographie.

L'apparition des pattes et des plumes

Un jour ou l'autre, un vertébré a bien dû s'aventurer hors de l'eau, pionnier de la conquête du monde terrestre. Parmi les candidats à cette sortie des eaux, le tiktaalik, dont des fossiles ont été exhumés en 2006 sur une île de l'Arctique canadien, est le dernier découvert. Cet animal encore un peu poisson et déjà un peu quadrupède, dont l'existence a été prévue par Darwin, avait une allure de salamandre. L'endroit où il vivait voici 375 millions d'années devait ressembler aux bayous de Louisiane, et le climat était équatorial. Les nageoires du tiktaalik comportaient un cubitus et un radius (os de l'avant-bras), un humérus (os du bras) et une ébauche de doigts. L'animal se servait plus souvent de ses poumons que de ses branchies.

D'autres êtres similaires, mi-poissons mi-quadrupèdes, ont porté quatre, sept ou huit doigts à certains membres. Visiblement, c'est la configuration à cinq doigts qui l'a emporté. Imaginez que les huit doigts aient conquis le monde, notre façon de compter aurait été bien différente. Quant à nos dons de pianistes…

Petite précision nécessaire : le tiktaalik n'est pas *a priori* notre ancêtre direct. Il donne juste une idée de l'aspect qu'ont eu ses collègues s'aventurant hors de l'eau, dont faisait partie notre ancêtre.

Autre précision : on pourrait croire que des pattes ont poussé aux poissons dans le « *but* » de leur permettre de marcher. En fait, c'est l'inverse qui se produit : une variation apparaît, et elle est utile ou non, retenue par la sélection ou non. L'exemple des plumes est révélateur : tout indique qu'elles sont apparues *bien avant le vol*, vraisemblablement pour maintenir constante la température de petits dinosaures non volants. Le vélociraptor de *Jurassic Park* en portait, et même les petits du terrible tyrannosaure[1].

Aux origines, semble-t-il, un fin duvet est d'abord apparu sur le corps de certains dinosaures. Peut-être de petites

1. Certains fossiles, en effet, sont entourés d'empreintes de plumes ; d'autres portent les traces des attaches.

plumes ont-elles ensuite servi lors des parades nuptiales, nul ne le sait. En tout cas, une fois suffisamment développé, cet attribut a fini par servir à voler. Les dinosaures emplumés nous l'affirment : ce n'est pas la fonction qui crée l'organe, comme le disait Lamarck, mais bien l'organe qui précède la fonction.

Un fossile mis au jour dans le désert de Gobi montre des prémices d'ailes qui pourraient faire de ce petit dinosaure nommé *Mahakala omnogovae* un bon prétendant au titre d'ancêtre des oiseaux. Mais que penser de *Microraptor gui*, découvert en Chine, qui portait quatre ailes, deux à l'avant, deux à l'arrière ?

L'algue qui a des visions

Imaginer que des nageoires se sont transformées en pattes, et des filaments en plumes, procède d'une mécanique relativement simple. Mais comment concevoir qu'un organe aussi sophistiqué que l'œil ait pu apparaître autrement que par intervention divine ? Conscient de la force de cet argument avancé par ces casse-pieds de créationnistes, Darwin a avancé dans *L'Origine* l'existence probable de nombreuses gradations de l'œil simple à l'œil complexe en parfaite concordance avec sa théorie.

Un nerf est apparu, qui était sensible à la lumière – d'autres l'ont été au son –, là est l'origine de la vision. Les fossiles étant muets à ce sujet, il prend l'exemple des yeux des crustacés, moins développés que ceux des vertébrés. Nous connaissons aujourd'hui des organes photosensibles plus simples encore que ceux des crustacés, chez les méduses, ou chez les vers de terre, que le naturaliste fréquentera si assidûment à la fin de sa vie. Il existe même l'« œil » primitif imaginé par Darwin, chez… une algue : l'euglène !

La gradation a donc bien commencé avec des organes de vision simples, Darwin l'avait vu. Repérer les lumières et les ombres, et donc l'apparition d'un prédateur, est un avantage adaptatif évident. Suivons le développement d'un organe photosensible chez les mollusques. Il part de la tache sensible des praires et d'autres coquillages, continue avec les yeux plus évolués des escargots jusqu'à la complexification des yeux des pieuvres, qui, bien que très éloignés des animaux vertébrés, ont des yeux étonnamment comparables aux nôtres. D'après des biologistes comme Richard Dawkins, quatre cent mille générations (soit moins de cinq cent mille ans) auront été nécessaires pour passer de la tache oculaire photosensible la plus simple, comme celle des unicellulaires, à l'œil abouti des humains et des pieuvres.

Le regard inexplicable de la sole

La position des yeux des poissons plats, comme les soles, soulève un autre problème. Ces poissons chassent à l'affût, camouflés sur le substrat, et la fonction de ces yeux surélevés, situés sur le même côté, présente aujourd'hui un avantage certain. À l'état de larves, ces animaux ont un regard « normal » avec un œil de chaque côté de la tête, mais au cours de leur croissance, l'un d'eux migre et se retrouve du même côté que son *alter ego* ! Quel intérêt auraient trouvé les ancêtres intermédiaires des poissons plats affublés d'un regard présentant un début d'asymétrie ? Attaqué sur le sujet (devinez par qui), Darwin y répond dès la seconde version de *L'Origine* avec ces deux arguments : un organe en développement peut avoir eu une fonction autre que celle qu'il occupe aujourd'hui, lié à un caractère avantageux différent.

L'origine exacte des caractéristiques des poissons plats n'a pas encore été trouvée, ce qui ne remet pas en cause l'ensemble de la théorie de l'évolution, mais la question passionne les biologistes. En 1982, une étude sur les flets du Pacifique, qui présentent des individus « droitiers » (les deux yeux à droite) ou « gauchers », a déterminé que cette migration oculaire dépendait de facteurs à la fois génétiques et comportementaux. La raison de l'amorce de la migration n'est pas totalement résolue, mais les fossiles de deux poissons vieux de quarante-cinq millions d'années, *Amphistium* et

Heteronectes, qui présentent un cheminement partiel de l'œil, viennent d'être découverts… dans les tiroirs des muséums d'histoire naturelle de Paris et de Vienne, en Autriche. Comme l'archéoptéryx arrivait à point nommé pour contrer les adversaires des théories de Charles Darwin, ces fossiles montrant une migration graduelle des yeux sont un témoignage de poids contre les attaques actuelles des créationnistes.

Petite leçon de bricolage

La plume du vélociraptor, la patte du tiktaalik et l'œil de la pieuvre nous montrent que l'évolution *bricole* avec ce qu'elle a déjà, selon la fameuse métaphore du généticien François Jacob : l'évolution est « un bricoleur qui ne sait pas encore ce qu'il va produire, mais récupère tout ce qui lui tombe sous la main[1] ». C'est seulement ce qui fait déjà partie de l'anatomie d'un animal qui peut être recyclé, transformé, développé : notre langue nous est nécessaire pour parler, mais elle n'a pas été « destinée » au langage.

Nous portons tous en nous un bricolage anatomique hérité de notre ascendance plus ou moins lointaine, tels les os de nos mains à cinq doigts… ou ceux de l'intérieur de nos oreilles. L'oreille moyenne des mammifères (la partie juste derrière le tympan) possède trois osselets : l'enclume, le marteau et l'étrier ; alors que celle des reptiles n'en comporte qu'un : l'étrier. Bien après la sortie des eaux du tiktaalik et de ses homologues sont apparus les dinosaures. Certains d'entre eux, les reptiles mammaliens, ont conduit aux premiers mam-

1. Cette métaphore du bricoleur avait déjà été formulée par Darwin lui-même à la fin de son ouvrage sur la fécondation des orchidées, *De la fécondation croisée des orchidées par les insectes* : « Quoiqu'un organe n'ait pas été à son origine formé dans tel but spécial, s'il sert actuellement à la réalisation de ce but, on peut dire avec justesse qu'il est spécialement constitué pour lui. D'après le même principe, si un homme construit une machine dans une fin déterminée, mais emploie à cet effet, en les modifiant un peu, de vieilles roues, de vieilles poulies et de vieux ressorts, la machine, avec toutes ses parties, pourra être considérée comme organisée en vue de cette fin. Ainsi, dans la nature, il est à présumer que les diverses parties de tout être vivant ont servi, à l'aide de modifications légères, à différents desseins, et ont fonctionné dans la machine vivante de plusieurs formes spécifiques anciennes et distinctes », p. 329. Voir bibliographie.

mifères. Les deux petits os qui formaient l'articulation entre leur crâne et leur mâchoire inférieure ont migré. On peut suivre, de fossile en fossile sur près de cinquante millions d'années, le cheminement de ces deux osselets se détachant progressivement de la mâchoire inférieure pour rejoindre l'étrier et l'oreille moyenne, caractéristiques des mammifères accomplis. Ces trois petits os (l'étrier est le plus petit os du corps humain) transmettent les vibrations reçues par le tympan et permettent une bonne ouïe. Nous entendons bien grâce à des bouts de mâchoire de dino !

Les ancêtres du cheval et de la baleine

De la même manière que tatie Tiktaalik est sortie des eaux, les oiseaux ont pris leur envol, de petits mammifères se sont mis à galoper, et les ancêtres de la baleine ont réappris à vivre dans l'eau. Chacun des organes de ces individus a participé à leur évolution globale. Au cours des millénaires, ces animaux se sont entièrement transformés.

Petit cheval deviendra grand

Les personnes peu familières des chevaux s'étonnent volontiers des « blessures » qu'elles voient sur leurs jambes (mais oui, pour la plus noble conquête de l'homme, on parle de jambes et non de pattes), une excroissance très visible, comme un petit moignon qui sortirait de la jambe. Un examen plus attentif en révèle quatre : une à chaque jambe. Ce sont les châtaignes. Il ne s'agit pas ici de végétal, mais de la relique d'un doigt perdu au cours de l'évolution. Les poulains naissent d'ailleurs parfois avec un ou deux doigts surnuméraires, ce qui peut s'interpréter comme un témoignage de l'aspect de leurs ancêtres.

L'évolution des ancêtres du cheval vers sa forme actuelle est bien connue, et le graphique en est très convaincant : on

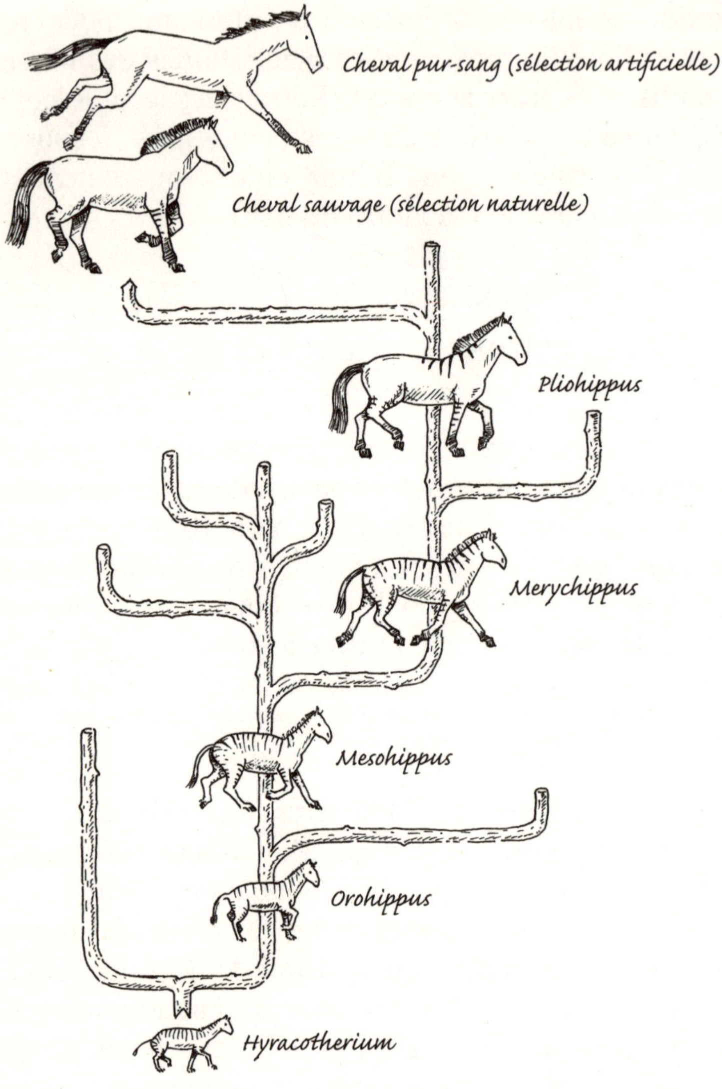

La « lignée » du cheval. Seuls les fossiles de la tendance ayant conduit au cheval sont représentés

part de l'*Hyracotherium* (moins 55 millions d'années), de la taille d'un agneau, vers des animaux de plus en plus grands, dont les os des cinq doigts se soudent peu à peu jusqu'à former des pieds à un sabot. En réalité les choses sont plus compliquées, car l'évolution ne se fait pas en ligne droite comme si elle suivait une direction prévue. Il s'agit plus d'une ramification que d'une « lignée ».

Manœuvrer les pattes demande beaucoup d'énergie, et chez les animaux coureurs, on constate une fusion des muscles ou des os, sinon leur perte. Dans la lignée fossile des équidés, la manière dont les doigts latéraux ont disparu n'est pas progressive, mais ils ont bel et bien disparu, la châtaigne et l'anatomie interne du pied en sont des reliques ; l'os principal, le canon, est encore entouré de deux stylets, vestiges de deux doigts. Au bout du pied, le sabot est l'homologue de notre ongle : les chevaux actuels galopent sur leurs ongles, et font partie des ongulés. Les ongulés sont des herbivores, des proies potentielles, et doivent courir vite pour échapper à leurs prédateurs. Tout au long de son histoire naturelle, le petit cheval a grandi. Il s'est mis sur la pointe des pieds, toujours plus fin, toujours plus rapide, s'approchant toujours plus du ciel. Le pur-sang nous rappelle que grâce à la sélection artificielle, qui a pris le relais de la sélection naturelle, il est devenu une sorte de perfection. En toute modestie.

Comment la baleine s'est jetée à l'eau

Marcher sur ses ongles est un mode de déplacement « inventé » plusieurs fois par l'évolution. Des ongulés ont suivi des chemins bien différents de ceux de la ramification du cheval. Le *Pakicetus*, par exemple, ressemble vaguement à un chien, mais un chien qui aurait des petits sabots. Il vivait dans les marécages du Pakistan voici quelque 52 millions d'années. *Pakicetus* était à l'aise au sol, mais devait souvent plonger pour attraper ses proies. Cette bête étrange est un ancêtre possible des baleines et des dauphins. C'est en tout cas le plus ancien fossile connu, qui partage un petit os de son oreille interne avec les cétacés, ce qui indique une parenté. Un autre animal découvert plus récemment, l'*Indohyus*, possède lui aussi une oreille interne proche de celle des cétacés. Semblable à un chevreuil miniature, *Indohyus* vivait dans l'actuel Cachemire il y a 48 millions d'années. Contrairement à *Pakicetus*, il était herbivore. Il pourrait avoir été lui aussi un ancêtre des baleines et des dauphins, bien que les cétacés soient tous carnivores. *Indohyus* et *Pakicetus* se sont aventurés dans l'eau, l'un pour se nourrir, l'autre sans doute pour fuir des prédateurs. Un chevreuil aquatique ? c'est tout à fait possible : un petit cervidé africain gros comme un lièvre, le chevrotain aquatique, plonge en cas de danger.

De nombreux fossiles ont été découverts depuis Darwin et confortent ses écrits. Bien qu'ils restent insuffisants, on peut suivre avec des fossiles d'espèces de plus en plus récentes des animaux de plus en plus aquatiques jusqu'aux dauphins et aux baleines : *Pakicetus*, *Ambolucetus*, *Rodhocetus*… Les corps se sont fuselés et ont pris une position plus horizontale, les pattes avant sont devenues des nageoires, les pattes arrière se sont rétrécies jusqu'à disparaître, les narines sont remontées sur la nuque, vers la surface de l'eau. Le plus connu des cétacés fossiles est sans doute le *Basilosaurus*, découvert en 1832, époque à laquelle Darwin entamait son tour du monde à bord du *Beagle*. Le *Basilosaurus* était une baleine de vingt-cinq mètres de long très allongée, si allongée, que ses os ont servi à un canular sur un prétendu serpent de mer[1].

1. Canular ? Pas pour tout le monde. Les cryptozoologues (spécialistes des animaux cachés, dont les serpents de mer) constatent que la plupart des témoignages de marins ne décrivent pas des serpents, mais des mammifères, car les animaux aperçus ondulent verticalement, alors que les poissons et les reptiles se meuvent horizontalement. Les cryptozoologues pensent que certains de ces animaux décrits pourraient, justement, être des baleines primitives serpentiformes, du type *Basilosaurus*, qui auraient survécu jusqu'à nos jours. L'absence de preuves n'est pas une preuve d'absence… En tout cas, l'ondulation verticale des dauphins et des baleines, due à la conformation de leur colonne vertébrale, est un héritage de leur passé de coureurs terrestres.

En résumé, après être sortis des eaux, puis avoir évolué en mammifères, certaines lignées animales ont « fait demi-tour » et sont retournées à une vie totalement aquatique. Les baleines et les dauphins d'aujourd'hui naissent dans l'eau, et sont entièrement affranchis de toute vie terrestre. Darwin, avec son image de l'ours pêcheur se transformant en baleine, n'a pas eu tout à fait tort. Parant à l'avance l'inévitable attaque des créationnistes sur l'absence de formes intermédiaires, le naturaliste souligne dans *L'Origine* qu'on peut en trouver de parfaitement viables chez les espèces actuelles. Celles-ci, adaptées à la vie aquatique à des degrés variés, nous donnent une idée de la succession de ces formes passées. Bien sûr, ces animaux contemporains offrent juste une possibilité de comparaison, qui ne présume en rien de l'apparence des véritables ancêtres des cétacés.

Animaux actuels de plus en plus aquatiques : ils donnent une idée des espèces disparues à différentes étapes d'adaptation à la vie aquatique

Les pattes du serpent

Si le cheval exhibe des restes de doigts, la baleine porte en elle des traces de ses ancêtres plus secrètes : son squelette contient encore des reliques de bassin et d'anciennes pattes arrière. De tels vestiges – on parle aujourd'hui de structures vestigiales – sont fréquents. Aux Galápagos, Darwin et FitzRoy avaient été frappés par les moignons d'ailes des cormorans aptères, des oiseaux incapables de voler, mais ils n'avaient pas su expliquer ces ailes inutiles.

Les différentes espèces de brassemers, ou canards vapeur – souvent évoqués par Darwin sous les noms de canard à ailes courtes d'Amérique méridionale, et de bateau à vapeur pour l'espèce rencontrée aux Falkland –, en sont un autre exemple : alors que les autres canards sont d'excellents voiliers, généralement grands migrateurs, celui-ci est incapable de décoller. Le brassemer fuit les prédateurs en battant des ailes à la surface de l'eau, ce qui provoque des remous spectaculaires, qui évoquaient aux observateurs du XIXe siècle les bateaux à vapeur de leur époque. Darwin explique la disparition de ses capacités par le « défaut d'usage », point sur lequel il a été remis en question. Il en a déduit une loi d'économie : la nature ne dépense pas d'énergie à entretenir un organe sans fonction.

Ces ailes inutiles et ces os vestigiaux constituent avant tout, pour Darwin, un argument extrêmement convaincant contre la théorie d'une création spontanée unique, car la présence d'un organe dénué de fonction ne peut s'expliquer que par l'existence de changements passés. Il compare ces « organes rudimentaires aux lettres qui, conservées dans l'orthographe d'un mot, bien qu'inutiles pour sa prononciation, servent à en retracer l'origine et la filiation[1] ». Ces structures vestigiales plaident non seulement en faveur de la « descendance avec modification », mais aussi pour une évolution par petites graduations.

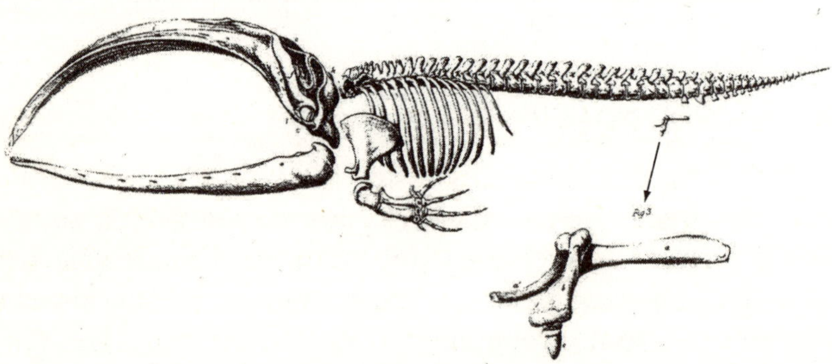

Vue latérale d'un squelette de baleine franche, avec, au-dessous, le détail des vestiges du membre inférieur rudimentaire

1. Charles Darwin, *L'Origine...*, p. 513.

Darwin pensait que les organes rudimentaires, s'ils avaient perdu leur fonction première, pouvaient garder un rôle anatomique secondaire. Les vestiges de bassin des baleines auraient une fonction dans l'accouplement et la mise bas. Chez certains serpents, qui possèdent encore, comme les baleines, des os vestigiaux de pattes arrière, ce rôle se situe également au-dessous de la ceinture (quoiqu'une ceinture, pour un serpent...). Les boas portent deux petits moignons externes bien visibles dans la région cloacale, et ils savent s'en servir. Au cours de la parade nuptiale, les boas mâles agitent ces deux éperons pour chatouiller activement leur partenaire, et préparer ainsi l'accouplement. Faire l'amour comme un pied, c'est bien vu chez les serpents !

Les structures vestigiales existent chez les humains également, il n'y a pas de raison. Darwin en a énuméré un bon nombre dans *La Filiation de l'homme* : les poils corporels, les dents de sagesse, la membrane du coin de l'œil, les muscles de l'oreille, l'appendice, et bien sûr le coccyx, que l'on interprète comme un reste de la queue de nos ancêtres arboricoles.

Les moustaches du dauphin

Si les dauphins adultes ont la peau glabre et lisse comme un ballon de baudruche, leurs bébés portent à la naissance des poils autour du rostre (le museau). En remontant le cours de leur évolution individuelle, on s'aperçoit qu'à l'état d'embryon, les cétacés sont munis de quatre bourgeons de membres. Seules les deux esquisses de membres antérieurs se développeront pour donner des nageoires ; les deux autres régresseront et resteront les vestiges précédemment évoqués, sauf quelques cas où ils subsistent à l'âge adulte. Les fœtus de baleines, quant à eux, possèdent des bourgeons de dents qui disparaissent avant même leur naissance.

Darwin a consacré un chapitre de *La Filiation de l'homme* au développement embryonnaire, car celui-ci évoque étrangement l'évolution passée. Le fœtus humain porte des fentes branchiales rappelant l'ancêtre aquatique ; au sixième mois, il est couvert d'une fourrure, le lanugo, qui ressemble fort à un vestige de pelage. Évoquant la nuit des temps, notre histoire profonde semble gravée en nous dès la première étincelle de notre vie.

Fan de Darwin (qui ne le lui rendait pas) et grand diffuseur des idées transformistes en Allemagne, le naturaliste Ernst Haeckel (1834-1919) a caricaturé les choses par cette formule célèbre : « L'ontogénie récapitule la phylogénie. » Autrement dit, le développement de l'individu reprend les étapes de l'évolution de son espèce. C'est à moitié vrai et donc, vous l'avez compris, c'est aussi à moitié faux. D'abord, grosse nuance, l'embryon ne ressemble pas à ses ancêtres adultes, mais aux *embryons* des autres espèces au début de son développement. De plus, la formule d'Haeckel réintroduit une notion de hiérarchie dépassée[1] qui ne correspond pas aux ramifications de l'évolution selon la théorie défendue par Darwin.

En revanche, le développement de l'embryon est bien une preuve de plus de la parenté ancestrale des êtres vivants. Le 12 septembre 1860, Darwin écrit à Lyell que pour défendre sa théorie sur la transmutation des espèces, l'argument embryologique est « le plus puissant de tous ».

Au fait, qu'est-ce qu'une espèce ?

Merci d'avoir posé cette question…

Attention, en lisant ce qui suit vous allez mettre les pieds – ou plutôt les yeux – dans un bourbier, car la réponse n'est

1. La notion de continuité entre les êtres vivants, qui implique celle de « chaînon manquant », date d'Aristote. Aristote avait émis l'idée d'une « chaîne des êtres » où les organismes vivants étaient liés les uns aux autres, avec une hiérarchie allant du plus simple vers le plus complexe. Tout en haut, juste sous la divinité, l'homme en était le deuxième maillon, suivi par la femme, puis par les esclaves, les animaux, etc. (selon les époques, on ajoutera, au-dessus de l'homme, les anges et les archanges). À l'aube du XXe siècle, Haeckel situait toujours la femme blanche au-dessous de l'homme blanc, au même niveau que le nègre et le « type simiesque ». Ses écrits ont beaucoup plu à Hitler et à ses copains.

pas claire. L'être humain tente de ranger méticuleusement la nature selon un ordre compréhensible, avec des limites bien rassurantes, mais elle se prête très mal au jeu.

Pourtant, à la base, tout semble simple.

Depuis l'enfance, nous savons nommer les animaux sans difficulté, et nous ne faisons pas de confusion entre une vache, un chat et une poule. Ces animaux sont classés en espèces. Celles-ci ont été déterminées avec précision au XVIIIe siècle par le naturaliste suédois Carl von Linné au moyen d'une appellation scientifique en deux termes, le nom de genre et le nom d'espèce, qui correspondent plus ou moins à nos nom et prénom[1]. Mais dès qu'on y regarde de plus près, les choses se compliquent.

Dès le début de *L'Origine des espèces*, Darwin souligne que la notion d'espèce est floue, ainsi que celle de variété (on préfère aujourd'hui le terme de sous-espèce). Évidemment, pour quelqu'un qui plaide en faveur de la modification des organismes, la notion d'espèce définie supposerait une fixité en contradiction avec ses idées.

Mais alors ?

Alors, qu'est-ce qu'une espèce ? Un ensemble d'animaux qui se ressemblent, certes, mais il y a quelquefois une telle différence entre mâles et femelles, ou entre adultes et petits, que l'aspect physique ne suffit plus à déterminer une parenté : une chenille ne ressemble vraiment pas au papillon, il s'agit pourtant de la même espèce… Des animaux qui descendent les uns des autres ? Oui, mais si l'on remonte dans le temps, tous les organismes vivants actuels descendent

1. Par exemple, la mésange bleue est nommée *Parus caeruleus* : *Parus* indique son genre « mésange » et *caeruleus*, qui veut dire bleu, précise son espèce. Du même genre, mais pas de la même espèce, la mésange charbonnière s'en distingue par son nom entier : *Parus major*. La sous-espèce (ou race, ou variété) désigne une division au sein de la même espèce avec un troisième terme. *Parus caeruleus ultramarinus*, par exemple, désigne la sous-espèce nord-africaine de la mésange bleue, dont la calotte est d'un bleu plus foncé que les autres.

théoriquement d'un ancêtre commun : Luca (*Last Universal Common Ancestor*)[1]. Il faut donc affiner la définition avec l'interfécondité : deux animaux de la même espèce peuvent se reproduire, et leur descendance est elle-même fertile. Au contraire, la stérilité des descendants indique la séparation entre deux espèces. Les produits de l'accouplement entre un âne et une jument (le mulet) ou de celui d'un cheval et d'une ânesse (le bardot) sont stériles.

Cette définition de l'espèce comporte des exceptions – les plantes et les animaux ne respectent rien ! Le tigre et le lion, qui appartiennent à deux espèces bien séparées, non seulement peuvent se reproduire et donner des animaux étonnamment gros, mais les produits de ces hybridations, les tigrons (tigre + lionne) et les ligrons (lion + tigresse), théoriquement stériles, se sont récemment révélés féconds.

Il faut donc encore affiner les choses avec la notion de population. Elle désigne un groupe d'individus qui se perpétuent dans un habitat, avec des habitudes propres. Le biologiste évolutionniste Ernst Mayr a résumé ainsi la situation : « Les espèces sont des groupes de populations naturelles interfécondes qui se sont isolées d'autres groupes semblables sur le plan reproductif. » Pour la biologie actuelle, l'espèce reste l'unité fondamentale du monde vivant. Cette science est donc basée sur la notion scientifiquement floue d'espèce, qui n'est qu'un état génétique provisoire de l'évolution. Peut-être la biologie évoluera-t-elle bientôt vers une conception a-spécifique plus conforme à la fluctuation générale de la vie.

---

1. On appelle cet ancêtre Luca pour faire un clin d'œil à Lucy, lointaine parente nettement plus récente (l'australopithèque Lucy n'a que 3,5 millions d'années, alors que la petite cellule théorique Luca date de plus de 3 000 millions d'années). Dans *Darwin dessine-moi les hommes*, le biologiste Claude Combes l'explique ainsi : « Les êtres vivants partagent tant de caractères dans leur structure et leur fonctionnement qu'il est quasi impossible de faire l'économie d'un ancêtre commun. »

Les vacheries de la classification

Le grand arbre de l'évolution

Pour nommer les êtres vivants de manière universelle et donner un sens au foisonnement de la vie, les naturalistes occidentaux se sont attelés à les répertorier pour les classer. Dans cette classification, issue des travaux de Linné, les groupes zoologiques (ou taxons) sont assemblés selon une hiérarchie. La base en est l'espèce. Chaque espèce fait partie d'un genre, qui lui-même est inclus dans une famille, elle-même dans un ordre, puis une classe, puis un embranchement. Par exemple, l'espèce renard roux *Vulpes vulpes* est incluse dans le genre *Vulpes*, de la famille des canidés, de l'ordre des carnivores, de la classe des mammifères, de l'embranchement des cordés.

Pour définir des groupes zoologiques, les naturalistes ont associé les animaux en fonction de leurs points communs (principalement anatomiques), et de tout temps les discussions sont allées bon train pour déterminer des critères fiables. Sans cesse, certains taxons botaniques ou zoologiques sont renommés. Ils apparaissent ou disparaissent selon les découvertes et les idées en vigueur (pour ne pas dire les plus branchées, comme nous allons le voir).

Après Darwin, les animaux n'ont plus été seulement regroupés en fonction de leur anatomie, mais aussi de leur parenté évolutive. Les ressemblances dues à un héritage commun sont désormais prises en compte. L'approche évolutionniste cherche les caractères primitifs des espèces pour établir leur parenté ancienne (un caractère dit *primitif* est ancien, proche de l'ancêtre, alors qu'un caractère dit *évolué* est apparu plus récemment). Au final, la classification hiérarchique des espèces passées et présentes dessine un gigantesque arbre généalogique décrivant l'évolution du vivant depuis son apparition, de plus en plus stable et majestueux comme le chêne de la fable de La Fontaine, ou se ramifiant comme le corail récolté par Darwin au cours de son périple. Jusque-là, tout va bien.

Le dauphin est un peu vache

En 1950, l'entomologiste Willi Hennig (1913-1976) propose une approche nouvelle pour regrouper les animaux par parenté : la cladistique (du grec *klados*, « branche »). La méthode cladistique repose sur un principe de base assez simple (et sur un jargon beaucoup plus alambiqué que je vous épargne). Lorsqu'un caractère nouveau apparaît chez un organisme, celui-ci le transmet à ses descendants. Donc, si plusieurs êtres (ou groupes) partagent une même nouveauté évolutive, ils l'ont forcément héritée d'un ancêtre commun chez qui ce caractère nouveau est apparu.

Héritière de l'évolutionnisme darwinien, la cladistique se fonde sur de nouveaux critères de parenté, basés sur les caractères les plus évolués et non sur les plus anciens pour classer les êtres vivants. Et ça a tout bouleversé. L'exemple le plus significatif est celui de la classe des reptiles. Jusque-là, ces braves bêtes étaient bien séparées des oiseaux. Les oiseaux possèdent une nouveauté évolutive, les plumes, qui les différencie des reptiles, et là-dessus l'analyse cladistique ne contredit pas la classification traditionnelle. Hélas. Du côté des reptiles, les crocodiles sont – selon la cladistique, et malgré leur apparence – plus proches des oiseaux que des lézards ! Alors s'il faut inclure les crocodiles dans le même groupement que les reptiles, il faut y joindre tous les oiseaux, l'archéoptéryx et les dinosaures en prime : c'est le nouveau taxon des sauropsides.

Les analyses génétiques affinent chaque jour cette classification et bouleversent nos connaissances. Ainsi, dans le même ordre d'idées, on pense désormais que le brochet est plus proche du cheval qu'il ne l'est du requin, ou encore que la vache est plus proche du dauphin que du cheval. Les bovidés (qui sont des artiodactyles) et les cétacés sont donc maintenant regroupés dans la catégorie des cétartiodactyles. Du côté de nos cousins, le chimpanzé est plus proche de l'homme que du gorille, comme l'avait deviné Darwin. Nous sommes plus proches du saumon que celui-ci ne l'est du requin, ou encore plus proches des plantes à fleurs que des bactéries *Escherichia coli* qui vivent dans nos intestins…

Si la cladistique a dépoussiéré plusieurs branches de la classification traditionnelle en révélant des imperfections, elle comporte aussi les siennes, et connaît des détracteurs (ça, c'est classique !). En effet, la méthode cladistique comporte une certaine rigidité, et n'englobe pas la diversité évolutive. Par exemple, l'établissement des liens de parenté suppose que l'espèce mère disparaît systématiquement après la formation des nouvelles espèces, mais ce n'est pas toujours le cas, et cela remet en cause certains schémas. Bref, les animaux se moquent de l'ordre, et les systématiciens n'ont pas fini d'essayer de les mettre en rang.

L'ÉVOLUTION EN MARCHE

L'apparition des espèces en direct

Souvent pinson varie

Depuis le passage de Charles Darwin aux Galápagos, les animaux de l'archipel, auréolés de prestige, sont protégés en tant que témoins privilégiés du grand laboratoire naturel de la biodiversité. Sur ces îles volcaniques à la végétation maigre, pas si paradisiaques qu'on aimerait l'imaginer, certaines espèces de pinsons se sont spécialisées dans la collecte des graines au sol, d'autres ont choisi les larves, voire les tiques accrochées aux iguanes. Les plus malins de ces oiseaux sont le géospize des mangroves, capable d'utiliser des brindilles pour extraire des larves d'insectes, et le géospize pique-bois, qui a appris à se servir d'une épine de cactus pour attraper les termites, un peu à la mode chimpanzé. Le plus étrange de tous, le géospize à bec pointu, grimpe sur de gros oiseaux, par exemple des fous, pique leurs veines avec son bec pointu et leur suce le sang à la mode vampire… Toutes ces espèces sont issues d'une seule espèce mère, arrivée sur les lieux voici quelque deux à trois millions d'années. On appelle ce processus de spéciations multiples la radiation adaptative.

Les géospizes sont étudiés sur le terrain depuis 1973, soit plus d'une trentaine d'années, par les zoologistes Rosemary et

Peter Grant et leur équipe. Jamais auparavant des animaux sauvages n'avaient ainsi été observés sur un laps de temps assez long pour évaluer leurs variations sur plusieurs générations. Les chercheurs se sont penchés sur deux espèces en particulier : le géospize à bec moyen et le géospize des cactus. Sur l'île Daphne Major, quasiment tous les oiseaux de ces espèces ont été capturés au filet et bagués avec des couleurs visibles et distinctes. Ils pouvaient donc être identifiés et étudiés de loin, sans intervention humaine. En 1977, une sécheresse entraîna la raréfaction de la nourriture et la mort des oiseaux les plus petits – 180 survivants sur 1 200 oiseaux au départ ! Les survivants, les plus grands, avaient aussi un bec plus grand, ces deux caractères étant liés. Une deuxième sécheresse en 1982 eut les mêmes effets. Entre les périodes de sécheresse, les becs revenaient vers des structures plus légères.

Les becs des uns et des autres ont évolué en quelques générations : les pinsons nous ont montré que l'adaptation au milieu par la sélection naturelle peut se révéler bien plus rapide que ne le pensait leur découvreur ! Darwin en a rêvé, des chercheurs du XXe siècle l'ont quantifié.

Le phénomène d'apparition des espèces peut donc venir, comme l'avait suggéré Darwin, d'un isolement géographique : chaque population repliée sur elle-même évolue différemment de ses populations sœurs et donne de nouvelles formes. Pourtant, d'autres observations montrent que de nouvelles espèces peuvent également apparaître en un même lieu, au sein de populations qui se côtoient.

Les poissons de Darwin

Les lacs sont des îles à l'envers : ce ne sont pas des morceaux de terre entourés d'eau, mais des parcelles d'eau isolées par des terres. Tout logiquement, l'évolution visible des pinsons de Darwin aux Galápagos a son équivalent aquatique. Charles Darwin connaissait l'existence des cichlidés des lacs africains et leurs couleurs éclatantes, mais il n'avait pas eu l'occasion de les étudier. Ces poissons sont pourtant des cas d'école pour l'étude de l'apparition des espèces et leur diversité. Le livre du biologiste néerlandais Tijs Goldschmidt *Le Vivier de Darwin*[1] a révélé au public l'extrême variété des poissons cichlidés du lac Victoria. Appelés localement furus, ces poissons, tous du genre *Haplochromis*, sont proches de notre perche. Ils montrent un autre cas de radiation adaptative : une seule espèce ancestrale en a donné environ quatre cents différentes ! Dans deux lacs voisins, le Malawi et le Tanganyika, deux autres radiations, totalement indépendantes, se sont également déroulées.

Tout comme les pinsons de Darwin, les furus ont « essaimé » dans le lac Victoria en espèces très spécialisées. On trouve les happeurs de vase, les mangeurs d'algues, les hacheurs de feuilles, les briseurs d'escargots, les videurs d'escargots, les mangeurs de zooplancton, les insectivores, les mangeurs de crevettes, les piscivores (qui regroupent à eux seuls plus de cent trente espèces), les nettoyeurs (qui débarrassent les autres de leurs parasites), les incroyables mangeurs d'écailles (que l'on pourrait rapprocher des géospizes suceurs de sang) et les surprenants pédophages.

Chez tous les furus de Victoria, les femelles gardent leurs œufs et leurs alevins dans la bouche. En cas de danger, les petits qui se sont risqués au-dehors se précipitent entre les dents de la mère ! Or, vingt-quatre espèces de cichlidés dits pédophages (ou « mangeurs d'enfants ») se sont spécialisées dans la capture des œufs ou des embryons. On peut analyser leur alimentation par le contenu de leur estomac, mais on connaît mal la manière dont ils saisissent leur nourriture. Certains guettent les parades nuptiales et la ponte avant de se précipiter. D'autres, en aquarium, ont « embrassé » une femelle couveuse, lui retournant le museau pour en extirper sa progéniture. Dans le lac Malawi, des pédophages foncent par surprise sur une femelle et lui frappent la gorge ou la bouchc. La stratégie originale de protection des petits par certains poissons a entraîné une prédation adaptée tout aussi originale.

1. Tijs Goldschmidt, *Le Vivier de Darwin*. Voir bibliographie.

Des poissons droitiers et des gauchers

Les différents lacs africains contiennent un millier d'espèces de cichlidés. En faisant un zoom arrière sur la planète, on constate que les cichlidés sont apparus auparavant dans les lacs et les fleuves d'Amérique centrale et du Sud, en Afrique, à Madagascar et en Asie. Toutes ces espèces sont issues d'un ancêtre commun. Le plus étrange est que des espèces très semblables sont apparues de manière totalement indépendante, tels les mangeurs d'algues des lacs Tanganyika, Malawi et Victoria. Ces poissons ont non seulement les mêmes régimes, mais aussi les mêmes morphologies ! Ce sont des cas typiques de convergence évolutive : les études génétiques montrent que ces animaux de même apparence sont moins proches les uns des autres qu'ils ne le sont des poissons du même lac qu'eux, alors que ces derniers ne leur ressemblent pas.

Le lac Victoria ne recèle qu'une seule espèce connue de mangeur d'écailles. Beaucoup plus ancien que Victoria, le lac Tanganyika n'en compte pas moins dc sept. Ces poissons se nourrissent en arrachant par surprise des petits morceaux d'écailles à leurs collègues fréquentant les mêmes eaux. Les cichlidés du Tanganyika, qui appartiennent au genre *Perissodus*, ont une particularité que ne possède pas l'*Haplochromis* du Victoria : ils ont une gueule asymétrique qui les spécialise dans l'attaque soit par la droite soit par la gauche ! Michio Hori a étudié pendant des années l'espèce la plus commune, *Perissodus microlepsis*. Il s'est aperçu que les droitiers, c'est-à-dire droitiers par la forme de la bouche, attaquaient systématiquement leurs victimes par la gauche, et que les gauchers mordaient le flanc droit ! Les analyses de leurs estomacs prouvent qu'il n'y a qu'une sorte d'écaille présente, du flanc droit ou du flanc gauche, selon les mœurs de l'animal observé. Si l'une de ces variations, attaquant droitier ou gaucher, devenait plus fréquente que l'autre, les victimes finiraient par se méfier, ce qui désavantagerait les agresseurs aux variations majoritaires. Or, d'après la fréquence de l'emplacement des cicatrices sur les victimes, Hori a établi que les deux spécialisations oscillent autour d'une proportion égale. Le maintien de cet équilibre est appelé « sélection naturelle par la fréquence ».

Les poissons droitiers et gauchers nous montrent que la *spécialisation* dans l'exploitation des ressources du milieu joue un rôle clé dans l'apparition de nouvelles formes et de nouvelles espèces, qu'elles soient géographiquement séparées (comme les pinsons de Darwin) ou présentes dans un même lieu (comme les poissons de Darwin). Les îles restent donc d'excellents lieux d'études de l'évolution, comme nous le montrent les lézards croates.

L'évolution fulgurante des lézards croates

L'histoire commence par un croisement entre conflits animaliers et humains. En 1971, des biologistes capturent cinq couples de lézards des ruines dans une petite île yougoslave pour les introduire dans un îlot voisin de 0,03 kilomètre carré, Pod Mrcaru. Leur but : observer la compétition entre le reptile et son cousin local, le lézard de l'Adriatique. En fait, c'est une compétition entre humains qui survient, la guerre interyougoslave ; l'expérience est interrompue ! En 2004, après plus de trente ans d'absence, des biologistes réinvestissent enfin les lieux. Et vont de surprise en surprise.

Tout d'abord, les nouveaux venus ont éliminé les lézards locaux. Ensuite, ils sont plus d'un millier ! Comment peuvent-ils survivre dans un espace aussi restreint ? En étudiant ces lézards des ruines de plus près, les scientifiques notent des différences étonnantes avec leur forme d'origine. Les reptiles sont plus grands, ils ont les pattes plus courtes et la tête plus longue. Leur contenu stomacal révèle qu'ils sont en partie devenus herbivores, caractéristique rare chez ce genre d'animaux. Leur morphologie s'est adaptée au nouveau régime : leur mâchoire est plus puissante, et ils n'ont pas besoin de courir pour attraper leurs proies. Plus étonnant encore, des muscles nouveaux sont apparus entre l'intestin grêle et le gros intestin, des valves permettant le ralentissement de la digestion de la nourriture fibreuse. *Last but not least*, des vers nématodes se sont installés dans ces chambres de fermentation ! Habituellement parasites des reptiles, les nématodes sont ici des partenaires puisqu'ils digèrent la cellulose. Sans s'être tout à fait transmutés en une nouvelle espèce, les lézards des ruines croates montrent la rapidité parfois fulgurante de l'évolution.

L'apparition des espèces, ou spéciation

La spéciation à partir d'une espèce initiale est un processus généralement plus lent que les radiations de cichlidés des lacs africains ou l'évolution des lézards des ruines. Elle peut durer des milliers, voire des dizaines de milliers d'années. L'isolement géographique est un des scénarios proposés pour expliquer la spéciation. Ainsi, dans la région de Juyong Guan, près de Pékin, des botanistes chinois ont trouvé des différences génétiques dans six familles de plantes selon qu'elles poussaient d'un côté ou de l'autre de la Grande Muraille ! Le début de ces spéciations est daté de six cents ans, période à laquelle le tronçon de la muraille qu'ils ont étudié a été dressé.

Les espaces restreints forment d'autres barrières d'isolement. Une espèce d'escargot aquatique n'existe que dans une seule source sur la planète, sa répartition mondiale ne représentant que quelques mètres carrés. D'autre part, dans chaque grotte des Pyrénées, on trouve au moins un insecte unique, qui n'existe nulle part ailleurs.

L'anneau est une autre forme d'isolement géographique. Ainsi, la population d'un petit oiseau discret, le pouillot verdâtre, est distribuée en anneau autour de l'Himalaya. En suivant l'anneau depuis sa base, on rencontre des races géographiques (ou sous-espèces) légèrement différentes, mais qui se reproduisent entre elles. Cependant, arrivé à l'autre bout de l'anneau, l'accumulation des modifications génétiques est devenue telle que les deux variétés de pouillots cohabitent sans s'hybrider : ils ne se reconnaissent plus comme étant de la même espèce. Si les formes intermédiaires s'éteignaient, les deux pouillots des deux extrémités de l'anneau apparaîtraient comme deux espèces parfaitement distinctes[1].

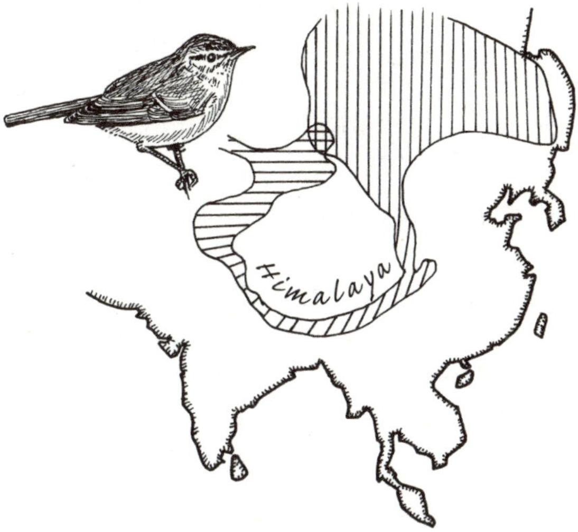

Répartition du pouillot verdâtre, à la fin de « l'apparition des espèces ou spéciation ».
La jonction des lignes horizontales et verticales représente
les deux populations qui se superposent mais ne s'hybrident pas

Le petit oiseau nouveau

Les pouillots sont des petits oiseaux très attachants. En Europe, chez les ornithologues de terrain, le plus célèbre est le pouillot véloce, très commun, apprécié des débutants à cause de son chant extrêmement facile à reconnaître : un *tsip-tsep-tsep-tsip-tsep-tsep* qui lui a valu le nom de *chiffchaff* en anglais et de *Zilpzalp* en allemand. Si vous voulez vous initier aux chants des oiseaux, c'est par celui-ci qu'il faut commencer…

1. De même pour les populations du goéland argenté et du goéland brun, disposées en anneau autour de l'hémisphère nord, qui cohabitent sur nos côtes sans presque jamais s'hybrider, car l'Europe occidentale représente l'extrémité de l'anneau. Les oiseaux sont considérés comme deux espèces distinctes, alors que si l'on suit la population de l'un autour de l'hémisphère nord, on se rapproche de formes intermédiaires entre les deux, jusqu'à, en continuant le trajet, aboutir à l'autre espèce.

En revanche, le plumage peu coloré de ces oiseaux rend les espèces extrêmement difficiles à distinguer les unes des autres. Pour les ornithos pointus, qui dédaignent la facilité, c'est le grand chic. On se pique de cocher[1] le pouillot à grands sourcils déporté de sa taïga après une tempête ; en Angleterre certains *bird watchers* forment même des fan-clubs du pouillot.

Les pouillots sont aussi appréciés des systématiciens parce que leur genre (*Phylloscopus*) contient des espèces en cours de spéciation facilement interprétables par les biologistes.

Dans les années 1990, Marc Salomon, ornithologue alors attaché au Muséum national d'histoire naturelle et aujourd'hui maître de conférences de l'université Paris 6, a pour mission d'étudier le pouillot ibérique. L'oiseau, présent dans la péninsule ibérique et dans le sud-ouest de la France, est alors considéré comme une sous-espèce du véloce. L'ornithologue se penche sur les aspects différents (morphologie, comportement, etc.) et met en évidence un isolement reproductif. Le chant du pouillot ibérique est systématiquement différent de celui du véloce. La séparation entre les deux espèces est avérée, mais elle n'est pas encore totale, car il existe des cas d'hybridation. Le véloce, qui occupe une large répartition géographique, semble le moins agressif. Lorsqu'un mâle chante, il attire rarement des femelles ibériques. À l'opposé lorsqu'un mâle ibérique chante, il peut attirer des femelles de véloce, et il est très agressif avec les mâles. Il semble défendre farouchement les limites de son territoire et de son espèce naissante. D'autres études seraient à mener pour approfondir l'évolution de ces oiseaux…

Autre mode de spéciation : l'isolation écologique. Les insectes communiquent par des substances chimiques, les phéromones. Ils se procurent ces substances dans les plantes

---

1. Cocher, c'est mettre une coche en face du nom de l'oiseau dans son guide d'identification quand on l'a vu pour la première fois. Certains fous d'oiseaux font des concours de coche, ou recommencent un guide vierge lorsqu'ils ont rempli le leur…

dont ils se nourrissent. Mais si cette nourriture change, les mangeurs des plantes nouvelles ne reconnaîtront pas les phéromones sexuelles des autres et ne se reproduiront plus avec eux.

Pour étudier la séparation des espèces, nous bénéficions d'une zone de recherches on ne peut plus proche : nous-mêmes…

Sauve qui pou !

Le fait que les animaux et nous soyons victimes de parasites identiques ou de la même famille était pour Darwin une preuve évidente de notre parenté. Depuis l'aube des temps, les primates se grattent et s'épouillent. Les divers poux ont évolué en espèces et sous-espèces distinctes, et remonter le cours de leur histoire grâce aux analyses génétiques est une enquête scientifico-policière. Le pou du pubis, à l'origine commun à l'ancêtre de l'homme et du gorille (qui, lui, en est infesté sur tout le corps), a divergé voici trois millions d'années. Or, les lignées des *Homo* et des gorilles s'étaient séparées bien avant ! Nous sommes obligés d'en déduire que les deux primates ont gardé des contacts intimes pendant des millénaires. Les gorilles ayant l'habitude de se construire des nids au sol chaque soir, on peut penser que nous avons partagé les mêmes litières. Les ancêtres des hommes actuels perdant leur fourrure, les insectes se sont réfugiés dans leurs dernières zones velues (ils fréquentent aussi les aisselles, la barbe et les sourcils). Bref, le gorille nous a filé ses morpions.

Une autre espèce amie des humains s'est, quant à elle, séparée en deux sous-espèces : les poux de la tête et les poux du corps. Le pou, c'est la biodiversité à portée de la main ! Là encore, nous pouvons suivre notre histoire commune. Les insectes se sont spécialisés et séparés en deux souches il y a quelque soixante-dix mille à quarante mille ans. Or, le pou du corps ne vit pas sur le corps, mais dans les vêtements. D'où cette déduction logique : l'homme a commencé à porter régulièrement des vêtements à cette époque, sans doute lorsqu'il a commencé à migrer de l'Afrique vers des climats plus froids. L'étude des momies péruviennes, plus exactement celle de leurs excréments, apporte d'autres précisions sur l'histoire des relations hommes-poux : nous savons grâce à elle que nous avons longtemps conservé l'habitude de manger les parasites du congénère qu'on épouille. Partout dans le monde et toujours, les hommes se sont épouillés. Même les Papous se cherchent les poux…

L'énigme ornithorynque

Régime minceur pour les cerfs de Jersey

Les pinsons et les poissons de Darwin nous ont révélé une rapidité de spéciation à laquelle Darwin lui-même ne s'attendait pas. L'espèce souche des pinsons actuels s'est installée aux Galápagos voici deux à trois millions d'années. Le lac Victoria, lui, n'est âgé que de quelque cent mille ans. Le poisson qui a donné les cichlidés date, au maximum, de cette époque, et peut-être seulement de quatorze mille ans ! À l'époque, le niveau du lac était très bas, ne formant que quelques petites flaques dans chacune desquelles les espèces ont évolué indépendamment. Au même moment, l'homme moderne, qui existait depuis longtemps (*Homo sapiens* est apparu voici au moins cent cinquante mille ans) avait amorcé la colonisation du continent américain, alors que d'autres avaient déjà dessiné des animaux époustouflants de force et d'élégance dans la grotte de Lascaux. Entre cette époque et aujourd'hui, l'espèce ancestrale du lac Victoria a eu le temps de se séparer en quatre cents espèces. D'autres cichlidés, au Malawi, montrent que la séparation en deux espèces peut s'opérer pendant la durée d'une vie humaine[1].

Certains poissons marins se montrent aussi rapides dans leurs facultés d'évolution. Comme pour s'adapter aux mesures de restriction de la pêche destinées à les protéger.

1. Tijs Goldschmidt, *Le Vivier de Darwin…*, p. 141.

Aujourd'hui, des normes imposent que les mailles des filets ne descendent pas au-dessous de tailles d'ouverture minimales afin de préserver les jeunes. Or, on a constaté que la taille et même les mœurs des animaux suivaient cette nouvelle pression sélective exercée sur les individus les plus gros : la maturité sexuelle de la morue de Terre-Neuve est passée de six à cinq ans et sa taille de reproduction de cinquante à quarante centimètres. Très pêchée également, la sole a elle aussi, en quelques dizaines d'années, diminué sa taille (de vingt-huit à vingt-quatre centimètres) et l'âge de sa reproduction : trois ans en 1960, deux ans en 2002.

Des espèces de mammifères peuvent montrer la même plasticité. Dans l'île anglo-normande de Jersey, la population isolée des cerfs locaux a vu les individus passer d'un poids moyen de deux cents kilos à… trente-six kilos en seulement six mille ans. « Des opposants à la théorie de l'évolution ont parfois estimé que le volume de notre cerveau n'avait pas pu être multiplié par cinq en six millions d'années. Les cerfs de Jersey montrent une diminution équivalente en mille fois moins de temps », nous rappelle Jean-Baptiste de Panafieu[1].

Le cerf élaphe de Jersey pèse moins de quarante kilos !

1. Jean-Baptiste de Panafieu, *Évolution*, p. 260. Voir bibliographie.

Du cichlidé africain à la morue terre-neuvas, une partie de l'évolution peut donc parfois s'accomplir à l'échelle du temps humain. Cela n'implique aucunement une création du monde récente, car ces poissons existaient déjà bien avant ces modifications « de dernière minute ». Pour passer de l'unicellulaire au T. Rex, la machinerie biologique a eu besoin de beaucoup de temps.

La nature fait-elle des bonds ?

Pour Charles Darwin, l'évolution est une lente succession de petites variations progressives. Il tenait beaucoup à sa citation latine : *Natura non facit saltum* (« La nature ne fait pas de sauts[1] »). C'est un point de sa théorie parmi les plus contestés, notamment par des paléontologues, car les formes intermédiaires entre espèces restent majoritairement introuvables. Le très médiatique Stephen Jay Gould (1941-2002), qui a écrit de nombreux livres de vulgarisation sur la théorie de l'évolution, a formulé en 1972 avec Niles Eldredge la théorie des *équilibres ponctués*. Pour lui, les archives fossiles sont certes incomplètes, mais elles reflètent malgré tout la réalité de l'évolution et de ses rythmes. Se fondant entre autres sur l'étude de la faune fossile incroyablement riche de l'époque cambrienne, et très différente de celle que nous connaissons aujourd'hui, Gould avance que l'évolution s'effectue par paliers, les périodes d'équilibre étant ponctuées d'épisodes évolutifs rapides. La théorie des équilibres ponctués a elle-même été remise en question par d'autres paléontologues, et le débat entre gradualistes (tenants de l'évolution par gradations) et saltationnistes (par sauts) n'est pas tranché ; beaucoup ne les opposent pas, sinon sur leur importance respective.

Du côté des biologistes, le généticien Richard Goldschmidt (1878-1958) avance le concept des *hopeful monsters* (les « monstres prometteurs »). Se basant sur ses études des

1. Rendons à César sa citation latine : Darwin a repris celle-ci de Leibniz.

papillons, il suppose que des mutants, ou plutôt des macromutants spectaculairement différents de leurs parents, de forme très inattendue, pourraient donner des branches d'espèces entièrement nouvelles. C'est un argument en faveur du saltationnisme, remis à l'honneur par Gould, est évidemment très controversé par les gradualistes.

Malgré ses forts penchants pour le gradualisme, Darwin lui-même, dans le chapitre 11 de *L'Origine des espèces*, évoque une succession de périodes avec et sans modifications qui ressemble étrangement aux équilibres ponctués. Les deux vitesses d'évolution, par sauts et par gradations, ne sont pas incompatibles, mais sans doute plutôt complémentaires. Le hasard des mutations est difficilement conciliable avec une évolution égale chez tous les individus de toutes les espèces et à toutes les époques. Ce qui déclenche une variation n'est pas prévisible. Des changements brutaux de l'environnement, par exemple, peuvent révéler pour la première fois dans un embryon en formation une accumulation de mutations non exprimées jusqu'alors.

Des espèces à vitesses évolutives apparemment très différentes se côtoient. Dans le lac Victoria, que nous commençons à bien connaître, des cichlidés champions de la spéciation rapide vivent ainsi non loin d'un dipneuste, le protoptère géant d'Afrique orientale, qui respire avec des poumons. Non seulement ce poisson ne s'est pas ramifié en espèces distinctes, mais encore il semble n'avoir pas bougé depuis l'époque du tiktaalik et de la sortie des eaux. Il est ce que Darwin a parfois appelé un « fossile vivant », un être comme égaré hors du temps et de l'évolution…

Le poisson qui n'a rien compris

C'est une belle histoire de Noël. Tout commence le 22 décembre 1938 sur une jetée maritime sud-africaine. La jeune conservatrice du musée d'East London, le Dr Marjorie Courtenay-Latimer (1907-2004), est appelée par le capitaine d'un chalutier qui pense avoir pêché des prises pouvant l'intéresser.

Au moment où elle va partir, déçue, elle aperçoit une nageoire bleutée. Elle dégage un poisson de 1,65 mètres « avec une étrange queue comme celle d'un chiot », en fait un croquis et l'envoie au célèbre ichtyologiste J.L.B. Smith (1897-1968), qui n'en croit pas ses yeux : « Je n'aurais pas été plus étonné si j'avais vu un dinosaure marcher dans la rue », déclare-t-il. En effet, ce poisson ressemble à des animaux fossiles ayant vécu avant l'apparition des dinosaures !

Smith tarde à venir voir le phénomène qui, malgré les soins de Marjorie pour éviter la décomposition, a dû être naturalisé. Bien qu'il s'y attende, c'est quand même un choc : le poisson est bien un cœlacanthe, un fossile ayant vécu entre moins 400 et moins 70 millions d'années, et toujours en vie… Smith lui donne pour nom scientifique *Latimeria* en l'honneur de Marjorie Courtenay-Latimer, la femme qui l'a découvert.

Les nageoires du poisson, qui ressemblent à des ébauches de pattes, évoquent irrésistiblement un lointain ancêtre prêt à sortir des eaux (ce qui n'a pas été confirmé par la suite), et, à ce titre, il a bénéficié d'une grande promotion médiatique. En réalité, les dipneustes d'Amérique du Sud auxquels s'est intéressé Darwin sont plus proches des quadrupèdes.

Depuis la première découverte de 1938, on a pêché d'autres cœlacanthes dans les eaux profondes des Comores, et même une deuxième espèce en 1997 dans l'océan Indien. Hélas, le trafic de ce poisson incapable de survivre à la captivité en surface fait peser sur lui une réelle menace de disparition, car il vaut désormais des fortunes.

Des animaux surgis de la préhistoire, comme le cœlacanthe, soulèvent la question du rythme de la succession des espèces couramment appelé le « tempo de l'évolution ». Comment expliquer sa survivance ? Dans *L'Origine des espèces*[1], Charles Darwin propose une explication : « On pourrait appeler ces formes anormales de véritables fossiles vivants ; si elles se sont conservées jusqu'à notre époque, c'est qu'elles ont habité une région isolée, et qu'elles ont été exposées à une concurrence moins variée, et, par conséquent, moins vive. »

1. Charles Darwin, *L'Origine…*, p. 157.

L'environnement de grottes sous-marines du cœlacanthe aurait effectivement peu changé au cours des millénaires, et les pressions sélectives non plus. Sans doute le cœlacanthe a-t-il connu des variations, mais aucune ne semble avoir été retenue par la sélection. Les deux populations connues, qui vivent à neuf mille kilomètres l'une de l'autre, ne montrent que très peu de différences. Le cœlacanthe a eu autant de temps que les autres espèces pour évoluer, mais il n'en a visiblement pas eu besoin. Il n'est pas un oublié de l'histoire, et se verrait plutôt comme un prototype de succès inaltérable !

Les fossiles vivants n'existent pas

Ne parlez jamais de « fossile vivant » à un paléontologue, vous allez l'énerver ! Les fossiles sont les témoins pétrifiés de temps révolus, datés par convention d'au moins dix mille ans, et n'ont pas de rapport avec le vivant adapté à l'environnement actuel. Certes, ces espèces ressemblent étrangement à des formes disparues, mais rien n'indique qu'elles n'ont pas évolué d'une manière ou d'une autre, et rien n'interdit leur existence. Les méduses, les requins, les tortues, les scorpions, les blattes, les libellules et bien d'autres bestioles semblent inchangées depuis des millions d'années, et l'on ne les appelle pas pour autant des « fossiles vivants ». De nombreux groupes anciens n'ont pas disparu. Le terme le plus juste pour nommer un fossile vivant est « animal panchronique », mais celui-ci est nettement moins imagé…

Une main entre les yeux

Un pont quelque part en Australie au-dessus d'une petite rivière. Le soir va tomber, les curieux sont nombreux. Ils espèrent apercevoir l'un des animaux les plus extraordinaires de la planète. Tellement incroyable que les premiers scientifiques européens à en avoir reçu une dépouille, en 1798 au British Museum, n'y ont pas cru, persuadés qu'il s'agissait d'un canular ! Cette première dépouille d'ornithorynque porte encore les traces du chercheur incrédule qui essaya de séparer les morceaux de ce qu'il pensait être une sorte de montage grossier de plusieurs animaux...

Des clapotis se font entendre sous le pont. De discrets « aaaahh » chuchotés saluent l'apparition de la bête. Pour les observateurs, c'est l'étonnement : l'ornithorynque est plus petit qu'ils ne le croyaient, de la taille d'un petit lapin plutôt que de celle d'un castor. L'animal plonge à la recherche de larves d'insectes et de crevettes, les yeux fermés, et reparaît de temps en temps à la surface de l'eau. L'ornithorynque qui nage devant les touristes fascinés est une chimère : un mammifère qui allaite ses petits mais qui pond des œufs, avec une fourrure, des pattes palmées, un éperon venimeux, une queue de castor et un « bec de canard ». Un véritable puzzle vivant...

Au cours de son étape en Australie, Darwin l'attrape-mouches a eu la chance d'observer plusieurs ornithorynques : « Ils plongeaient ou se jouaient à la surface de l'eau, mais on voyait si peu leur corps qu'on aurait pu facilement les prendre pour des rats d'eau. M. Browne en tua un ; c'est certainement un animal fort extraordinaire, les spécimen empaillés ne peuvent pas donner une bonne idée de la tête et du bec, car ce dernier se contracte en durcissant[1]. » Le nom scientifique de l'époque pour désigner l'animal était *Ornithorhynqus paradoxus*, qui veut dire « bec d'oiseau paradoxal ». Mais comme vient de nous le dire Charly, son appendice n'est pas rigide. Il est caoutchouteux et n'a, en fait, aucun rapport avec le bec en corne d'un oiseau. C'est un organe tactile sensible comme une main, un vrai radar muni de quarante mille capteurs électriques et de soixante mille capteurs mécaniques ! Lorsqu'il plonge, l'ornithorynque ferme les yeux, mais aussi les narines et les oreilles. Il ne lui reste plus que les sens de son bec pour percevoir son environnement et détecter ses proies, ce qu'il fait avec une aisance extraordinaire. En quelque sorte, l'ornithorynque « voit » avec son bec comme la chauve-souris « voit » avec ses oreilles.

---

1. Charles Darwin, *Voyage*..., p. 472.

L'animal impossible

L'ornithorynque et les échidnés d'Australie et de Nouvelle-Guinée, sortes de hérissons à long museau de fourmilier, sont les seuls monotrèmes au monde. En grec, monotrème signifie « orifice unique ». Chez ces mammifères pondeurs d'œufs, les voies urinaires, génitales et digestives débouchent toutes dans un cloaque, comme chez les reptiles et les oiseaux. Du reptile, l'ornithorynque a non seulement le cloaque de reptile, mais aussi des os près des clavicules typiques. En revanche, les os de sa mâchoire sont devenus l'étrier, le marteau et l'enclume de l'oreille moyenne caractéristiques des mammifères. Ses œufs ne sont pas semblables à ceux des oiseaux car ils ne sont pas protégés par une coquille rigide, mais par une membrane résistante comme ceux des reptiles. La femelle de l'ornithorynque allaite, mais elle n'a pas les mamelles qui ont donné leur nom aux mammifères. Son lait suinte par des pores sur son ventre que ses petits viennent laper.

L'ornithorynque « voit » avec le bec

L'ornithorynque est « primitif » par certaines parties de son anatomie (« primitif » signifiant « proche des ancêtres »), mais son bec est très évolué. Il ne mérite pas le qualificatif de « fossile vivant ». Il n'est pas plus un « chaînon manquant », un représentant exact de ce qu'ont été les reptiles mammaliens de la préhistoire, dont rien ne dit qu'ils avaient des « becs de canard », ni qu'ils étaient aquatiques. Depuis l'époque des ancêtres des mammifères actuels, l'ornithorynque a tout simplement suivi sa propre évolution, en gardant plus de caractères reptiliens que les autres mammifères.

En 2008, le patrimoine génétique de Glennie, une femelle ornithorynque, a été analysé : c'est un patchwork de gènes ressemblant à ceux des mammifères, des reptiles et des oiseaux. L'ornithorynque est un puzzle jusqu'au plus profond de ses cellules. Il nous raconte que l'évolution suit des rythmes divers, et que ses bricolages apportent des solutions variées aux nécessités vitales : on peut « voir » le monde avec les yeux, mais aussi avec le nez ! Depuis des siècles, l'improbable ornithorynque nous fait des pieds de nez…

Les animaux évoluent ensemble

Un guépard au Pays des Merveilles

Le guépard est l'animal terrestre le plus rapide de la planète. Il est capable de dépasser les cent kilomètres-heure en vitesse de pointe. Si cette vitesse était suffisante pour attraper autant de gazelles qu'il le veut, il se multiplierait d'une telle manière que ces dernières disparaîtraient. Mais les gazelles ont des parades : elles courent en zigzaguant, et bien qu'elles ne soient pas aussi rapides que les guépards, elles s'essoufflent moins. Contre les ruses de la gazelle, le guépard doit trouver des moyens d'aller toujours plus vite, dans une « course aux armements » sans fin. Entre la proie et le prédateur, il s'établit donc un équilibre, toujours maintenu mais sans cesse remis en cause. Le guépard et la gazelle nous posent cette question : pourquoi les espèces continuent-elles d'évoluer, au lieu de s'arrêter à un point évolutif idéal ?

La réponse a été mise en lumière par un évolutionniste de l'université de Chicago, Leigh Van Valen, qui a exposé son « hypothèse de la Reine Rouge » dans un article, « A New Evolutionary Law », publié à compte d'auteur pour avoir été

Le guépard est rapide

La gazelle est endurante

refusé par les journaux scientifiques. La « Reine Rouge » est une allusion à *De l'autre côté du miroir* de Lewis Carroll. Alice et la Reine Rouge courent ensemble, la main dans la main, droit devant elles, mais le paysage ne défile pas. La reine explique à Alice qu'il faut avancer sans cesse pour rester à la même place, comme sur un tapis roulant pris à contresens. Pour Van Valen, l'évolution des espèces fonctionne de cette manière, chacun devant constamment s'adapter à son entourage juste pour rester à sa place.

Évidemment, l'hypothèse de la Reine Rouge a été discutée, car elle semble supposer un équilibre sans fin. Les extinctions d'espèces prouvent que, parfois, Alice peut lâcher la main de la Reine…

La course du T. Rex

Dans *L'Origine des espèces*, Darwin énonce que l'extension géographique des êtres vivants n'est pas seulement freinée par les contraintes du milieu, mais aussi « par la concurrence que lui opposent les autres espèces[1] », les unes étant les proies ou les prédateurs des autres. Chaque espèce

1. Charles Darwin, *L'Origine…*, p. 227.

qui évolue contraint les autres à s'adapter en conséquence, d'où la « course aux armements ».

La « lutte » pour l'existence est à tous les niveaux : la cellule, l'individu (par rapport à ses congénères, par rapport à l'autre sexe, par rapport aux autres espèces, par rapport à son environnement), le groupe, l'espèce… Pour illustrer cette superposition de compétitions, Richard Dawkins raconte cette histoire drôle. Deux brontosaures, ayant vu s'approcher un tyrannosaure, se mettent à courir. L'un dit : « À quoi bon nous fatiguer, nous ne courrons jamais aussi vite qu'un T. Rex ! ». Et l'autre répond : « Je ne cherche pas à courir plus vite que lui, je cherche à courir plus vite que toi. »

Cependant, la notion de « lutte » pour l'existence est trompeuse, car les interactions entre les espèces ne se résument pas à une sanguinaire prédation. Leur évolution conjointe n'est pas forcément une guerre, elle peut se faire en fonction de relations d'intérêt commun.

La vieille dame, le chat et les moutons

Le guépard et la gazelle ont de longues pattes de coureurs parce qu'ils vivent tous les deux dans un milieu ouvert, la savane. Ils dépendent de tout ce qui les entoure, y compris de végétaux eux-mêmes dépendants de la présence des herbivores ou des pollinisateurs. Dans *L'Origine des espèces*, Darwin donne une image toute britannique de l'interaction évolutive entre des espèces « fort éloignées les unes des autres dans l'échelle de la nature[1] ». Il remarque que le trèfle rouge est spécialement fertilisé par le bourdon parce que les abeilles ne peuvent pas en atteindre le nectar. Or, le nombre de bourdons dépend de celui des mulots, « qui détruisent leurs nids et leurs rayons de miel » (ces insectes établissent leur nid sous terre, comme les rongeurs, et sont en concurrence avec eux). Plus des deux tiers des bourdons sont ainsi éliminés chaque année en Angleterre, rappelle-t-il

1. *Ibid.*, p. 123.

en citant un naturaliste. Or les mulots, dont le nombre dépend de celui des chats, sont moins fréquents près des villages. Darwin en conclut : « Il est donc parfaitement possible que la présence d'un animal félin dans une localité puisse déterminer, dans cette même localité, l'abondance de certaines fleurs en raison de l'interaction des mulots et des bourdons[1] ! »

En attrapant des mulots, le chat favorise les trèfles

Reprenant l'image de Darwin, des biologistes se sont amusés à aller plus loin. Ils ont considéré d'une part que les chats étaient fréquents chez les ladies anglaises d'un certain âge (c'est leur postulat de départ…), et d'autre part que l'élevage des moutons était tributaire des pâturages de trèfle. Ils en ont déduit que la présence de vieilles dames tricotant dans leur cottage entraînait la présence de chats, donc la raréfaction des mulots, donc l'abondance des bourdons, donc de belles prairies de trèfle, donc la prospérité des élevages de moutons, donc l'exploitation florissante de la laine dont les honorables ladies font des tricots : la boucle est bouclée.

Par une démonstration comparable à celle de Cuvier décrivant l'interaction des *organes* dans un animal, Darwin a mis en valeur l'importance de l'interaction des *espèces* dans leur environnement avec un exemple de chaîne alimentaire et de rapports proies/prédateurs. Les bourdons, les mulots, les chats, les moutons et les vieilles dames nous l'affirment en

1. *Ibid.*, p. 124.

chœur : cette prise en compte des relations entre l'ensemble des êtres vivants dans un écosystème donné a aujourd'hui un nom : l'écologie.

Le lapin et l'effet domino

Dans un écosystème, tout est imbriqué. On enlève une partie et tout l'édifice s'effondre : on appelle cela l'effet domino. C'est l'une des grandes leçons de l'écologie scientifique. Les exemples d'effet domino sont légion ; l'un d'eux s'est déroulé dans le pays de Darwin.

Le lapin de garenne protège les papillons

De même qu'en France, la myxomatose a été introduite en Angleterre volontairement, au XXe siècle, pour éliminer les lapins de garenne. Par un effet de détricotage des interactions entre différentes espèces, cette introduction a eu un effet inattendu bien que prévisible : la disparition d'un joli petit papillon bleu, l'azuré du serpolet. Explication. Il existe une étrange association entre la chenille de l'azuré et les fourmis rouges de l'espèce *Myrmica sabuleti*. La chenille séduit les fourmis en produisant une substance sucrée dont elles raffolent. Les fourmis transportent la chenille dans leur cité, où l'ingrate est nourrie avec les propres larves des fourmis ! La chenille se métamorphose dans la fourmilière, d'où un joli papillon bleu s'envole un jour.

La disparition du lapin a provoqué l'envahissement du milieu par les broussailles, et la disparition des plantes ayant besoin de lumière, sous lesquelles les fourmis construisent leur nid, et sur lesquelles les azurés pondent. Pas de plantes, pas de fourmis, pas de papillon… L'azuré du serpolet a disparu en 1979 en Angleterre, et sa réintroduction n'a été possible dix ans plus tard qu'après une grande restauration de son milieu de vie et de ses alliés.

L'insecte et l'orchidée

Les espèces évoluent donc en fonction des autres. Cette évolution parallèle a conduit certaines d'entre elles à s'associer au point de ne plus pouvoir se passer les unes des autres. Une telle évolution conjointe s'appelle la coévolution. Darwin (eh oui, encore lui…) a beaucoup étudié les relations entre les insectes et les plantes, notamment les orchidées et leur pollinisation par des animaux spécialisés. Dans son ouvrage *De la fécondation des orchidées par les insectes et des bons résultats du croisement*[1], publié en 1862, il montre que les mécanismes de fertilisation de ces plantes hermaphrodites se font majoritairement par la fécondation croisée due aux animaux et non par autofécondation des parties mâle et femelle de la même plante.

Certaines orchidées de nos régions, moins exubérantes que leurs homologues tropicales, sont néanmoins de fort jolies fleurs au yeux des humains, et de très aguichants leurres sexuels pour les insectes. Bon nombre d'entre elles imitent non seulement la forme et la couleur de femelles d'insectes, mais aussi leur texture velue et leur parfum : de vraies

1. Titre original : *On the Various Contrivances by which British and Foreign Orchids Are Fertilised by Insects, and on the Good Effects of Intercrossing*, sorti trois ans seulement après le très contesté *L'Origine des espèces*. Il ne s'agissait pas là d'une volonté de Darwin de parler d'autre chose, mais au contraire d'enfoncer le clou sur des parties jugées insuffisamment développées sous l'angle bien affirmé de la variabilité des espèces. Dans une lettre à son éditeur, il explique : « Je pense que ce petit volume fera du bien à *L'Origine.* » Darwin ne cherche pas la polémique, mais il est tenace.

poupées gonflables végétales ! Les insectes mâles se ruent pour un pseudo-accouplement et s'imbibent au passage du pollen qu'ils transmettront à d'autres orchidées, car ces gros nigauds se font piéger plusieurs fois. Chaque espèce d'orchidée leurre est adaptée à un insecte particulier. Darwin décrit l'ophrys abeille, l'ophrys bourdon, l'ophrys mouche, etc., dont les noms, contrairement aux apparences, ne correspondent pas forcément à l'animal pollinisateur.

Dans les années 1860, Darwin reçoit un jour une orchidée comète, ou étoile de Madagascar. Le tube qui conduit son nectar a une taille impressionnante : il est long de plus d'une trentaine de centimètres ! Quel pollinisateur bizarre peut porter un organe aussi long et fin ? Darwin pense aux sphinx de son pays, ces papillons nocturnes européens à longue trompe. Il en déduit qu'il existe quelque papillon de nuit géant doté d'une trompe en rapport avec la taille de l'éperon nectarifère de l'orchidée comète. Sa supposition est tournée en dérision – un tel monstre ! –, mais plusieurs dizaines d'années plus tard, un papillon correspondant à la déduction de Darwin est découvert et appelé *praedicta* (prévu). Au repos, sa trompe est enroulée vingt fois sur elle-même…

La coévolution

Comment le sphinx et l'orchidée ont-ils coévolué jusqu'à produire des organes de telles tailles ? La théorie la plus courante, fidèle aux propositions de Darwin, consiste à comparer les possibilités qui s'offrent à chaque espèce. Si l'organe nectarifère de la fleur est trop court, le papillon n'a pas d'effort à faire pour l'atteindre. Il n'enfonce pas sa tête, ne s'imbibe pas de pollen et la plante, ne se reproduisant pas, ne transmet pas ses gènes. Ses caractéristiques n'ont donc pas d'avenir. Si l'organe de la fleur est un peu plus long que la trompe du papillon, celui-ci s'enfonce pour atteindre le nectar, s'imbibe de pollen et ira fertiliser d'autres fleurs. Ses caractères se transmettent. Dans une course aux armements sur le modèle de la Reine Rouge, la réponse du papillon est une sélection de trompes toujours plus longues, qui elles-mêmes engendreront des tubes nectarifères plus longs, jusqu'à atteindre des formes aussi extraordinaires que celles des organes des orchidées et des papillons malgaches.

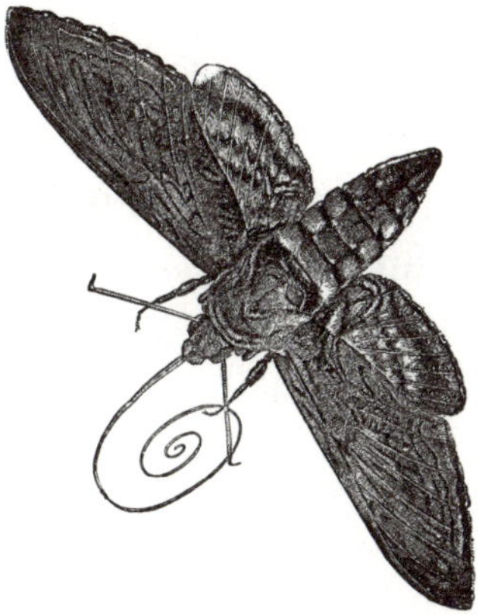

Les sphinx ont des trompes étonnamment longues

Toutes les associations ne viennent pas d'une coévolution, qui implique que l'histoire évolutive de chacune des deux espèces concernées ne puisse se concevoir qu'à travers celle de l'autre. Coévolution ou non, les exemples d'associations entre les plantes et les animaux, peaufinées pendant des millénaires, ont donné des histoires extraordinaires.

La fleur musicale

Les ombellifères de nos bords de chemins offrent une piste d'atterrissage aux insectes volants. La carotte sauvage porte même en son centre une fleur rouge probablement utilisée comme balise. Des arbres exotiques comme le bois-canon ne pourraient pas se passer des fourmis, qui les débarrassent des insectes indésirables, si bien que pour les attirer, ils leur procurent des bonbons ! Beaucoup de plantes se parfument pour les insectes. La rafflésie, la plus grosse fleur du monde, attire les mouches pollinisatrices en imitant avec une grande subtilité l'odeur d'une charogne. Une fleur d'Amérique centrale, *Mucuna holtonii*, joue même de la musique ! Elle porte un énorme pétale qui fait office de parabole ; cette caisse de résonance renvoie les échos qui promettent aux chauves-souris nectarivores un bon repas.

Désolé de casser l'ambiance. L'histoire des « amitiés » entre les fleurs et les animaux a l'air bien jolie, mais elle n'est que la rencontre de deux recherches égoïstes. D'ailleurs, il existe pas mal de tricheurs chez les insectes, qui déchirent les pétales pour accéder au nectar sans payer la fleur en retour. Parfois, l'association ne profite qu'à l'un des deux protagonistes : il s'agit alors de parasitisme.

Une fourrure bien mitée

Un parasite est un être vivant qui prend un autre être vivant comme habitat et/ou comme source de nourriture[1]. À nous, pauvres humains, il évoque immédiatement des maladies tropicales et des horreurs gratouillantes, comme les puces et les tiques. Certains autres animaux en sont envahis. Notamment le paresseux, dont la stratégie de survie est fondée sur la lenteur. Il est si lent, si lent que des algues lui poussent dessus et cette flore attire des insectes amateurs d'algues. Outre les mites qui nichent dans ses poils, il abrite tout un catalogue de suceurs de sang : tiques, mouches sans ailes, etc. – bref, un vrai bestiaire. Au Brésil, des chercheurs ont compté plus de cent vingt papillons et près de mille coléoptères sur le même individu ! Le paresseux ne descend à terre qu'une fois par semaine environ pour déféquer. Certains habitants de son pelage en profitent pour aller pondre dans ses excréments. Les larves s'y développeront, et les individus adultes s'en envoleront pour rejoindre un paresseux où ils rencontreront des partenaires.

1. Définition de Claude Combes, *Darwin dessine-moi les hommes*. Voir bibliographie.

Les parasites se synchronisent sur les cycles de leurs hôtes, comme les puces du lapin. Les puces femelles sentent, aux changements du sang de leur victime, que la lapine est en chaleur. Elles se dirigent alors vers ses oreilles où les mâles les rejoignent. Et pendant que les lapins s'accouplent, les puces en font autant ! En forêt, les parasites des cerfs se réunissent sur les places de brame, qui deviennent les lieux de rendez-vous des grandes bêtes et des toutes petites.

Quant aux poux, ils sont partout. Quasiment tous les mammifères ont leur sorte de pou, un insecte sans ailes qui n'aime qu'eux. Il y a celui du chien, du sanglier, du cobaye, du lapin, du cheval, etc. On trouve même des poux qui ne vivent que dans le nez du phoque. Quand l'animal plonge, il garde les narines fermées, tenant ses poux bien à l'abri !

Méfiez-vous des contrefaçons

Les évolutions hôte/parasite offrent de beaux exemples de course aux armements à la mode Reine Rouge. Le coucou gris est un cas d'école. Chacun sait que la femelle pond dans le nid d'autres espèces. Elle surveille les futurs parents adoptifs, et dès qu'ils s'absentent, elle enlève un de leurs œufs, pond le sien et part. Le tout en moins de dix secondes. Comme si une femme avait la possibilité d'accoucher au moment exact où elle l'a décidé, par exemple pendant la pub, entre deux programmes télé… Des chercheurs britanniques un peu farces ont disposé un coucou empaillé sur un nid de fauvettes ; le leurre a été attaqué par les propriétaires. La rapidité de la ponte a donc été sélectionnée en réponse à la méfiance des oiseaux hôtes.

Différentes lignées de coucous femelles pondent des œufs imitant parfaitement le coloris de ceux de leurs hôtes, mais aucune ne parvient à plagier les œufs très bleus de l'accenteur mouchet. La très mauvaise imitation du coucou (un œuf blanc tacheté) n'est pourtant pas rejetée par les accenteurs, alors que d'autres oiseaux éjectent parfois un œuf parasite très bien imité. D'où vient cette différence ?

Jeune coucou nourri par un de ses parents adoptifs

Nos chercheurs britanniques ont testé des centaines de nichées avec des faux œufs de coucous, et ont noté les réactions des oiseaux hôtes. Le parasitisme de l'accenteur mouchet étant relativement récent en Angleterre, ils en ont déduit qu'il n'avait pas encore déclenché de riposte. En revanche, les espèces parasitées depuis longtemps sont devenues méfiantes. Les oiseaux évacuent les mauvaises contrefaçons et sélectionnent les meilleurs faussaires au fur et à mesure des générations. En Europe centrale, où les coucous sévissent depuis longtemps, les oiseaux parasités sont extrêmement méfiants, et les œufs des parasites sont devenus des imitations quasi parfaites.

Comment sont venues au coucou gris ses mauvaises manières ? Des formes intermédiaires de parasitisme existent dans la nature, qui peuvent nous donner une idée de son évolution. Plusieurs espèces d'oiseaux non connus pour être des parasites, comme l'étourneau sansonnet ou la buse variable, pondent parfois un œuf dans le nid des voisins de même espèce. Le phénomène n'est pas rare chez plusieurs espèces de canards, comme la nette rousse, qui pond beaucoup. Chez le milouin d'Amérique, il existe trois sortes de canes qui ne diffèrent que par le comportement. Certaines femelles couvent et élèvent tous leurs petits, certaines pondent en partie chez les autres mais s'occupent du reste de leur progéniture, et enfin les dernières sont de pures parasites : elles ne construisent même pas de nid et pondent la totalité de leurs œufs dans le nid des autres.

Les vacheries des vachers

Le coucou-geai, que l'on peut observer en région méditerranéenne, est un parasite systématique comme le coucou gris. Il ne squatte que les nids des corvidés, surtout ceux des pies bavardes. Ses oisillons n'éliminent pas la couvée des parents adoptifs comme le font les petits coucous. Cela n'empêche pas des réactions de défense des hôtes. En Andalousie, on a vu des coucous-geais punir les pies qui s'étaient débarrassées de leurs œufs. Ce comportement mafieux est une spécialité du vacher à tête brune, un oiseau d'Amérique qui surveille les nids qu'il a squattés, et vandalise ceux dont les propriétaires ont éjecté ses œufs. L'hôte a donc intérêt à s'occuper de tous les oisillons, ses petits et ceux du vacher, plutôt que de risquer une destruction totale.

Les vacheries pleuvent aussi en Afrique, chez les tisserins, qui doivent se défendre contre le parasitisme du coucou didric. Récemment, des tisserins intermédiaires (c'est le nom de l'espèce) ont réduit le diamètre de leur nid si bien qu'on y a retrouvé plusieurs femelles de coucous coincées, mortes pour n'avoir pu échapper au piège. Non loin de là, les femelles de tisserins à tête rousse utilisent une parade originale : elles pondent chacune des œufs de couleurs différentes, et donc impossibles à imiter.

Enfin, retour dans le Nouveau Monde pour une histoire à double tranchant. Les couvées du cassique à tête brune sont parasitées par le vacher géant. Les petits squatters n'éliminent pas les œufs de leurs hôtes, mais ils sont tellement voraces que certains oisillons du cassique meurent de faim. Pourtant, les parents acceptent le sacrifice : le jeune vacher, seul capable d'attraper tous les insectes volants qui s'approchent de la nichée, protège d'une mouche mortelle les petits classiques. Lorsque leur nid est situé près de celui de guêpes chasseuses de mouches, qui font le même travail sans affamer les petits, les cassiques sont beaucoup moins tolérants à l'égard des vachers.

Le moustique et le médecin

La course aux armements hôte/parasite n'est pas toujours naturelle. Les médicaments inventés par les humains les forcent à accélérer le processus, mais ces derniers partent avec quelques longueurs de retard. L'homme se reproduit environ tous les trente ans, certaines bactéries toutes les trente minutes. Une vie humaine équivaut à quelque un million cinq cent mille générations de bactéries, qui ont tout le temps de muter et s'adapter aux médicaments !

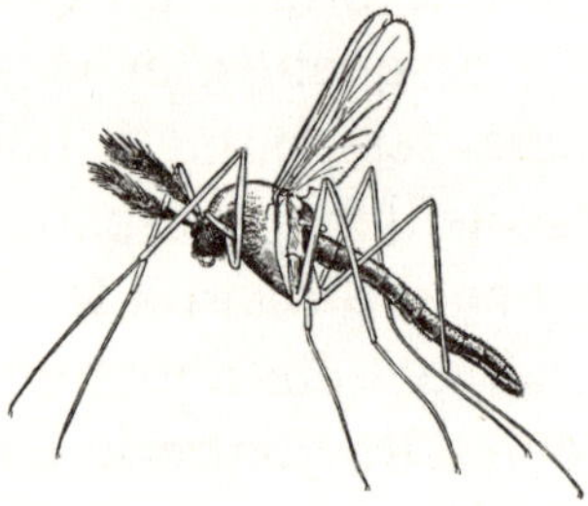

Le moustique, vecteur du paludisme

Avec plus de un million de morts par an, le paludisme, ou malaria, est l'infection parasitaire la plus répandue de la planète. Elle est due à un plasmodium transmis par la piqûre d'un moustique. Dans certaines régions d'Afrique, un homme peut contracter la maladie jusqu'à un millier de fois par an tant les moustiques sont nombreux. La chloroquine a longtemps été le médicament qui servait à s'en prémunir. Mais des moustiques ont muté, et les populations d'insectes résistants se sont multipliées d'autant plus vite que l'usage de chloroquine toujours en vigueur continuait de sélectionner des individus résistants.

L'apparition de nouvelles molécules provoque la sélection d'autres moustiques mutants, dans une course sans fin.

La résistance des bactéries aux antibiotiques s'étend : il y a quinze ans, dix mille unités de pénicilline par jour suffisaient pour un traitement contre certains streptocoques. Aujourd'hui il en faut vingt-quatre millions d'unités. Face aux mutations rapides des microorganismes, certains médicaments ont entièrement perdu leur efficacité. Il faudrait non seulement tuer les virus, mais aussi prévoir et contrer leur évolution.

La bestiole qui a perdu son anus

Il n'est pas toujours aisé de reconstituer l'évolution des parasites. Dans un livre consacré au sujet[1], le biologiste Claude Combes retrace l'évolution probable d'un parasite interne d'après l'exemple de plusieurs espèces actuelles de mollusques marins. Dans une première étape, les pique-assiette se contentent de rester en surface sur leur hôte et leur volent une partie de leur nourriture. D'autres prélèvent des morceaux de leur victime, et méritent déjà d'être appelés parasites. Dans une deuxième étape, ils enfoncent leur trompe dans la paroi extérieure de l'hôte pour s'en nourrir. Dans une troisième, les parasites s'insèrent en entier dans le corps de l'hôte, sans plus de communication avec l'extérieur. L'intrusion est de plus en plus profonde. Les parasites des dernières étapes ont carrément perdu leur tube digestif et leur anus. Ils se nourrissent par osmose, les nutriments pénètrent dans leur corps directement.

Les parasites, qui ont perdu des organes élaborés au cours de leur évolution, nous montrent que celle-ci ne se fait pas uniquement dans le sens de la complexification, qu'elle peut au contraire aller vers une simplification. Le ver solitaire et autres vermines rappellent à notre orgueil pointilleux que l'évolution n'est pas allée en ligne droite de la bactérie vers l'homme, merveille censée dominer toute la création. L'arbre de l'évolution prend des directions variées, et nous n'en sommes qu'une brindille.

---

1. Claude Combes, *Les Associations du vivant*. Voir bibliographie.

Dans la gueule du matou

Ce rat ne se comporte pas normalement. Non seulement il ne fuit pas les chats, mais il semble chercher leur contact ! Il renifle l'urine des matous et se jette littéralement sous leurs griffes. Ce rat est manipulé de l'intérieur par un parasite unicellulaire, le toxoplasme *Toxoplasma grondii*, qui lui bogue le cerveau et le pousse au suicide. Vecteur de la toxoplasmose, *Toxoplasma grondii* doit passer par l'estomac d'un chat afin de poursuivre son cycle de vie, car c'est là qu'il se reproduit. Le rat lui a servi de taxi kamikaze.

Des études sur l'humain ont révélé que les conducteurs positifs à la toxoplasmose seraient statistiquement plus souvent victimes d'accidents de la route que les autres (2,65 fois plus)… Le toxoplasme n'a évidemment aucun intérêt à atterrir chez un garagiste, mais il modifierait des comportements tels que la capacité de concentration, l'émotivité, le contrôle de soi, la confiance en soi ou l'indiscipline[1]…

D'autres parasites obligent des fourmis à se faire croquer par des moutons ou des grillons à se jeter à l'eau. Ces histoires étonnantes d'êtres vivants qui doivent passer d'un hôte à l'autre en pilotant leur cerveau sont courantes y compris en mer, où certains font en sorte que des mollusques attirent l'attention d'oiseaux prédateurs et se fassent avaler. D'autre part, on a découvert que les moustiques étaient attirés de préférence par les personnes *déjà infectées* par le plasmodium responsable du paludisme. Cela impliquerait que le plasmodium a la faculté de manipuler le comportement de l'animal qui *va* le transporter…

Le mimétisme

La stratégie parasitaire du coucou est basée sur le mimétisme de ses œufs. Le mot « mimétisme » a deux sens différents. On l'emploie couramment pour désigner un camouflage inspiré du décor, mais le vrai terme est plutôt, dans ce cas,

---

1. Voir Claude Combes, *Darwin, dessine-moi les hommes*.

« homochromie ». Le véritable mimétisme consiste à imiter l'aspect d'une espèce différente.

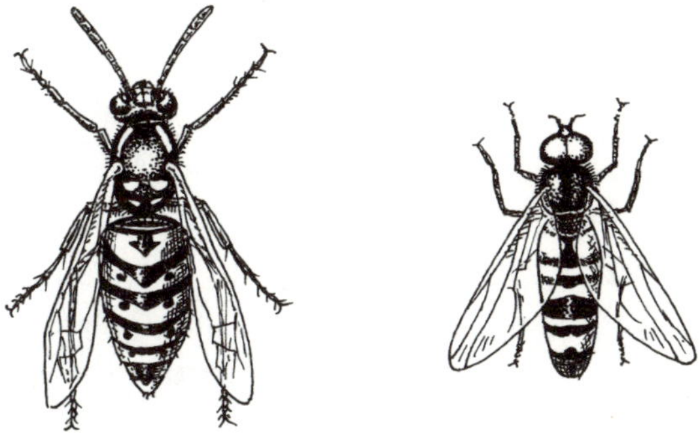

La guêpe et le syrphe, un exemple de mimétisme

Bien des exemples de mimétismes existent dans la nature : très courant dans nos jardins, le syrphe est une mouche inoffensive déguisée en guêpe jaune rayée, ce qui intimide ses prédateurs… et les humains, car son vrombissement est également spectaculaire. Le faux serpent corail, tout aussi inoffensif, imite un reptile très venimeux, etc.

Comment des déguisements aussi parfaits ont-ils pu voir le jour, et comment expliquer une telle évolution ? La question principale est l'isolement génétique entre l'animal modèle et son imitateur : la sélection ne peut pas se produire à ce niveau, puisqu'ils ne descendent pas les uns des autres. Il s'agit là encore d'un processus de coévolution, et il n'est pas différent d'autres adaptations. Les animaux polaires sont déguisés en neige et passent inaperçus, certains insectes ressemblent à des végétaux au point d'imiter les nervures des feuilles, et même les taches de moisissure ! C'est donc un ensemble de mutations semblables entre une espèce et une autre (ou une espèce avec son environnement) qui, avec le temps, a donné ces spectaculaires similitudes.

Le mimétisme existe aussi dans l'industrie et dans notre vie quotidienne. Certains emballages de produits alimentaires ou vestimentaires imitent l'aspect et les codes couleurs de marques prestigieuses, et les clients s'y trompent de la même manière que les animaux dans la nature.

Bouses volantes dans la prairie

Ce qui suit n'est qu'une hypothèse, mais elle est bien savoureuse. Dans les prairies sud-américaines, l'engoulevent nacunda passe facilement inaperçu. Cet oiseau terne et peu connu pratique une méthode bien à lui pour se faire mal voir : il s'accroupit au sol et reste figé, ce qui, grâce à ses couleurs appropriées, lui donne l'aspect d'une bouse de vache. Ce genre de déguisement n'est pas rare dans la nature. Des chenilles imitent à s'y méprendre des fientes d'oiseaux ; ces derniers n'étant guère intéressés par leurs propres déjections, les insectes courent peu de risques d'être avalés. On peut en déduire qu'il s'agit d'un cas de mimétisme. Mais au sujet de l'oiseau sud-américain, une question se pose : les objets qu'il imite ne peuvent pas être des bouses de vache, tout simplement parce que les bovins sont arrivés trop récemment sur le continent, bien après la mise au point de sa stratégie. Pour beaucoup de scientifiques la chose est entendue : l'engoulevent nacunda imite les crottes de gros animaux aujourd'hui disparus. Selon toute vraisemblance, ces animaux sont justement les tatous et les paresseux géants dont Darwin a exhumé des fossiles[1].

1. Ces paresseux disparus déposaient allégrement leurs crottes dans les prairies récemment encore, et l'on retrouve ces déjections pétrifiées dans certaines cavernes. L'une de ces crottes figure au Musée américain d'histoire naturelle de New York, avec cette petite note jointe : « déposée par Theodore Roosevelt »…

III

L'évolution de la théorie

LES ANIMAUX S'ADAPTENT, LA THÉORIE AUSSI

Les percées de la génétique et la découverte de l'ADN ont comblé un vide de la théorie de Darwin, qui admettait certains mécanismes de l'hérédité sans pouvoir les expliquer. La théorie de l'évolution a donc été réajustée et enrichie. Elle a également inspiré d'autres sciences, qui sont nées sous son éclairage.

Dans la grande tradition des explorations naturalistes, les études sur le terrain, et notamment les avancées de l'éthologie, la science du comportement, ont apporté un souffle nouveau, moins connu mais tout aussi important, à notre approche des autres espèces vivantes et à notre vision du monde.

Des petits pois et des petites mouches

Trop sexuelles, les souris !

Petit retour en arrière sur un contemporain de Darwin, dont les recherches vont élargir nos connaissances des mécanismes de l'hérédité. L'homme en question, Johann Mendel (1822-1884) est un Tchèque né dans l'Empire austro-hongrois, devenu le père Gregor lorsqu'il est entré au monastère de

Brno à vingt et un ans. Le jeune moine étudie les hybridations avec les encouragements de son abbé – le but des recherches faites à cette époque sur les croisements de variétés étant d'améliorer les performances de l'agriculture. En 1854, le père Gregor Mendel entreprend des expérimentations sur les souris, croisant la variété commune grise avec des albinos afin d'étudier la transmission héréditaire des couleurs. Hélas, la visite de l'évêque met fin à ces pratiques qu'il juge immorales : comment un moine peut-il encourager des souris à s'adonner à des actes si contraires à la pudeur ? Mendel se tourne alors vers les végétaux… avec une remarque ironique : l'évêque, semble-t-il, ne sait pas que les plantes aussi ont une sexualité !

Pas d'accouplements de souris au monastère !

Son nouvel objet d'étude, le pois commun des jardins, est facile à cultiver et à inséminer artificiellement. Il en sélectionne vingt-deux variétés et se met au travail. Il croise deux à deux les plantes à caractère différencié avec une patience, une minutie et une ténacité infatigables. Il doit ouvrir chaque fleur avec délicatesse (et avec une pince), et répartir le pollen à l'aide d'un pinceau, puis isoler le tout avec un capuchon afin d'éviter les fécondations par les insectes, et enfin étiqueter. Sur des dizaines et des dizaines de plantes, et sur plusieurs générations.

Pendant une décennie, se fondant sur des calculs de probabilité et de statistiques jusqu'alors réservés à la physique, Mendel note tout, et voit surgir des principes récurrents. En 1866, il envoie le résumé de ses expérimentations à plusieurs chercheurs de renom un peu partout dans le monde. Un seul lui répondra… avec scepticisme et condescendance. On retrouvera les autres exemplaires de ses travaux plus tard dans différentes bibliothèques, les pages toujours liées : ils n'ont même pas été regardés. Ses confrères ne saisissent pas leur importance. Ce n'est que dans le domaine de la météorologie qu'il réussit à se faire un peu connaître : il est le premier à étudier le taux d'ozone dans l'air, qu'il impute aux rejets des cheminées. Peu avant sa mort, il écrira cependant : « Mon travail scientifique m'a apporté de très grandes satisfactions, et je suis convaincu qu'il ne tardera pas à être reconnu partout dans le monde. »

Darwin et le père Gregor

Parmi les scientifiques à qui Gregor Mendel envoie ses travaux, il y a *sir* Charles Darwin. Le Britannique est alors un savant de réputation internationale. Le moine connaît bien *L'Origine des espèces* ; il a criblé l'exemplaire du monastère de points d'exclamation et de traits de plume. Il n'est pas hostile aux idées évolutionnistes, mais il conteste certains points concernant l'hérédité. Mendel a compris que les caractères se transmettent indépendamment les uns des autres, ce qui s'oppose à la théorie darwinienne du mélange des caractères des ancêtres. Il critique également l'idée de Darwin selon laquelle un seul grain de pollen ne suffirait pas à féconder une plante. Excellent jardinier et inséminateur, il a déjà obtenu des végétaux parfaitement viables et sains avec un seul grain.

La publication envoyée par le père Gregor Mendel a été retrouvée dans la bibliothèque de Darwin, apparemment non lue. Peu porté sur les mathématiques, le naturaliste a peut-être été rebuté par la vue de toutes ces statistiques.

En 1862, Mendel se rend à l'exposition de Londres, mais Darwin est alors dans sa maison de Down au chevet de son fils Leonard, qui a attrapé la scarlatine. La rencontre entre les deux chercheurs n'aura donc pas lieu.

Trente-quatre ans après leur publication, et seize ans après la disparition de leur auteur, les petits pois ont leur revanche : les statistiques du père Gregor sont enfin reconnues par des botanistes de plusieurs nationalités comme pionnières et fondamentales. Les dénommées « lois de Mendel » sont aujourd'hui encore des références dans les manuels de biologie, même si les avancées de la génétique ont précisé et élargi le domaine. Ce n'est pas la place de les détailler, mais il importe de noter que, sans avoir eu les moyens techniques de l'observer, Mendel était convaincu que l'embryon est issu des cellules du père et de la mère. Autrement dit, il a eu l'intuition de l'existence des gènes, dont on observera la forme bien plus tard. C'est à ce titre qu'on le considère comme le fondateur de la génétique.

La génétique et l'évolution

Le mot, cependant, a été inventé par un autre. Traducteur de Mendel, le botaniste britannique William Bateson (1861-1926) était fan du moine au point de l'imiter en tout : il s'abonnait aux mêmes revues et fumait les mêmes cigares. C'est lui qui, lors d'une conférence, en 1906 à Londres, propose le néologisme « génétique[1] » pour désigner l'hybridation des plantes. Le mot « gène », lui, est introduit en 1909 par un autre botaniste, le Hollandais Wilhelm Ludwig Johannsen. Nous ne sommes pas loin des « gemmules » chères à Darwin, selon qui ces particules présentes dans chaque partie du corps convergeaient dans les organes de la reproduction pour s'unir par affinité avec les gemmules correspondantes du partenaire.

Le vocabulaire de la génétique est complexe ; nous n'en retiendrons que les termes les plus courants et les rapports qui les unissent, du plus grand vers le plus petit. Notre corps est composé de cellules. Dans les cellules se situent des structures visibles au microscope, les chromosomes,

1. « Génétique » vient du grec *ghenetikos*, qui signifie « origine ». Il aurait été employé à Brno avant même la naissance de Mendel par les naturalistes qui cherchaient déjà des lois sur les hybridations d'animaux domestiques, notamment pour améliorer la laine des moutons.

sortes de « grosses » pelotes de laine. Le « fil de laine » est constitué d'ADN (acide désoxyribonucléique). Un gène est une portion d'ADN porteuse d'une instruction. Un chromosome est constitué de centaines de gènes différents (entre vingt mille et vingt-cinq mille gènes pour l'espèce humaine, répartis sur vingt-trois paires de chromosomes). La totalité des gènes d'un organisme s'appelle le génome. Ces éléments, extraordinairement enroulés et petits, sont enfermés dans un noyau de cinq millièmes de millimètre de diamètre. On compte plus de deux mètres d'ADN dans chacune de nos cellules, et nous avons quelque cent mille milliards de cellules ! Mises bout à bout, les molécules d'ADN d'un seul être humain se dérouleraient sur plus de mille fois la distance de la Terre au Soleil.

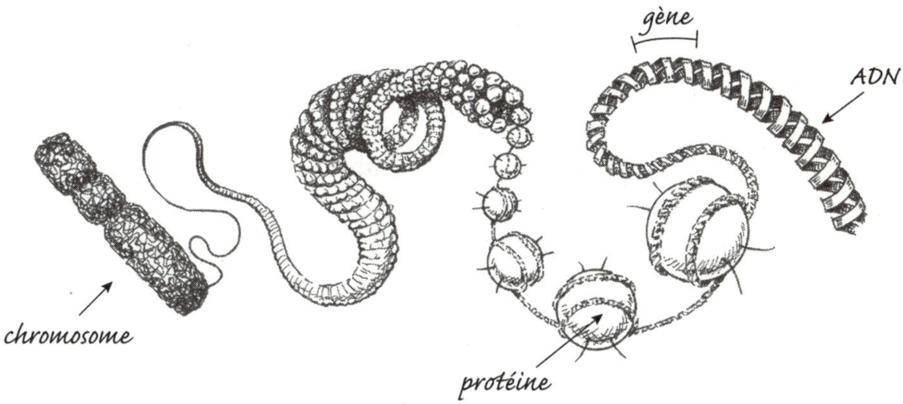

Chromosome, gène et ADN. Dessin réalisé d'après une idée de Delphine Bailly

De même que la structure des mains des vertébrés était pour Darwin une preuve de la parenté de ces espèces, le fait que les éléments constituant l'ADN soient communs à l'ensemble des êtres vivants est une preuve de la proximité de *toutes* les espèces : microbes, végétaux ou humains fonctionnent avec exactement le même matériel de base.

Cellules sexuelles, mutations et évolution

Les cellules sexuelles ou gamètes sont particulières : elles ne contiennent qu'une moitié du génome de leur propriétaire.

Lors de la reproduction, les deux gamètes, celui de la mère et celui du père, mélangent ces demi-messages pour former un être entier et original : leur enfant[1]. Chez l'humain, le nombre de combinaisons de gènes possibles est énorme : un homme et une femme peuvent théoriquement engendrer *vingt-cinq mille milliards* d'enfants différents !

Mais il s'agit là d'hérédité et non d'évolution.

Ce sont les mutations, ces « erreurs » qui se produisent parfois lors de la copie des gènes, qui sont les grands mécanismes de l'évolution, à condition qu'elles opèrent sur les cellules sexuelles, celles de l'hérédité. Sans ces accidents dans la réplication, il n'y aurait pas eu d'évolution. Les mutations et leurs effets se comportent exactement comme les variations décrites par Darwin : elles apparaissent au hasard, et la sélection retient les bonnes. Les découvertes de la génétique ont ainsi confirmé les bases de sa théorie.

Les mutations peuvent être dues à des rayons cosmiques, à des causes chimiques ou biologiques, mais aussi à certains virus, ces organismes à la limite du vivant. En dehors de quelque deux cents espèces pathogènes pour l'homme, il en existe des dizaines de milliers très utiles, notamment parce qu'ils transportent de l'ADN d'un hôte à un autre. Ils diffusent l'information génétique et participent à l'évolution, qui ne serait pas aussi variée si elle ne procédait que par mutations.

La mouche qui aime le bon vin

En 1881, l'entomologiste et embryologiste français Édouard-Gérard Balbiani (1823-1899) s'aperçoit que les larves de différents diptères, la famille d'insectes où l'on

1. La plupart des individus sexués sont diploïdes : ils possèdent deux versions, ou allèles, du même gène : l'un venant du père, l'autre de la mère, qui ne sont donc pas nécessairement identiques. L'ensemble des allèles, ou constituants génétiques d'un organisme, s'appelle le génotype. La partie du génotype qui s'exprime, le phénotype, est l'ensemble des traits biologiques, morphologiques ou comportementaux, donc ce que nous voyons de l'individu.

trouve les mouches, possèdent des chromosomes géants dans leurs glandes salivaires. Mesurant jusqu'à cinq cents micromètres, contre un à dix pour les chromosomes humains, ils sont nettement plus faciles à observer. L'ère de la mouche est ouverte, plus exactement celle de la drosophile.

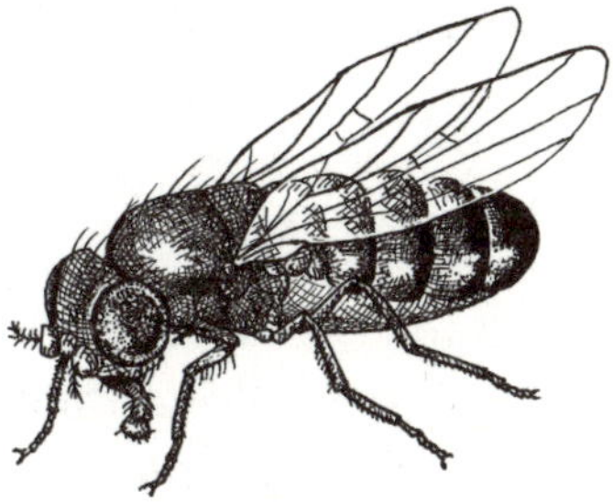

La mouche drosophile, le plus étudié des animaux

Les drosophiles sont de petites mouches aux yeux rouges, encore appelées mouches du vinaigre ou mouches des fruits, courantes, voire envahissantes dans les fabriques de confiture ou sur les composts de nos jardins. Elles se rencontrent facilement autour des fruits mûrs, des matières en décomposition, du vinaigre ou du bon vin, car elles aiment l'acide et l'alcool. À noter : les drosophiles françaises possèdent des gènes qui leur permettent de fabriquer beaucoup plus d'enzymes s'attaquant aux molécules d'alcool que les drosophiles de pays où l'on ne cultive pas la vigne. Sans les taxer d'alcoolisme, disons que les mouches françaises sont génétiquement adaptées au raisin fermenté !

Il existe plus de deux mille cinq cents espèces de drosophiles sur la planète. Chez l'une d'elles (*Drosophila bifurca*), le mâle possède le spermatozoïde le plus long du monde animal, baleines bleues comprises : six centimètres, soit plus de vingt fois le corps de l'insecte ! Les spermatozoïdes de l'homme sont mille fois plus courts. Ramenés à la même échelle, ils mesureraient une trentaine de mètres, soit la longueur d'une baleine bleue ! Si les spermatozoïdes de la drosophile sont aussi grands, c'est parce qu'ils sont beaucoup moins nombreux que chez les autres animaux. Ce gigantisme, entre autres qualités, a fait de la petite mouche une star des labos, qu'elle le veuille ou non (même si l'espèce la plus courante dans les labos, *Drosophila melanogaster*, ne présente pas de spermatozoïdes aussi stupéfiants que ceux de la *bifurca*). Aujourd'hui, la drosophile est sans doute le plus étudié de tous les animaux.

Le groupe de la drosophile

En 1909, le généticien américain Thomas Hunt Morgan (1866-1945) prend la mouche. Pour mener à bien ses expériences sur les chromosomes, il opte pour celle du vinaigre *Drosophila melanogaster*, un choix qui se révélera judicieux. La drosophile ne prend pas de place : dans le labo de Morgan, une colonie entière vit sans problème dans une bouteille de lait. Elle est très facile à élever, fait preuve d'une grande productivité (une femelle peut pondre jusqu'à cinq cents œufs en dix jours), et se reproduit vite, bien plus vite que les pigeons naguère élevés par Darwin, et son cycle de vie ne dure que deux semaines environ – le chercheur et ses étudiants ont donc tout loisir d'observer l'évolution des générations successives. De surcroît, elle n'a que quatre paires de chromosomes, bien visibles pour les microscopes de l'époque de Morgan, et enfin elle est génétiquement plus proche de l'humain qu'on ne pouvait l'imaginer : elle se révélera très utile, plus tard, pour l'étude des quelque deux mille maladies génétiques humaines.

Morgan provoque des mutations sur ses mouches avec des rayons X. Après de nombreux essais, il découvre un mâle de drosophile mutant avec les yeux blancs et non rouges. Eurêka ! Il opère des croisements avec ce gène, qu'il nomme *white* (sans doute parce qu'il parle anglais) afin de comprendre les mécanismes de sa transmission.

Thomas Hunt Morgan crée alors une unité de recherche bientôt surnommée « le groupe de la *Drosophila* ». Cet aréopage analyse la transmission des caractères chez des milliers de drosophiles, et démontre que plusieurs caractères peuvent se trouver associés, les gènes correspondants étant situés sur le même chromosome. Des faits observés depuis toujours, y compris par Darwin, sont désormais scientifiquement expliqués. Le « groupe de la *Drosophila* » prouve également que chaque gène est situé sur une position précise des chromosomes appelée locus, et commence à mettre en place des cartes génétiques.

Fine mouche, Morgan a décidément choisi la bonne bestiole, puisque la drosophile décroche le prix Nobel de médecine, pour lui d'abord, en 1933, puis pour plusieurs de ses étudiants.

Drosophile mutante, avec une paire de pattes à la place des antennes

Sale temps pour les mouches

Avec son malheureux filet à insectes artisanal, Darwin l'attrape-mouches fait figure d'amateur. Depuis Balbiani, Morgan et les autres, les drosophiles tombent comme des mouches : dans les labos du monde entier, on les soumet aux chocs les plus divers pour transformer leur patrimoine génétique et créer des mutants. On fait surgir des monstres avec des moignons d'ailes, avec des ailes supplémentaires ou plantées sur les yeux. Grâce à elles, on précise, organe après organe, quel gène est responsable de la formation et de l'emplacement de telle ou telle partie du corps ; on mate les parades nuptiales ;

on étudie les effets sur elles de la caféine ; on les affame et on teste leur agressivité ; on ne livre qu'une femelle à une troupe de mâles en rut ; on les prive de sommeil et on évalue les conséquences sur leurs facultés d'apprentissage ; on cherche à comprendre si des gènes influencent leur comportement, et lesquels. Avec des résultats qui ne peuvent être immédiatement transposables à l'être humain, évidemment.

Pour bien des recherches, la drosophile a remplacé le cobaye. On ne peut vraiment plus dire que les chercheurs ne feraient pas de mal à une mouche. Du coup, on dit qu'un mouvement de libération des mouches aurait été fondé en Utah, aux États-Unis…

Dans les années 1910, la génétique a ouvert la voie à de grands domaines de recherche : la génétique chromosomique initiée par Morgan, avec les mutations ; la génétique physiologique, qui s'attache au mode d'action des gènes ; et enfin la génétique des populations, qui devient vers 1930 le cœur de la théorie de l'évolution et de la sélection naturelle. La théorie de l'évolution est en pleine évolution.

De l'alcool aux volants

Si les drosophiles françaises résistent à la fermentation du raisin, certaines mouches de labo se sont vues obligées de forcer la dose. Récemment, des chercheurs américains n'ont pas hésité à saouler leurs petits cobayes volants afin d'étudier les effets de l'alcoolisme. Le premier jour, leurs drosophiles se sont montrées nettement plus joyeuses (vols exubérants, etc.), avant de piquer du nez. Dès le deuxième jour, l'accoutumance faisait déjà son effet, et elles résistaient mieux à l'assoupissement. Au troisième jour, les drosophiles, émoustillées, paradaient. Précisons qu'il n'y avait que des mâles sur cette expérience. Ils se sont accouplés avec conviction au quatrième jour, formant gaiement des chenilles et autres figures de groupe. L'alcool les avait-il rendus homosexuels ? On leur a proposé des femelles, avec lesquelles ils se sont montrés tout aussi entreprenants. En fait, ils étaient devenus bisexuels, complètement désinhibés par l'alcool. Revers de la médaille : leurs performances devinrent plutôt médiocres, l'abus d'alcool entraînant d'autres effets. Évidemment, toute transposition directe à l'humain manquerait de base scientifique…

Du nouveau dans la théorie

La girafe, le retour

On se souvient de l'opposition entre Lamarck (et le cou médiatique de sa girafe) et Darwin, qui a fait dans *L'Origine* une description bien différente de l'évolution de l'animal. Pour Darwin, les girafes à long cou, avantagées, se sont reproduites et ont transmis ce caractère *déjà présent* en elles. Pour Lamarck, l'étirement a été *acquis* à force de tirer, puis s'est transmis. Lamarck croit à la transmission des caractères acquis. Bien que Darwin se soit finalement rangé lui aussi à la croyance générale en l'hérédité des caractères acquis et « l'influence de l'usage et du non usage », cette différence entre les deux savants est restée dans les esprits.

Mais comment est apparu le cou de la girafe ?

L'embryologiste August Weismann (1834-1914), grand supporter des idées de Darwin, a porté dans les années 1890 un coup sévère au lamarckisme. Il fit la distinction entre les cellules germinales (sexuelles ou *germen*) et les cellules somatiques (du corps, ou *soma*), les unes s'isolant des autres dès les premiers stades du développement embryonnaire : les informations acquises par les somatiques ne peuvent donc pas être transmises aux germinales. Weismann alla jusqu'à couper la queue des souris pendant des générations pour illustrer sa théorie : celles-ci continuaient à naître avec de longues queues. Weismann postula sur la non-hérédité des caractères acquis, dont il est impossible de démontrer l'impossibilité absolue, mais qui devenait de plus en plus évidente avec les percées de la génétique. De nombreux évolutionnistes se rallièrent à Weismann. En associant la sélection naturelle à la non-hérédité des caractères acquis[1], ils fondèrent ce qui allait devenir le néodarwinisme.

La théorie synthétique de l'évolution et son développement

Les voies ouvertes par la sélection naturelle de Darwin, les lois de Mendel et les avancées de la génétique, notamment la génétique des populations, mais aussi la paléontologie, la biogéographie, la systématique, l'écologie ou l'éthologie sont intégrées dans une théorie synthétique de l'évolution, encore appelée néodarwinisme ou synthèse néodarwinienne. À partir des années 1930, des chercheurs de

1. L'hérédité des caractères acquis était encore défendue par Lyssenko, le censeur de la science russe sous la dictature stalinienne. Hélas pour le terrible Lyssenko, ses théories fumeuses sur l'agriculture ont conduit à des famines et, après la mort de Staline, il fut convoqué à l'Académie des sciences soviétique. Le secrétaire de séance usa d'exemples pris dans l'histoire humaine pour démontrer à sa manière expéditive la non-transmission des caractères acquis. Il invoqua la circoncision, pratiquée depuis des milliers d'années sans provoquer de changements anatomiques chez les hommes. Puis il interpella Lyssenko : « Comment expliquez-vous que les femmes naissent vierges, alors que leurs mères ne l'étaient plus au moment de leur naissance ? »

différentes disciplines fusionnent la théorie. Quatre d'entre eux, en particulier, en jettent les bases principales : Theodosius Dobzhansky (naturaliste et généticien), Ernst Mayr (ornithologue et systématicien), George Gaylord Simpson (paléontologue) et Julian Huxley (biologiste et petit-fils de Thomas Huxley, le Bouledogue de Darwin). La théorie synthétique de l'évolution explique aussi bien l'émergence de l'œil que celle de l'intelligence et de la conscience de soi. Cette nouvelle théorie sera elle-même retouchée ou débattue sur plusieurs points, notamment le rôle du hasard et le rythme de l'évolution.

Dans les années 1980, les apports de l'embryologie enrichissent encore la synthèse néodarwinienne. La vieille théorie de Darwin suscite toujours de nouvelles sciences ! Différents domaines scientifiques se complètent et deviennent cohérents sous son éclairage. La paléontologie (étude de l'évolution au cours du temps) et la biologie du développement (évolution de l'embryon) sont réunies dans ce qu'on appelle l'évo-dévo, contraction de « sciences de l'évolution » et « sciences du développement ». L'étude de l'histoire de la première cellule, qui a conduit en quelques milliards d'années, entre autres, à l'homme, et celle de la cellule œuf devenant en neuf mois un être humain, sont mises en parallèle. La découverte fantastique des « gènes architectes » apporte un éclairage nouveau.

Les architectes de l'embryon

Retour sur ces pauvres drosophiles. Un jour, William Bateson (le fan de Gregor Mendel) étudie une mouche dont les pattes sont sur la tête, à la place des antennes ! Le plus étrange, c'est que ces membres possèdent leurs fonctions normales, y compris leurs facultés sensorielles ; comme toute mouche qui se respecte, la mutante goûte avec ses pattes. La mutation a modifié l'emplacement des pattes, mais pas leur fonction. Ce genre de monstre permet, peu à peu, l'identification du rôle des différents gènes.

Bateson a également observé le remplacement d'un œil par une antenne sur un crabe *Palinurus*, d'une patte arrière par une aile chez une zygène (un papillon), ou encore des étoiles de mer à six bras au lieu de cinq… Désormais, les drosophiles sont « épaulées » dans les recherches génétiques par les souris domestiques, les vers ronds *Caenorhabditis* et les poissons zèbres, qui ont la bonne idée (en tout cas pour les chercheurs) d'être transparents : pour voir se déplacer leurs cellules, c'est pratique.

Depuis la fin du XXe siècle, les généticiens étudient la différenciation des cellules au cours du développement de l'embryon. Les gènes responsables des plans d'organisation du corps, qui donnent aux cellules la propriété de se développer en un bras, une aile ou un cerveau, s'appellent les gènes Hox, ou homéotiques, ou chefs d'orchestre, ou encore gènes architectes. Ce sont eux qui, aidés par des gènes ouvriers, font qu'une cellule sexuelle fécondée – l'œuf de départ – donnera une rose, un humain ou une méduse. Ils sont nombreux à être aujourd'hui reconnus, et portent un nom, tel *cerberus*, identifié en 1996, qui intervient dans le développement du cerveau. L'ordre de succession des gènes à l'intérieur du chromosome est le même que les segments du corps auxquels ils correspondent.

Là encore, l'unicité du vivant exposée par Darwin est confirmée de manière éclatante : les gènes architectes existent chez tous les organismes pluricellulaires, et ils ont même une partie commune ! Le même gène *Pax-6* est responsable de la formation de l'œil chez tous les animaux qui en sont pourvus, la mouche comme l'homme !

Nous sommes des mouches à l'envers

Le concept de « monstres prometteurs » avancé par le biologiste Richard Goldschmidt semble confirmé par la découverte des gènes architectes responsables de mutations importantes. D'après lui, ces mutants qui surviennent de temps en temps sont cause de grands sauts évolutifs lorsqu'ils sont retenus par la sélection naturelle. Une hypothèse qui s'oppose – ou s'ajoute – aux gradations progressives chères à Darwin.

Exemple de ces bonds évolutifs, la rupture fantastique qui s'est opérée voici des millions d'années entre les animaux appelés *bilatériens.* Être bilatérien, c'est être organisé selon une symétrie bilatérale : une moitié est le reflet inversé de l'autre, comme dans un miroir. Les mouches et nous-mêmes partageons l'honneur d'être des bilatériens : notre côté gauche est le reflet de notre côté droit. Cependant, une grande spécificité interne nous différencie. Chez nos ancêtres communs, le tube nerveux se trouvait dans le ventre, le tube digestif dans le dos, position gardée aujourd'hui encore par les insectes. Or, vous vous en doutez, la situation s'est retournée : des gènes architectes ont probablement muté pour donner la position retenue par les vertébrés : tube nerveux dorsal et tube digestif ventral. C'est pourquoi nous sommes des mouches inversées et, pour nombre de biologistes, il est difficile d'imaginer qu'un tel retournement se soit produit par gradations.

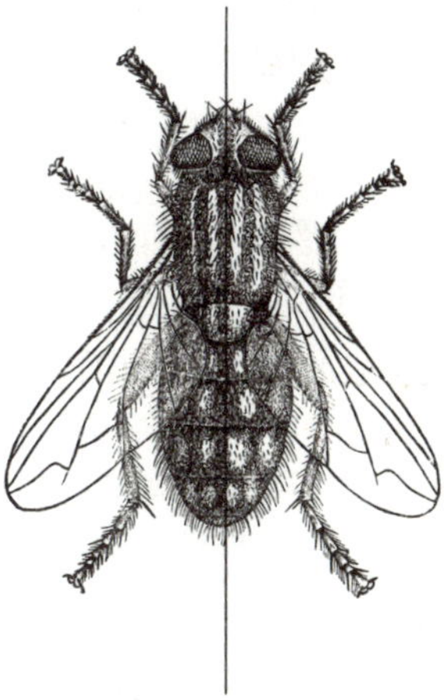

La mouche est un animal à symétrie bilatérale, comme nous

Le sexe des crocodiles

Des crocos et des puces d'eau

À l'instar de certains dinosaures et des oiseaux, dont elle est une proche parente, la mère crocodile s'occupe relativement bien de sa couvée. Elle commence par construire un nid en creusant le sol au-dessus du niveau de l'eau. Elle pond de quinze à quatre-vingts œufs dans le trou, puis le referme. Les œufs vont incuber à l'intérieur de cette niche, mais la température ne sera pas la même au centre et en périphérie. Selon leur emplacement, donc selon la chaleur, les œufs donneront des petits de sexe différent. Les femelles naissent dans les températures les plus basses et les plus hautes, les mâles dans les températures moyennes. Le sexe des crocodiles n'est donc pas déterminé par les gènes ! Le phénomène porte le doux nom de *plasticité phénotypique*. Autrement dit, le phénotype, c'est-à-dire l'ensemble des caractères qui s'expriment, connaît une certaine souplesse.

Les daphnies, ou puces d'eau, sont de minuscules crustacés qui sautillent dans les mares. Elles sont très appréciées des poissons. Dans les petites pièces d'eau sans prédateur, elles ont la tête ronde. Mais lorsque les ennemis rôdent, un casque de protection leur pousse sur la tête, ou encore des épines ! Ce sont des substances chimiques diffusées par les prédateurs qui enclenchent la réaction des daphnies. Comme pour le sexe des crocos, les changements morphologiques des daphnies dépendent de leur environnement ; les gènes ne peuvent pas être en cause. Autre exemple de plasticité phénotypique ? Oui, mais la grande nouveauté vient ensuite : les daphnies qui portent un casque pointu ou des épines défensives les transmettent à la génération suivante, même s'il n'y a plus de prédateur pour en stimuler la formation ! Bref, cela ressemble fort à l'hérédité des caractères acquis prônés par le chevalier de Lamarck. Darwin est-il en train de se faire détrôner ?

Des rats mal léchés

Les rates ne sont pas toutes également attentionnées envers leurs nouveau-nés. Certaines sont très câlines et léchouilleuses, d'autres moins. Or, devenus grands, les enfants de mères attentives résistent mieux au stress que les autres ! Le tempérament hérité se transmet donc longtemps après le sevrage. Toujours à l'affût d'une bonne blague, des chercheurs ont interverti des portées. Les enfants biologiques des mamans attentionnées, mais élevés par une mère qui l'était moins, se sont alors comportés comme leur mère de substitution. Au contraire, les enfants biologiques de rates stressées, mais bien léchés par leur maman d'adoption, se comportaient comme cette dernière. Ce n'est pas tout : si le raton adopté était une fille, elle donnait des descendants qui montraient, à l'âge adulte, les comportements de leur grand-mère adoptive.

Cette transmission de caractères acquis ne donne pourtant pas raison à Lamarck. Les transformations héritées par les daphnies ou les ratons ne sont pas génétiques, mais épigénétiques (du grec *epi*, « au-dessus »), car elles n'impliquent pas les bases de l'ADN. Mais elles cassent le principe du « tout génétique » de la théorie synthétique de l'évolution, uniquement fondée sur le hasard et sur le gène.

Les processus épigénétiques existent aussi chez les humains, et peuvent expliquer les différences que l'on observe chez des vrais jumeaux malgré leur bagage génétique semblable à 100 %. Ces phénomènes révèlent que les contraintes de l'environnement peuvent modeler directement le vivant, et non seulement opérer des sélections. Cette découverte ouvre de nouvelles perspectives pour nos connaissances des modalités de l'évolution. L'hérédité épigénétique ne remet pas en cause les acquis du darwinisme, elle les enrichit. Non, la théorie de l'évolution n'est pas un dogme figé. Oui, Darwin tient encore le coup.

BÊTES DE SEXE

La sélection sexuelle

Le gardon a des boutons, la frégate a les boules

Le gardon est amoureux. Ça lui donne des boutons. C'est comme ça, chez ces poissons : à la saison des amours, les mâles ont des éruptions de petits tubercules gris-blanc un peu partout sur la tête et sur le dos. Loin de là, aux Galápagos et autres îles tropicales que Darwin a visitées, le mâle de la frégate est en rut. Il porte à la gorge une grosse poche rouge gonflée comme un ballon, avec laquelle il séduit les femelles, mais aussi les photographes ; à croire qu'il est perpétuellement en rut, car les photos de frégates ne représentent quasiment que des mâles affublés de leur ballon rouge. Moins connues, les femelles ont une gorge blanche bien distincte de celle des photogéniques mâles amoureux.

La boule séductrice de la frégate, l'acné d'amour du gardon sont ce que l'on appelle des caractères sexuels secondaires. Il ne s'agit pas des organes sexuels, mais d'autres caractéristiques n'intervenant pas dans l'accouplement. Chez les mâles, il en existe beaucoup : bosses, cornes, bois, poils, barbe, plumes spécifiques, ornements colorés ou gonflés et autres décorations. Pour les oiseaux mâles, Darwin inventorie : « Ils sont ornés de toutes sortes de crêtes, de caroncules, de protubérances, de cornes, de sacs à air distendus, de huppes, de tuyaux de plumes dénudés, d'aigrettes et de longues plumes qui se dressent gracieusement sur toutes les parties du corps[1]. » Il cite également les caméléons, points culminants de la différenciation entre les sexes chez les reptiles. Le mâle du caméléon d'Owen porte trois spectaculaires cornes sur le museau, absentes chez la femelle, le faisant ressembler à un véritable dinosaure.

Tous ces ornements encombrants et coûteux en énergie ne résulteraient pas de la sélection naturelle, car ils ne présentent pas forcément d'intérêt adaptatif vital. Si la sélection naturelle était la seule cause des formes des animaux, les mâles et les femelles en bénéficieraient les uns comme les autres, et seraient certainement semblables.

Dès *L'Origine des espèces*, Darwin avait introduit la notion de sélection sexuelle, qui explique certaines différences entre les sexes. La sélection sexuelle n'est pas opposée à la sélection naturelle, elle opère sur la survie de l'espèce plutôt que sur la survie de l'individu. Elle touche le groupe et la faculté de reproduction sans donner d'avantage immédiat.

Son livre *La Filiation de l'homme et la sélection liée au sexe*[2] reprend et développe deux parties importantes de la théorie : les origines naturelles de l'homme, qui ose enfin argumenter sur les ancêtres simiens de l'être humain ; et la sélection sexuelle, qui ose un mot difficile en cette prude époque victorienne. Darwin argumente d'ailleurs tellement la partie « sélection sexuelle » qu'elle en devient la plus importante de l'ouvrage…

Les théories exposées dans les pages qui suivent, couramment acceptées par la communauté scientifique, sont néanmoins toutes discutées. Un grain de sable empêche généralement leur vérification à 100 %, tant les animaux montrent une variation de comportements.

1. Charles Darwin, *La Filiation de l'homme…*, p. 465.
2. *Ibid.*

La queue du paon, handicap séducteur

En faisant la roue, cet oiseau,
Dont le pennage traîne à terre,
Apparaît encore plus beau,
Mais se découvre le derrière.

Dans ce petit poème amusé[1], Guillaume Apollinaire a souligné la face grotesque d'un attribut mâle aussi prétentieux. De son côté, Darwin ironise : « Le paon avec sa longue traîne ressemble plus à un dandy qu'à un guerrier[2]. » La queue du paon mâle, si belle mais si encombrante, ne présente pas d'avantage sélectif pour la survie de l'oiseau. Bien au contraire, elle le rend très visible aux yeux des prédateurs, et nuit à son envol en cas de danger. Alors pourquoi l'évolution a-t-elle sélectionné un pareil handicap ?

Paon mâle faisant la roue

Le principe du handicap a été formulé en 1975 par le biologiste Amotz Zahavi. La poche de la frégate, les bois du cerf, les caroncules du dindon, les cornes du caméléon et diverses autres ornementations encombrantes appelées handicaps séducteurs

1. Extrait de son *Bestiaire* ou *Cortège d'Orphée*, 1911.
2. Charles Darwin, *La Filiation*…, p. 470.

sont des caractères sexuels secondaires destinés à épater les filles. Un handicap transposé dans le comportement. Zahavi avait étudié des oiseaux, les cratéropes écaillés, dont les mâles volent en piqué pour frimer devant les femelles, au risque de s'écraser au sol s'ils ne se redressent pas assez vite.

Le handicap séducteur est très coûteux. Les bois du cerf en sont un exemple. Ils ne sont pas seulement encombrants, ils tombent chaque année et doivent être régénérés en quelques semaines, ce qui demande beaucoup d'énergie. Leur pousse est liée à l'émission de testostérone. Or, la testostérone amoindrit la résistance aux parasites. Les mâles qui portent de grands bois et restent malgré tout en bonne santé montrent une résistance exceptionnelle à toutes ces gênes. Ce sont les individus les plus vigoureux.

Darwin avait mis en évidence le rôle capital des femelles dans la sélection, contre les préjugés sexistes de son époque : « Dans tout le règne animal, l'ardeur du mâle le pousse généralement à accepter toute femelle ; et c'est habituellement la femelle qui exerce le choix[1]. » De génération en génération, les femelles attirées par une couleur ou une forme sélectionnent les mâles qui portent les plus beaux attraits, et ceux-ci transmettent leur caractère à leurs descendants mâles, parfois jusqu'à prendre parfois des formes absurdes. Les mâles des mouches aux yeux pédonculés ont les yeux écartés comme ceux des requins-marteaux au bout d'appendices incroyablement longs. Ceux qui ont les pédoncules oculaires les plus étirés gagnent les combats et plaisent davantage aux femelles ; ce sont leurs gènes « regard absurde » qui se transmettent à leurs fils.

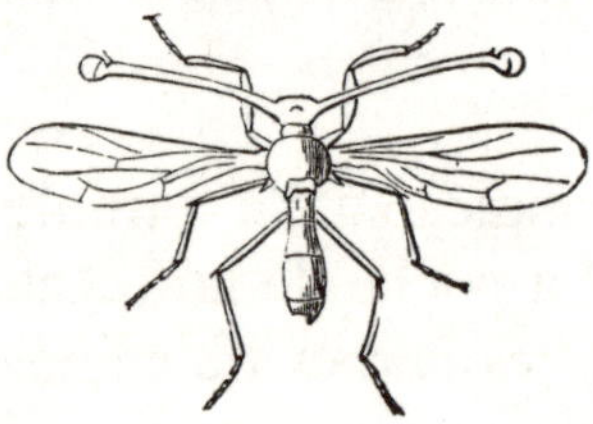

Mâle de mouche aux yeux pédonculés

1. *Ibid.*, p. 423.

Certains caractères sexuels ne servent pas uniquement à séduire. Ils sont aussi – ou d'abord – des armes pour les combats entre mâles rivaux, tels les cornes du bouquetin ou le cou de la girafe[1], ou tout simplement des signaux territoriaux, comme le chant du rossignol mâle. Il ne s'agit plus de lutte pour l'existence, mais de *lutte pour la descendance.* Cette dernière est essentielle pour l'évolution.

Histoires de fous aux Galápagos

C'est un vrai vidéo gag. Les deux oiseaux se tiennent l'un en face de l'autre, le regard fixe, presque reptilien. Ils se dandinent et gesticulent comiquement à la manière de jouets mécaniques détraqués. Leur plumage est terne, mais leurs pieds sont d'un extraordinaire bleu vif, tranchant net sur le noir de la lave des Galápagos. Le mâle exhibe ses grands pieds palmés hyper-voyants avec des gestes exagérés. Il tambourine le sol au ralenti comme un mime expressif, puis il soulève ses pieds bleus pour bien les mettre en évidence sous le bec de la femelle, comme s'il lui disait : « Tu les vois, mes belles chaussures de noces ? » Le clou du spectacle est une posture d'extase, ailes écartées, bec pointé vers le ciel. Mâle et femelle dansent en cadence à tour de rôle dans un concert de sifflements et de cris. La cour nuptiale des fous à pieds bleus paraît grotesque, elle est néanmoins une étape nécessaire à leur reproduction, sélectionnée au cours de leur évolution.

Donc, le mâle frime pour séduire, mais pourquoi la femelle parade-t-elle parfois avec lui ? À quoi servent ces danses nuptiales compliquées jusqu'à l'absurde ? Leur fonction première est de ne pas se tromper de partenaire : ce sont des codes de reconnaissance. Ces chants, ces costumes et ces pas de danse, quelquefois d'une extrême précision, ont été

1. Les girafes mâles se battent à grands coups de cou. Les femelles, qui ont le cou plus fin, sont attirées par les mâles à long et à fort cou. Cette fonction sexuelle du cou pourrait d'ailleurs faire partie des pressions sélectives qui ont conduit à son allongement. Du coup, ni Lamarck ni Darwin ne seraient plus dans le coup !

sélectionnés et peaufinés au cours de l'évolution. Pour certains animaux qui se ressemblent beaucoup et qui fréquentent les mêmes zones géographiques, la parade est souvent le seul critère de différenciation.

Le fou à pieds bleus se rencontre le long des côtes pacifiques de l'Amérique centrale et dans l'archipel des Galápagos. Un cousin, le fou à pieds rouges, fréquente les mers tropicales, et niche également aux Galápagos, aire de répartition commune aux deux espèces. La couleur des pieds, chez ces oiseaux, est un stimulus visuel propre à chacun. Chaque espèce a ses codes de reconnaissance, quasiment immuables dans leur précision : un chant, une couleur… Dans une zone où deux espèces semblables se côtoient, une parade différente peut être révélatrice d'une spéciation.

Les parades servent aussi à calmer l'agressivité d'animaux solitaires, qui n'ont pas l'habitude des contacts et doivent se rassurer l'un l'autre. Tenir son bec à l'horizontale, pour un oiseau, équivaut à pointer une arme. Au cours de la danse nuptiale, les oiseaux baissent souvent la tête en guise de geste d'apaisement. Les cigognes rejettent carrément la leur en arrière. Beaucoup d'animaux « bêtifient » et miment des attitudes juvéniles qui montrent leur non-agressivité. Les deux sexes déploient parfois les mêmes gestes, synchronisés comme dans une chorégraphie. Dans d'autres cas, la femelle peut sembler indifférente, mais c'est plutôt un signe d'acceptation et de pacification. Elle sait parfaitement ce qui se trame devant elle…

Enfin, la danse commune a pour effet de synchroniser les cycles hormonaux, les partenaires seront ainsi prêts à s'accoupler au même moment.

La grande parade des parades nuptiales

Les rituels amoureux des animaux sont extraordinairement variés, et souvent étonnants. Certains animaux émettent des sons : la grande vrillette, un insecte, se tape la tête contre les murs ; la cigale australienne déclenche un vacarme aussi puissant qu'une alarme domestique ; la drosophile fait vrombir ses ailes en cadence ; les morues vibrent de la vessie natatoire[1]. Darwin supposait que les chants des poissons, comme ceux des insectes, « ont été, au moins dans quelques cas, développés par la Sélection Sexuelle, comme un moyen de rapprochement des sexes[2] ». Le brame du cerf, ce hurlement d'amour de nos forêts, rassemble les biches et stimule leur ovulation. Le « brame » du maigre, ce poisson de soixante-dix kilos, joue un rôle comparable.

L'albatros des Galápagos organise sa parade en groupes de trois ou quatre danseurs, qui répètent inlassablement leurs pas de danse sophistiqués jusqu'à ce que les maladroits abandonnent, comme après le vote impitoyable d'une télé réalité. Le couple gagnant ne triomphe qu'après des semaines, des mois et parfois des années de concours !

D'autres bestioles font leur cour en se parfumant. Le mâle de la mouche orientale des fruits émet un parfum aphrodisiaque de jasmin et de cannelle. Chez les mammifères, l'urine est un philtre d'amour. Au cours de ses avances, le lapin excité en asperge la femelle à plus de un mètre de distance avec une grande précision. La jument signale ses chaleurs au mâle en urinant fréquemment, ce qui, associé au tempérament agité qu'elle montre en cette période, a donné l'expression « pisseuse », à connotation misogyne. L'urine est un élixir stimulant : la chimie des phéromones qu'elle contient peut précipiter le moment de l'ovulation d'une souris.

Une grande chauve-souris, le noctilion bec-de-lièvre, sent sous les bras. À certaines époques, l'odeur des mâles est si forte qu'on peut la repérer quand ils volent à proximité. Pour les chauves-souris femelles, c'est irrésistible.

Pour séduire les filles, de nombreux canards font semblant de se laver. Ce rituel de toilettage permet de dévoiler

---

1. Sur les chants des poissons, voir *Calme plat chez les soles*, du même auteur chez le même éditeur.

2. Charles Darwin, *La Filiation*..., p. 452.

des plumes très brillantes, comme le « miroir » bleu électrique du colvert. La cane y répond souvent par son propre simulacre de toilette.

Pour appeler les femelles, le crocodile souffle et fait des bulles dans son bain. Le chamois et l'isard, quant à eux, donnent des appels du pied. Certaines femelles de tortues lancent des clins d'œil, telle la trachémyde peinte : la belle ferme six fois sa troisième paupière à la minute, ce qui provoque des éclairs blancs aguicheurs. Plus directe, la jument cligne de la vulve, lançant dans les vertes prairies des petits appels roses de désir.

Le poisson électrique d'Amazonie envoie des décharges d'amour survoltées ; les seiches donnent des shows colorés, animées comme des enseignes lumineuses ; les caméléons se maquillent de teintes de carnaval ; et les coqs de roche, déjà habillés d'un éclatant plumage orange vif, se tiennent dans les zones éclairées de la forêt amazonienne comme sous les spots d'un grand spectacle. En guise d'applaudissements, les femelles séduites piquent le croupion de l'élu d'un petit coup de bec. Les coqs de roche, les combattants variés ou les tétras lyre paradent en groupe ou se battent dans des arènes, s'offrant au choix des spectatrices comme des gladiateurs volontaires.

Haut dans le ciel, les rapaces se livrent à des acrobaties vertigineuses. Le faucon pèlerin descend en piqué vertical de démonstration, ailes serrées, fonçant vers le sol comme une bombe, à plus de trois cents kilomètres-heure. Les busards cendrés exécutent des loopings, volent sur le dos, tombent en vrille, simulent des attaques en criant. Les couples de busards des roseaux, ou de pygargues, s'agrippent mutuellement par les serres et tombent en tournant l'un sur l'autre comme des toupies vivantes, ne lâchant prise qu'au moment de toucher le sol[1].

Les plus étonnants de tous ces comportements de séduction sont probablement ceux des oiseaux à berceau. Ils cons-

---

1. Voir à ce sujet des images impressionnantes de parade aérienne sur le site Internet www.fleurusvoir.com/ rubrique « Voir les animaux » puis « Sous l'œil des rapaces ».

Parade nuptiale d'argus mâle

truisent des cathédrales de brindilles et de feuilles, parfois ornées de fleurs, de fruits, de champignons, de carapaces d'insectes, de mousses et de lichens. Certains décorent méticuleusement l'entrée de ces monuments de parade avec des objets de couleur bien précise. Le jardinier satiné des forêts australiennes collectionne les objets bleu vif, qu'ils soient naturels ou chipés aux humains, comme des épingles à linge ou des bouchons en plastique. Le bleu de ces objets assemblés évoque étrangement les beaux yeux de sa femelle. Six espèces d'oiseaux à berceau peignent les montants de bois de la chambre nuptiale avec une sorte de pinceau, un morceau de charbon de bois ou en la badigeonnant avec le jus des baies qu'ils ont écrasées dans leur bec. Plus l'espèce d'oiseau à berceau porte un plumage terne, plus son œuvre est bariolée et grandiose.

Le geste amoureux le plus imagé est celui de certains chimpanzés en Afrique. Lorsqu'ils se trouvent aux côtés d'une femelle réceptive, ils ont ce comportement étrange : ils pincent des feuilles. Est-ce à dire qu'ils en pincent pour la belle ?

Parmi les petits gestes qui comptent, les cadeaux de noces alimentaires. Ils sont courants dans la nature : une mouche offerte par le mâle de l'araignée, un petit poisson par celui des oiseaux pêcheurs. Pour l'araignée, il s'agit de distraire l'attention d'une fiancée cannibale. Pour les mouettes et les sternes, c'est le coup du bon petit restau. Les friandises prouvent à la femelle la capacité du mâle à assurer la subsistance de la future nichée, et à transmettre à sa descendance les gènes de bon pêcheur.

Les hirondelles de Tchernobyl

La catastrophe nucléaire de Tchernobyl, survenue en 1986, a provoqué, parmi bien d'autres dégâts, des mutations chez les espèces vivantes. Les animaux sauvages qui continuent de se reproduire sur place affichent des particularités locales, tels ces mâles d'hirondelles rustiques dont les plumes de la queue sont devenues dissymétriques. Le biologiste évolutionniste Anders Møller a testé leurs succès amoureux : les femelles accouplées à ces mâles ont pondu moins d'œufs que celles qui ont été fécondées par des mâles à la queue symétrique. La brillance du plumage est un autre verdict de santé : aux mâles à plumage terne correspondent un sperme déficient et un faible taux de fécondité.

Les longues plumes de la queue de l'hirondelle mâle freinent son vol et constituent bien un handicap séducteur. Le fait pour un individu de se payer le luxe d'un handicap séducteur est un signe de bonne santé, une *publicité personnelle* mise en avant auprès des femelles. Le plumage brillant, les couleurs vives[1] et le corps symétrique sont révélateurs d'un individu capable de résister aux parasites.

---

1. Cependant, la séduction des femelles par les couleurs vives des mâles n'est pas une loi absolue : les plumes colorées de certains oiseaux n'apparaissent qu'*après* leur appariement…

Les parasites déterminent donc quels mâles vont plaire ou non. Ils influent sur le comportement et sur la morphologie d'autres espèces que la leur. Toutes sont concernées : plus de la moitié des espèces animales sont des parasites, les autres sont leurs hôtes... Autrefois relégués aux spécialistes des maladies ou de l'immunologie, les parasites font aujourd'hui l'objet d'une nouvelle discipline plus large, l'immuno-écologie, car ils jouent un rôle fondamental dans l'évolution du vivant.

Les plumes de la queue : un handicap séducteur du colibri d'Underwood mâle

Un harem de trois cents femelles

Pourquoi ce sont les filles qui décident ? Darwin, et de nombreux biologistes après lui, ont proposé une théorie qui a été contestée par la suite. Selon eux, les cellules sexuelles femelles, les ovules, de taille importante et en nombre limité, représentent de trop précieux investissements pour être dépensées sans compter. Les femelles ont moins de descendance dans leur vie que les mâles – elles assument généralement la charge de leur progéniture, c'est pourquoi elles miseraient plus sur la qualité[1].

Les cellules mâles, les spermatozoïdes, sont nettement plus nombreuses et plus petites. Le spermatozoïde humain est environ vingt mille fois moins volumineux que l'ovule. Les mâles, eux, miseraient plus sur la quantité : ils produisent leurs gamètes par milliards. En un seul éjaculat, une souris mâle libère cinquante millions de spermatozoïdes, un chat six cents millions ; le porc est un recordman avec quatre-vingt-dix milliards !

Et l'humain ? Un homme libère environ trois cents millions de spermatozoïdes à chaque éjaculat, soit un millier de milliards de gamètes dans sa vie. Les ovaires d'une femme produisent environ trois cents ovules au total, à raison d'un par mois entre sa puberté et sa ménopause. Théoriquement, une femme aurait difficilement plus de vingt à vingt-cinq grossesses dans toute sa vie, alors que des empereurs de Chine ont eu plus de cinq mille concubines, et Udayama, roi de l'Inde voici deux mille quatre cents ans, possédait dit-on, un sérail de seize mille femmes.

Revers de la médaille : certains mâles accaparent les femelles disponibles, et les autres font ceinture. Chez nos amies les drosophiles, on a constaté que près d'un tiers des mâles ne se reproduisent pas, alors que les femelles le font à 96 %. Chez les paradisiers de Raggi, des observations montrent que, dans un groupe, presque toutes les femelles s'accouplent avec le même mâle. D'après une étude sur les éléphants de mer, 4 % des mâles ont effectué 88 % de toutes les copulations observées. Les femelles opèrent donc un tri sévère.

Les mâles gagnants se retrouvent à la tête de véritables harems, tel le cerf élaphe de nos forêts, le gorille ou l'otarie à fourrure des Pribilof, dont un seul pacha peut régner sur un cheptel de cent soixante femelles. Plus un animal est polygame, plus il est puissant, comme s'il devait « faire le poids » à lui seul de l'ensemble de ses troupes. L'énorme éléphant de

1. En dehors d'animaux marins pondant des centaines de millions d'œufs.

mer austral peut dépasser quatre tonnes pour des petites partenaires de cinq cents kilos. Son cousin boréal peut rassembler des harems de trois cents femelles. Harcelées par les mâles non dominants, les éléphantes de mer hurlent lorsqu'elles sont assaillies – et saillies – par un indésirable. Le pacha intervient alors pour interrompre la copulation et chasser l'intrus. Il en profite pour s'accoupler avec la femelle consentante, qui donne à sa progéniture le père le plus vigoureux de la colonie.

Les mâles interdits d'accouplement sont frustrés. Les éléphants de mer boréaux se défoulent en violant des jeunes, mâles et femelles, dont ils tuent près d'une centaine chaque année. D'autres font tout pour accéder aux femelles, soit en trompant la vigilance du dominant, soit en le combattant. D'où l'utilité de certains caractères sexuels secondaires, comme les cornes et les défenses. Avec toutes ces bagarres et la surveillance du harem, les mâles polygames n'ont plus ni le temps ni l'énergie de s'occuper de leur progéniture.

Le cas jacana

Chez certains animaux, la femelle s'investit peu ou pas dans l'élevage des petits, et c'est le mâle qui pouponne. Les rôles « classiques » sont inversés, mais la logique de reproduction reste la même. Les jacanas sont des sortes de poules d'eau colorées des pays tropicaux. Il existe huit espèces de jacanas aux mœurs plus ou moins semblables. La femelle est plus grosse que le mâle. En général, elle attire des prétendants sur son territoire, et s'accouple avec plusieurs mâles, jusqu'à une dizaine. Ce sont eux qui couvent et qui surveillent les poussins. La compétition entre les femelles est parfois aussi féroce que celle des éléphants de mer mâles. Elles peuvent détruire la couvée d'une rivale pour s'accoupler avec le mâle.

Un autre oiseau aquatique, le phalarope, pratique la même répartition des tâches ménagères : c'est le mâle qui couve. Comme chez les jacanas, monsieur est plus petit que madame. De plus, la femelle porte un plumage éclatant pendant la période nuptiale, et elle parade activement. Le mâle devant rester discret lors des couvées, son plumage est un camouflage moins coloré, comme celui des oiselles de la majorité des espèces. Chez plusieurs espèces d'oiseaux, notamment les martins-pêcheurs et les perroquets, les mâles et les femelles sont tous vivement colorés. De fait, ils nichent dans des cavités à l'abri des regards.

Les calaos à bec jaune portent, comme leur nom l'indique, un gros appendice très voyant – les Botswanais les appellent *flying bananas*, les bananes volantes. Pour se dissimuler, la femelle mure le trou d'arbre dans lequel elle couve avec un mélange de boue et de fientes. Elle reste barricadée pendant toute la durée de la couvaison. Le mâle nourrit seul sa famille en passant le bec à travers une petite fente laissée dans la paroi. La femelle ne subit pas un handicap séducteur, mais un handicap de l'élevage des jeunes, qui est largement aussi lourd.

Chez les tinamous que Darwin a observés en Amérique du Sud, les deux sexes portent des couleurs discrètes, car ils volent bas et se dissimulent souvent au sol. Le mâle s'occupe des couvées de plusieurs femelles, qui ont pondu dans un nid collectif aménagé à même la terre. Le tinamou mâle peut être considéré comme polygame, mais c'est lui qui couve…

L'hippocampe mâle est bien connu pour ses mœurs de papa poule. Chez un poisson de la même famille, le syngnathe (qui ressemble à un hippocampe déroulé), le mâle protège la portée dans une poche et accouche des alevins. Les femelles sont parfois parasitées et, dans ce cas, produisent moins d'ovules. Or, les mâles détectent la présence des parasites chez les femelles ; ils sélectionnent les partenaires les plus résistantes, tout comme le font les femelles d'hirondelles avec leurs mâles.

Qu'est-ce que les jacanas, les phalaropes et les syngnathes nous apprennent ? Que le genre masculin ou féminin compte moins dans la reproduction que le rôle de l'individu : celui qui investit le plus dans l'élevage des petits est aussi le plus sélectif.

Quand il y a des gènes, il y a du plaisir

Les mâles sont-ils vraiment nécessaires ?

En Guyane, sur les plages de Cayenne et de Kourou, on peut facilement observer de jolis petits lézards rayés, dits lézards coureurs ponctués. Comme les autres reptiles, ils se réunissent par deux pour se reproduire… … et cela s'arrête là. La parade nuptiale stimule les deux partenaires, la femelle joue son rôle, mais surprise ! Le lézard qui tient celui du mâle est aussi une fille ! Aucune erreur possible : dans la région, les mâles n'existent pas. Les femelles se reproduisent par parthénogenèse (du grec *parthenos*, qui signifie « vierge ») : leurs cellules sexuelles se divisent et se développent sans passer par la case fécondation. C'est l'amour sans mâle, une sorte de clonage ne donnant que des filles, de génération en génération.

D'autres espèces se reproduisent au moins en partie par parthénogenèse, comme les pucerons, les daphnies et de rares vertébrés, dont le plus gros est l'impressionnant varan de Komodo (trois mètres de long pour cent soixante kilos) – récemment, dans un zoo, la ponte d'une femelle vierge a donné naissance à des petits.

En comparaison avec la parthénogenèse, la sexualité présente un gros désavantage : elle mobilise la moitié de la population pour rien, puisque seules les femelles produisent une descendance. Les femelles investissent beaucoup pour ne transmettre que la moitié de leur patrimoine génétique, et l'on peut considérer les mâles comme des parasites qui transmettent le leur à bon compte. Certains ont d'ailleurs des mœurs réellement parasites, comme ces petits mâles des baudroies abyssales qui vivent scotchés par la bouche sur le corps de leur hôtesse. Une fois accrochés, ils perdent leurs dents et branchent leur système sanguin sur celui de leur dulcinée, leur suçant le sang comme de vraies tiques ! Leur tube digestif et leur appareil respiratoire s'atrophient au détriment des testicules, qui prennent une place énorme. Les mâles deviennent ainsi de véritables réserves de spermatozoïdes vivantes, des testicules portatifs à la disposition de madame. La femelle y trouve au moins un avantage : elle n'est plus obligée de chercher de partenaire… Ce parasitisme mâle existe chez bien d'autres espèces, par exemple les cirripèdes *Scalpellum*, ces crustacés qui ont tant accaparé Charles Robert Darwin, et tant choqué sa fille Etty.

Pour se passer des mâles de leur espèce, les femelles de deux poissons, le carassin gibèle et le molly, ont trouvé une drôle d'astuce. À la manière des lézards de Cayenne, elles vivent entre filles. Elles ont néanmoins besoin de donneurs de sperme pour assurer leur fécondation ; elles s'accouplent donc avec des mâles d'autres espèces, dont les spermatozoïdes, sous l'effet d'une sorte de pouvoir castrateur des cellules femelles, ne transmettent pas leurs gènes. Les spermatozoïdes ne servent que de stimulateurs à la fécondation, et se contentent de déclencher les divisions cellulaires qui donneront des embryons… de femelles, évidemment. Cette reproduction originale s'appelle la gynogenèse, et méritait bien un peu de publicité.

Le sexe, moteur de l'évolution

À quoi sert la sexualité ? La question sous-entend un but, et les évolutionnistes se méfient de toute interprétation *finaliste* des phénomènes naturels. Cependant, le fait que la sélection l'ait largement retenue peut laisser penser que la sexualité donne un avantage dans la lutte pour la vie… Le biologiste François Jacob, qui a le sens de la formule, dit que la sexualité est une « machine à faire du différent ». Elle ne mérite pas son nom de reproduction parce qu'au contraire, chaque être né de deux parents est entièrement nouveau et original. Ce brassage des gènes favorise l'apparition des variations chères à Darwin, et donc les réponses possibles aux contraintes changeantes du milieu : le sexe est un moteur d'évolution[1].

1. Le brassage des gènes assure le maintien de la diversité génétique des populations, ce qui leur permet de répondre rapidement aux variations de l'environnement. Attention cependant : sauf exception (par exemple le mélange de deux populations auparavant séparées), cela ne crée pas de réelles nouveautés : seules les mutations en créent.

La constatation ne s'applique pas à toutes les espèces. Les quatre cents espèces de bdelloïdes, de minuscules invertébrés, survivent depuis près de quatre-vingts millions d'années après avoir abandonné la sexualité ! Ils se reproduisent toujours, sans problème, en pondant des œufs asexués.

Néanmoins, la sexualité est majoritaire chez les animaux complexes : 95 % des espèces connues sont sexuées. Même des espèces habituellement parthénogénétiques reviennent régulièrement à la sexualité. Certaines daphnies, après quatre cents générations apparues sans mâles pendant la belle saison, se reproduisent de manière sexuée pendant l'hiver. De même, la plupart des pucerons alternent des générations parthénogénétiques et des générations sexuées. Enfin, les espèces végétales et animales au sein desquelles les individus sont munis des deux sexes, les hermaphrodites, évitent majoritairement l'autofécondation : le mélange des gènes, facteur d'adaptabilité, semble bien présenter un avantage évolutif.

Un animal hermaphrodite : l'escargot terrestre

Les parasites sont un peu rasoirs

Certains biologistes voient dans la reproduction sexuée une réponse aux agressions des parasites. Grâce à la diversité génétique qu'elle procure, la sexualité permet de rester dans la course aux armements livrée par chaque espèce aux bestioles cherchant à l'infester. Les mâles ne seraient donc pas d'inutiles parasites, puisque l'apport de leurs gènes aide justement à combattre les parasites.

Darwin a réuni deux thèmes, la sélection sexuelle et la filiation de l'homme, car il pense que l'émergence de l'être humain est en partie due à cette forme de tri pratiquée par les femmes et les hommes depuis des millénaires. Les choix amoureux de nos ancêtres ont fait ce que nous sommes.

Darwin attribuait la perte de notre fourrure à la sélection sexuelle. Là aussi, les horripilants parasites ont sans doute joué un grand rôle. En effet, des biologistes avancent qu'une peau imberbe permet de montrer à un(e) partenaire l'absence de parasites. La sélection sexuelle humaine aurait ainsi privilégié les individus les moins velus, de même que les oiselles préfèrent les plumages brillants labellisés « sans parasites ».

La tique est plus visible sur une peau nue

Ne nous restent que les poils pubiens et des aisselles, aux glandes émettrices d'odeurs sexuelles, nos sourcils servant de gouttières pour la sueur ou la pluie, et nos cheveux de chapeaux de soleil. La barbe virile serait, dans cette hypothèse, un caractère sexuel secondaire. Les parasites nous ont-ils mis à nu ? En apparence seulement, car nous avons toujours autant de poils que les singes. Ils sont seulement beaucoup plus discrets.

Les origines du baiser

Comme les parasites, les agents pathogènes influencent les comportements sexuels et l'évolution. Des souris de laboratoire ont révélé qu'elles préféraient s'accoupler avec des mâles montrant un système immunitaire différent du leur, ce qu'elles repèrent à l'odeur. C'est un moyen de donner à leur progéniture des défenses originales et inédites ; les maladies auront plus de difficultés à les attaquer. Cette attirance pour des mâles aux défenses immunitaires différentes a été observée chez des animaux aussi divers que le lézard des souches, l'épinoche, la musaraigne et l'humain. Au cours de tests devenus célèbres chez les biologistes, on a fait renifler à des étudiantes des tee-shirts ayant été portés par des garçons. Les jeunes femmes ont montré les mêmes penchants que les souris pour les systèmes immunitaires les moins proches des leurs…

Comment les souris et les autres espèces font-elles pour détecter la qualité du système immunitaire de leurs partenaires ? Par des échanges de salive. De nombreux animaux se reniflent de très près et se lèchent systématiquement la bouche, comme les lycaons, des chiens sauvages d'Afrique. Les souris et les hommes aussi s'embrassent intimement. Le baiser à la française, le *french kiss* si romantique, cache peut-être une analyse chimique venue de loin…

Dans la jungle, la terrible jungle, le lionceau est mort ce soir

Pour ce jeune lion solitaire, il n'est pas facile de se reproduire : il lui faut d'abord trouver un harem, quitte à se battre avec le mâle en place, puis se faire admettre de la troupe. C'est fait… le vieux patriarche a été évacué sans trop de blessures. Désormais, les seuls êtres qui entravent sa reproduction sont petits et sans défense : les lionceaux, qui accaparent leurs mères. Le mâle les prend dans sa gueule, les secoue jusqu'à les tuer tous, un par un. La scène est impitoyable, choquante, selon la morale humaine, qui ne jugera pas mieux les lionnes.

Lionne et ses petits

Privées de leurs petits, les femelles – qui, plaidera la défense, opposent parfois une certaine résistance à l'envahisseur – connaissent bientôt des changements physiologiques. Elles sont à nouveau en chaleur, prêtes à accepter les avances ou plutôt à chercher les faveurs du nouveau venu, celui-là même qui a assassiné leurs petits. Les lionnes peuvent réclamer l'acte tous les quarts d'heure pendant deux à cinq jours. Après ces longues périodes d'accouplement, chacune d'entre elles se retrouve à nouveau fécondée. Le mâle aura une descendance.

Les lions seraient-ils d'horribles monstres ? Alors ils ne sont pas les seuls, puisque les mâles de gorilles, de dauphins, d'hippopotames, de souris et bien d'autres commettent des infanticides. Il arrive aussi que des mâles célibataires d'hirondelles rustiques et d'hirondelles de fenêtre tuent des couvées. Quand les parents sont partis, ils retirent les petits du nid un par un. De retour, le couple se désagrège mais, fait troublant, la femelle divorcée s'associe ensuite, presque toujours, avec le liquidateur de ses petits.

D'après Richard Dawkins, qui a publié en 1976 *Le Gène égoïste*, les espèces vivantes ne sont que des « machines à survivre » manipulées par leurs gènes, qui « cherchent » à se transmettre d'individu en individu. Les êtres vivants ne seraient que des sortes de marionnettes au service de leurs cellules sexuelles.

Cette formule jusqu'au-boutiste de « gène égoïste » a provoqué des remous dans la communauté scientifique. Dawkins a de sérieux détracteurs. En effet, la sélection naturelle agit sur l'individu en entier, avec tous ses gènes. Ces derniers travaillent en équipe. Cependant, on analyse souvent le comportement d'un animal par sa « mission biologique » : transmettre ses propres gènes[1]. Cela donne une bonne explication de l'infanticide du lion ou encore de la destruction des couvées « rivales » par la femelle de jacana. Le point de vue génétique explique aussi diverses mœurs sexuelles des animaux, notamment l'infidélité conjugale des uns et des unes.

Les oiseaux sont volages

Quel spectacle émouvant que ces jolies petites mésanges charbonnières affairées à construire leur doux nid dans le jardin. L'image même du dévouement des parents affairés à fonder une famille. Pourtant, la femelle est attentive aux événements extérieurs. Elle épie les conversations des voisins. Et si d'aventure un mâle autre que le sien chantait d'une manière assez convaincante, elle ne se priverait pas d'une petite liaison de derrière les buissons...

Grâce aux tests ADN de paternité, la prétendue monogamie de nos oiseaux familiers s'est révélée un mythe. L'infidélité, plus ou moins ouverte, est avérée chez 70 % des passereaux ; il est fréquent de constater que les œufs d'un même nid ne sont pas tous du même père. En principe, 90 % des oiseaux sont monogames, mais seulement par leurs mœurs sociales apparentes. En fait, mâles et femelles sont presque tous génétiquement polygames : les oiseaux sont volages.

---

1. De nombreuses espèces portent les deux sexes en même temps, comme les lombrics ou les escargots. L'avantage pour ces hermaphrodites simultanés est évident : à chaque rencontre, les deux individus sont fécondés. Ils produisent une descendance à la fois en tant que père et en tant que mère. D'autres espèces sont des hermaphrodites alternatifs, comme le mérou, le brochet et de nombreux autres poissons, qui changent de sexe au cours de leur vie. Autres stratégies pour transmettre ses gènes...

Les braves marmottes de nos montagnes, socialement monogames, se révèlent tout aussi infidèles. Selon une étude de 2007 d'Aurélie Cohas, de l'université de Lyon, les rejetons adultérins sont plus sains et s'imposent mieux socialement que leurs frères et sœurs légitimes. Ces marmottons nés d'aventures extraconjugales ont une chance de survie accrue de 30 %. Ils accèdent plus facilement à des statuts de dominants, et connaissent un succès reproducteur légèrement meilleur. La monogamie reste une stratégie efficace pour l'élevage des petits, mais la mésange et la marmotte nous le sifflent en chœur, il ne faut pas s'y fier.

Au début des années 1980, l'anthropologue et primatologue américaine Sarah Blaffer Hrdy[1] conteste les préjugés supposant une fidélité féminine naturelle, et relègue Darwin – qui pense les femelles moins coureuses que les mâles – au rang de machiste d'arrière-garde. Les femelles ne se contentent pas d'un sperme de mauvaise qualité, elles ont intérêt à diversifier la loterie des gènes. Avec Sarah Blaffer Hrdy, de nombreuses chercheuses signalent des cas de vagabondage sexuel chez les femelles animales, mais aussi chez les humaines. Au moment de l'ovulation, les femmes bochimans du Kalahari se montrent particulièrement sensuelles envers leurs maris et leurs amants. Une étude de sociologues a également montré que, dans les discothèques, les Occidentales s'habillaient plus sexy et se dévoilaient plus en période fertile. Chez les Indiens Ache du Paraguay, les femmes déclarent officiellement plusieurs pères possibles à leurs enfants. Leurs hommes ne savent pas vraiment desquels ils sont les pères, ce qui les pousse à bien s'occuper de tous…

1. Hrdy a publié en 1983 *The Woman That Never Evolved*, « La femme qui n'évoluait jamais », disponible en français (réédition Payot, 2002). Dans *Les Instincts maternels* (Payot, 2002), la scientifique démonte le mythe de « l'infaillibilité » de cet instinct que Darwin portait aux nues. Décidément, le darwinisme a été plutôt secoué par Sarah Hrdy. Mais il en est ressorti bien dépoussiéré…

Batailles de mouches sur les bouses

La vie grouille sur cette bouse de vache. On y observe des insectes volants d'un beau jaune miel : des scatophages du fumier, vulgairement appelées mouches à merde. Très vulgairement. Les mâles sont plus dorés que les femelles, et nettement plus nombreux. Quand une dame « abousit » près d'eux, c'est la bagarre entre les mâles. Tous les coups sont permis. Volage, la femelle est souvent, finalement, accaparée par le plus costaud, qui joue alors les gardes du corps. Allongé près de la bouse, Geoffrey Alan Parker, biologiste britannique, observe la guerre de conquête. Il a ainsi passé des heures à étudier leurs mœurs sexuelles. Darwin l'attrape-mouches ne l'aurait pas renié. Grâce aux scatophages, Parker a découvert dans les années 1970 ce qu'il a appelé la *compétition spermatique*. Il s'est aperçu que, face à l'infidélité des femelles, les mâles doivent lutter dur pour s'assurer une paternité et imposer la transmission de leurs spermatozoïdes au détriment de ceux de leurs rivaux.

Les mouches à merde ont fait l'objet de nombreuses expériences scientifiques. Des tests ont montré que la compétition spermatique entraînait un accroissement des testicules. Chez d'autres animaux de tous ordres, des insectes aux chimpanzés, les mâles d'espèces aux femelles volages ont de gros testicules, donc une grande quantité de sperme, ce qui leur donne au cours d'un accouplement plus de chances d'occuper les voies génitales de la femelle. Une plus grande réserve de semence leur permet également un plus grand nombre d'accouplements et de partenaires. La compétition entre mâles continue après la copulation : c'est la guerre des spermatozoïdes. Des expériences montrent que les spermatozoïdes de mâles différents mis en présence tendent à se combattre !

Les longs spermatozoïdes accèdent plus facilement que les autres à leur but, d'où les tailles gigantesques qu'ils prennent chez des mouches comme le scatophage ou la drosophile, la championne toutes catégories ; dans leur lutte contre la concurrence, ce n'est pas la quantité mais la taille qui a été sélectionnée. Les mouches ont cette révélation à nous faire : Bzzzzz !

Le moustique portait une ceinture de chasteté

La sélection des armes dans la « lutte pour la descendance » est incroyablement inventive[1]. Parmi les plus soft, on trouve la pommade anti-érotique. Le mâle de la mouche domestique imbibe la femelle d'une substance qui masque les phéromones attractives de celle-ci. Certains papillons sécrètent eux aussi un cocktail tue-l'amour dont ils badigeonnent l'abdomen de la femelle.

Autre arme contre la concurrence : le nettoyage. Le mâle de la demoiselle, une libellule au corps fin, possède une zigounette à balayette : il fait le ménage dans l'intimité de sa partenaire avant l'accouplement, de façon à éliminer les souvenirs d'un rapport précédent. L'accenteur mouchet, un petit oiseau commun aux mœurs très dissolues, pratique toutes les formes de polygamie. Avant l'accouplement, le mâle pique délicatement le cloaque de sa chérie pour qu'elle expulse le produit de ses amours précédentes. Ensuite seulement, il la féconde en toute tranquillité… jusqu'à ce qu'un autre mâle se présente et fasse de même.

Certaines espèces fabriquent des ceintures de chasteté. Des insectes et des chauves-souris éjectent avec leur sperme un produit coagulant qui forme un bouchon vaginal. Plus radical : le sperme accompagné de son produit toxique, pratique des drosophiles, des mouches domestiques et des mouches tsé-tsé. Idéal pour anéantir la descendance potentielle du rival ou pour calmer les ardeurs de la femelle.

Une originalité du ver parasite *Moiliformis dubius* : violer un autre mâle pour obstruer son canal génital avec un bouchon. Les plus expéditifs sont certainement les mâles des punaises des lits, qui pratiquent un accouplement traumatique avec un sabre faisant office d'organe d'intro-

1. Lire à ce sujet les excellents ouvrages de Thierry Lodé. Voir bibliographie.

mission[1]. Les femelles sont fertilisées n'importe comment et n'importe où, mais fécondées quand même, charge aux spermatozoïdes de voyager dans leur corps jusqu'aux ovaires. Le plus étonnant réside dans le fait que les mâles sabrent tout ce qui bouge, y compris d'autres mâles. Les mâles violés porteront donc la semence de leur violeur, et ils la transmettront...

Certains mâles vont jusqu'au sacrifice ultime, tels ces moustiques qui laissent leurs organes génitaux dans la femelle. Ils y perdent la vie, mais assurent leur paternité par cette autre sorte de « ceinture de chasteté ». Le mâle d'une araignée, l'argiope aurantia, est 10 % moins gros que la femelle. Il n'attend pas qu'elle le dévore, il se suicide. Après une première pénétration de ses pattes spéciales pourvoyeuses de sperme, il récidive. Il ralentit alors son rythme cardiaque jusqu'à mourir en plein orgasme, et... reste coincé. La femelle aura beau tenter de désincruster le cadavre, quitte à se faire aider par quelques prétendants motivés, il lui faudra tellement de temps pour s'en débarrasser qu'il sera trop tard pour se faire fertiliser par un autre...

Nettement plus conviviales : les amours de la bruche maculée, un petit coléoptère amateur de pois chiches. Le mâle produit énormément de sperme, puisque celui-ci représente 10 % de son poids. Cette semence contient beaucoup d'eau, mais c'est un grand avantage, car la femelle ne s'accouple que lorsqu'elle a soif ! L'éjaculat est tellement riche en eau qu'elle s'en trouve réhydratée. Bref, elle vit d'amour et d'eau fraîche... Elle n'a plus besoin de s'accoupler, et le mâle est assuré de sa descendance. Quant à la femelle, elle vit de 10 à 15 % plus longtemps qu'une autre non hydratée par une rencontre. Chérie, tu viens prendre un verre ?

Le pénis tire-bouchonné du vilain petit canard

Revenons à nos scatophages, car l'histoire des découvertes scientifiques autour des bouses de vache continue. Des

1. Lire à ce sujet *Le Sexe et l'Innovation* d'André Langaney. Voir bibliographie.

biologistes ont poussé la curiosité jusqu'à congeler des mouches à merde en plein accouplement afin de pouvoir les découper en fines tranches et disséquer leurs organes sexuels ! Surprise : la femelle possède une sorte de ventouse interne qui est capable soit d'expulser le sperme d'un mâle, soit de le diriger vers ses ovules. Autrement dit, même après avoir subi les assauts de plusieurs mâles, Madame Scatophage choisit lequel sera l'heureux papa de ses adorables petites larves ! De même, la mésange, la poule domestique et les femelles de bien d'autres espèces animales semblent parfaitement capables de faire un tri post-copulatoire des gènes les plus favorables.

S'il existe une rivalité entre individus du même sexe, la compétition se retrouve aussi entre les supposés partenaires.

Cette guerre des sexes se révèle d'une manière spectaculaire dans l'appareil génital des canes et des canards. Avec les autruches et les tinamous, les canards comptent parmi les rares oiseaux dont les mâles sont munis d'un pénis. Ces oiseaux s'accouplant sur l'eau, et même sous l'eau pour la cane généralement submergée, l'organe d'intromission doit déposer les spermatozoïdes en profondeur dans les voies génitales de la femelle. L'un des pénis les plus bizarres du monde animal – et il y en a ! – appartient à un canard d'Amérique du Sud, l'érismature ornée. L'organe en question est une longue spirale décorée d'une couronne d'épines à son sommet, semblable à un goupillon. Avec les 42,5 centimètres qu'il atteint lors de l'accouplement, il est aussi grand que le corps de son propriétaire, et dépasse largement celui de la géante des oiseaux, l'autruche, dont le phallus ne mesure que vingt centimètres. Les canes sont volages, et les canards généralement brutaux. On peut supposer que ce goupillon sexuel sert à la fois à rester accroché au cours de l'accouplement et à imposer le sperme du mâle à des femelles polygames.

Contre la brutalité des mâles, la réponse des canes est interne. À Madagascar, le canard de Meller possède lui aussi un sexe tire-bouchonné d'une quarantaine de centimètres au meilleur de sa forme. Mais certaines femelles possèdent des oviductes spiralés qui tournent dans le sens inverse du pénis mâle ! Ce système anti-viol est un véritable labyrinthe organique doté de cul-de-sac et de poches permettant de coincer le sperme des éventuels indésirables. Plus les viols sont fréquents, plus le pénis des mâles est long, et plus les oviductes des canes sont compliqués. Les canes et les canards nous cancanent une incroyable course évolutive à la mode Reine Rouge.

La loi « du plus fort » n'est pas toujours la meilleure

Qui perd gagne

L'image du mâle vainqueur de tous les combats et tombeur de toutes les femelles, sorte de James Bond du monde animal, est devenue un brin désuète. Darwin remarquait déjà dans *La Filiation* : « Il ne semble pas, toutefois, que les femelles préfèrent invariablement les mâles victorieux[1]. »

Quand les premiers éthologues – tous mâles – ont commencé à observer des groupes de singes, ils n'y ont vu que des harems de guenons systématiquement soumises à des mâles tout-puissants. Ensuite sont venues des femmes, et les idées féministes des années 1970. Ainsi, l'anthropologue Shirley Strum, étudiant les mêmes singes que ses prédécesseurs, y observa des situations beaucoup plus nuancées. Shirley Strum a découvert, chez les babouins, qu'à l'issue d'un conflit, le vaincu était beaucoup plus choyé par les femelles que le dominant. Elle a montré que les guenons prennent de nombreuses décisions dans le groupe et qu'elles choisissent leur partenaire.

L'agressivité n'est pas toujours payante. Les mâles dominants sont souvent enclins à la violence au cours de l'accouplement, ce qui est moyennement apprécié des

1. Charles Darwin, *La Filiation*..., p. 473.

femelles. Cela a été vérifié chez les cailles japonaises, qui préfèrent les mâles dominés. En effet, si elles ont déjà eu une expérience sexuelle brutale, elles préféreront se rapprocher des perdants des combats. Chez de nombreuses espèces, les femelles refusent de s'accoupler avec les mâles agressifs.

Sans que cela remette en question la valeur attractive des mâles vigoureux, les cailles et les babouins nous invitent à nuancer les généralités primaires imprégnées de machisme. Les loups ne nous disent pas autre chose sur le pouvoir hiérarchique : leur société est gérée par un couple d'animaux dominants, les seuls en principe à se reproduire. Mais lorsque les chefs tournent le dos, les dominés montrent un comportement sexuel tout à fait actif, ce qui permet un renouvellement génétique.

Un choix cornélien

Revenons à nos bouses, ces écosystèmes si passionnants. On y découvre une sorte de troisième sexe, tout au moins un deuxième sexe mâle. Chez le bousier à ventre noir *Onthophagus nigriventris*, il existe en effet des mâles à longue corne, et d'autres pourvus de gros testicules. Les « longue corne », mieux armés, ressortent vainqueurs des combats, et s'accouplent avec les femelles. Mais, comme la plupart des dames insectes, celles-ci sont polygames, et s'accouplent donc aussi avec des « gros testicules », lesquels, grâce à leurs conséquentes réserves de semence, ont plus de chances de les féconder. Une longue corne ou de gros testicules ? Le choix est cornélien ! Les uns et les autres arrivant à transmettre leur descendance, aucune des deux formes ne l'a emporté sur l'autre au cours de l'évolution.

Un bousier du même genre, *Onthophagus binodis*, présente lui aussi deux sortes de mâles : des gros et des petits. Sur les bouses fraîches, leur lieu de rendez-vous d'amour, les mâles et les femelles font connaissance. Les femelles fricotent avec les plus costauds, puis les couples confectionnent un petit nid à leur progéniture. Ils creusent ensemble un terrier, ne s'interrompant que pour quelques ébats sexuels. Le mâle se montre vigilant, il évite de s'éloigner de sa camarade de jeux. Pour cause, un petit malin attend son heure, qui copulerait volontiers avec madame. Certains se montrent persévérants ; ils vont jusqu'à creuser un tunnel pour rejoindre en douce le terrier… et la femelle infidèle.

Ces petits mâles malins qui donnent dans le parasitisme sexuel sont courants dans la nature. On les appelle des mâles satellites. Ainsi, dans les concerts de rainettes, des individus non chanteurs se tiennent près des grands ténors. Ils ne dépensent pas d'énergie à pousser la sérénade, et profitent de l'arrivée des femelles attirées par le vaillant crooner. Certains mâles de combattants variés (des oiseaux autrefois appelés chevaliers combattants) portent un plumage de femelle et se laissent monter par les autres mâles, mais leur costume semble leur servir surtout à se glisser incognito entre deux copulations officielles. Leurs testicules sont deux fois et demie plus gros que ceux des mâles classiques.

Dans les populations de blennie-paon, un poisson des côtes atlantiques et méditerranéennes, on trouve trois formes de mâles ! Premièrement, les « standards », grands individus brillamment colorés et diffusant des phéromones sexuelles très attractives. Ces rois de la drague construisent des nids et les défendent énergiquement. Deuxièmement, les petits avec des gros testicules, les « furtifs », qui ont une livrée terne et imitent le comportement des femelles. Troisièmement, les « faiseurs de cocus », eux aussi munis de gros testicules, mais de taille moyenne et de mêmes couleurs que les femelles. Comme ces poissons se reproduisent par fécondation externe, le but des deux formes de mâles satellites est de parvenir à entrer dans le nid des mâles standard afin d'éjecter leur semence sur celle d'une femelle. Les gagnants sont les « faiseurs de cocus ». Ils chassent les furtifs, et grâce à leur travestissement de femelle, sont tolérés par les standards, voire courtisés par eux. Leur sperme abondant et fluide atteint facilement les pontes des femelles. Ils ne représentent que 10 % de la population masculine, mais ils assurent plus de la moitié des fécondations, bien qu'ils ne soient pas les plus recherchés par les femelles[1]. Que nous disent les femelles à ce sujet ? Rien. Elles restent muettes comme des carpes, car elles n'y ont vu que du feu.

La gay pride animale

Des mâles se « déguisent » donc pour approcher les femelles tout en évitant les affrontements avec les mâles les plus costauds. C'est le cas des combattants variés et des blennies-paons, et celui des serpents jarretières. Ces reptiles se rassemblent en si grand nombre pour la reproduction que le chemin vers les femelles mélangées aux rivaux demande de la stratégie ; certains mâles, qui semblent des travestis, sont en fait hétérosexuels et capables de transmettre leurs gènes. La vraie question se pose pour les animaux homosexuels. Quelle est leur place dans les mécanismes de l'évolution ?

Les cas d'homosexualité sont nombreux dans la nature, ce qui n'était pas très étudié à l'époque de Darwin. En 1999, le biologiste Bruce Bagemihl a recensé des comportements homosexuels chez quatre cent cinquante espèces animales différentes, dont trois cents de mammifères et d'oiseaux[2]. La drosophile est de ceux-là, mais aussi le guppy (un poisson), le lézard vert de Cuba, la sterne, le goéland, le petit pingouin, le murin de Daubenton (une chauve-souris), le bison, le putois, l'antilope, la hyène, le loup, le lion, la lionne, etc.

Pour les jeux hétéro et homosexuels, les dauphins sont des champions. L'organe des mâles, très tactile, a une fonction de recherche et de contact qui se transforme vite en approche sensuelle. Les mâles copulent gaiement entre eux en pénétrant la cavité pénienne des copains. Les dauphins roses d'Amazonie s'introduisent même dans l'évent des collègues, c'est-à-dire leur orifice respiratoire ! Les cétacés pratiquent

1. Lire au sujet des mâles satellites : *Pas si bêtes les poissons*, de Jean-Pierre Quignard et Jean-Pierre Gantès. Voir bibliographie.

2. Selon d'autres biologistes, une stricte homosexualité n'existe pas dans la nature. Comme quoi les études et leurs interprétations ne sont pas neutres.

aussi des pénétrations bucco-génitales. Les femelles ne sont pas en reste et nagent avec délectation vulve contre vulve.

Des femelles macaques du Japon forment parfois des couples homosexuels très soudés, qui durent plusieurs semaines. Leurs rapports sont très satisfaisants, à en croire leurs mimiques et la couleur rougissante de leur derrière, qui est un signal visuel de réceptivité. Ces guenons dorment ensemble, même en présence de mâles. Le dominant peut piquer de violentes crises de jalousie, rien n'y fait : certaines d'entre elles refusent toute avance des mâles.

Les animaux les plus connus pour leur activité sexuelle effrénée sont les bonobos. Selon le primatologue Frans de Waal, qui les a beaucoup observés, les bonobos ne sont pas homosexuels, mais multisexuels : ils ne manifestent pas de préférence pour un sexe ni pour un âge donné. Les petits s'initient à l'amour social et multisexuel avant l'âge de la procréation. Il s'agit de rapports sociaux constants destinés à calmer les tensions. Les bonobos en usent et en abusent…

Les animaux homos perturbent la théorie

Une censure a longtemps pesé sur l'homosexualité animale, y compris une étude de scientifiques américains de 1979 sur les orques, qui a « oublié » de mentionner les observations faites sur les rapports mâle/mâle et femelle/femelle des cétacés… Les animaux qui pratiquent l'homosexualité ne nous posent pas ici un problème de morale, mais de concordance avec la sélection sexuelle. Ils ébranlent les fondements du néodarwinisme et soulèvent des questions *a priori* embarrassantes pour la théorie : comment un comportement non reproducteur peut-il se transmettre de génération en génération ? Pourquoi est-il si fréquent dans les populations animales ? Des questions résumées dans cette formule provocatrice de Coluche sur les homosexuels : comment peuvent-ils se multiplier sans se reproduire ?

En 2004, Joan Roughgarden, professeure de biologie à l'université Stanford et transsexuelle, publie *Evolution*

Rainbow[1], qui remet en cause la sélection sexuelle de Darwin. La biologiste écrit que l'homosexualité est trop présente chez les animaux pour être anecdotique ou inadaptée, et qu'elle aurait un rôle de cohésion sociale. D'autres théories récentes ont tenté de donner à l'homosexualité des explications, observables chez certaines espèces animales mais pas sur toutes. On a avancé la théorie de la pénurie de partenaires (notamment chez des femelles de goéland lesbiennes dans des populations où les mâles sont minoritaires), l'hypothèse de l'entraînement (les jeunes s'exercent avant la reproduction), l'encouragement à la coopération (pour renforcer les structures sociales), l'autorégulation démographique (pour freiner une surpopulation), mais ces propositions n'arrivent pas à justifier l'ensemble des cas ni leur variété. Peut-être ont-elles toutes leur part de vérité.

Le septième ciel des animaux

Sans doute faut-il élargir la question de l'homosexualité aux autres comportements sexuels non reproductifs. Des animaux s'accouplent ou tentent de s'accoupler avec des individus d'autres espèces que la leur, et même avec des objets. Les dauphins, décidément très joueurs, copulent souvent avec les dauphins d'autres espèces, les uns et les autres nagent et chassent ensemble. Certains ont été surpris en train de s'accoupler avec des tortues marines – en insérant leur organe viril sous l'arrière de la carapace –, ou encore avec des requins ! Le plus étonnant est un rapport « amoureux » avec une anguille, agrippée malgré elle sur le bout crocheté du phallus, et qui ne peut s'en extraire malgré ses contorsions.

Le crapaud commun amoureux n'est guère plus regardant, et s'accroche à tout ce qui bouge, y compris la botte du naturaliste qui l'étudie ou le museau d'une carpe de passage. Le mâle de tortue d'Hermann s'intéresse à tout ce qui ressemble à une demi-sphère, pierre, chaussure ou ballon

1. Éditions University Press California, l'ouvrage n'a pas été traduit. L'arc-en-ciel (*rainbow* en anglais) est le symbole des homosexuels.

dégonflé. Les mâles de nombreux insectes volants se laissent berner par des orchidées qui imitent les couleurs, la texture et même le parfum des femelles, et s'accouplent avec entrain à ces leurres végétaux.

Et que penser de la masturbation, si courante chez les animaux mâles et femelles, du cerf au colibri en passant par le singe et bien sûr les dauphins, et qui ne porte aucun espoir de descendance ? La réponse réside au moins en partie dans la pulsion qui a été sélectionnée par l'évolution pour inciter les animaux à l'acte sexuel, et par la récompense physique qui accompagne son accomplissement. S'ils n'y trouvaient pas un soulagement, sinon un réel plaisir, les animaux n'auraient aucune motivation pour affronter le stress des rivalités et des rencontres. Là aussi, il semble que le sujet est tabou. Dans son livre *La Guerre des sexes chez les animaux*[1], le biologiste Thierry Lodé souligne : « Bien peu d'études ont été consacrées au sujet chez les animaux alors que tant a été recherché sur l'improbable influence de quelques traits discutables. Le terme orgasme[2] n'apparaît même pas dans nombre d'ouvrages dédiés à la sélection sexuelle ou à l'écologie comportementale, bastion du néodarwinisme actuel. » Serait-ce une résurgence pudibonde de l'époque victorienne, qui continuerait à poursuivre l'œuvre de Darwin ?

Les animaux peuvent être leurrés par des stimuli, ne sont pas toujours « regardants » sur l'objet de leur désir, et répondent à des pulsions sélectionnées par l'évolution. Pourquoi devrait-on considérer que les animaux ne s'accouplent que pour la reproduction, et ne chercheraient pas le plaisir ? C'est peut-être ce que nous révèlent avec tant d'enthousiasme les animaux homos…

---

1. Thierry Lodé, *La Guerre des sexes chez les animaux*, p. 275. Voir bibliographie.

2. L'orgasme a été clairement observé chez des singes et des guenons. De nombreux animaux sont secoués de spasmes pendant ou après l'accouplement, aussi bien des poissons que des oiseaux et des mammifères.

LES ANIMAUX S'ENTRAIDENT

La sélection familiale

Des mères hors pair

En m'approchant de ce vanneau huppé, quelque part dans le nord de la France, je n'ai pas tout de suite compris pourquoi il poussait des cris. Non seulement l'oiseau criait, mais il montrait un drôle de comportement. Il marchait bizarrement, une aile pendant vers le sol. En apercevant ses petits – qui ne se mettaient toujours pas à l'abri malgré les appels de l'adulte –, je compris qu'il feignait d'être blessé pour attirer mon attention. C'était la première fois que j'assistais à une telle scène, et je dois avouer que ce petit oiseau vulnérable et courageux jouant la comédie m'a ému. Cette stratégie de détournement de l'attention du prédateur est très classique chez les oiseaux nichant au sol. En Afrique, le vanneau éperonné n'hésite pas à crier et à menacer les éléphants qui s'approchent du nid !

De multiples exemples de comportement héroïque, voire de sacrifice, montrent le dévouement des adultes à leur progéniture. Certaines araignées se laissent mourir et dévorer par leurs petits. La femelle de la pieuvre surveille et ventile ses œufs, défend farouchement sa couvée contre les intrus, ne se nourrit plus et meurt. Mais elle transmet son patrimoine génétique. La transmission des gènes s'opère de plusieurs manières :

soit les animaux émettent une grande quantité d'œufs et ne s'en occupent pas ou peu ; soit ils utilisent leur énergie à l'élevage d'un ou quelques jeunes peu nombreux et leur donnent un maximum de chances de survie – c'est le cas des animaux les plus complexes. C'est essentiellement dans la deuxième catégorie que s'observent les comportements altruistes. Le terme même d'*altruisme* appliqué aux animaux est très discuté, car il décrit des motivations différentes. Globalement, un comportement altruiste coûte quelque chose au donneur sans compensation personnelle mais apporte à l'autre.

Dans *L'Origine des espèces*, Darwin évoque déjà une sélection familiale. Il énonce que « la sélection s'applique à la famille aussi bien qu'à l'individu[1] » pour expliquer un des cas les plus difficiles à faire concorder avec sa théorie : l'entraide des ouvrières stériles chez les abeilles et les fourmis, capables de sacrifier leur vie pour la communauté.

Comme l'homosexualité, la non-sexualité soulève le problème de la propagation des caractères par des individus qui ne les transmettent pas. Darwin propose unc ingénieuse comparaison avec les animaux domestiques : on peut très bien sélectionner une race bovine avec des bœufs à longues cornes, alors que les bœufs ne perpétuent pas l'espèce : « C'est grâce à la répétition du même procédé que s'est peu à peu accumulée la prodigieuse différence qui existe entre les femelles stériles et les femelles fécondes de la même espèce[2]. » Le néodarwinisme avance des explications plus précises.

Darwin piqué au vif par les abeilles

Dès 1964, le biologiste britannique William Donald Hamilton (1936-2000)[3] formule le principe de la sélection de

1. Charles Darwin, *L'Origine*..., p. 291.
2. *Ibid.*, p. 292.
3. Naturaliste de terrain et féru de modélisations mathématiques, Hamilton a aussi développé une théorie sur l'évolution des parasites. Il fut emporté par le paludisme lors d'une expédition au Congo, où il enquêtait sur les origines de l'épidémie du sida, qu'il attribuait à des campagnes de vaccination expérimentales sur les populations africaines dans les années 1950, à partir de virus prélevés sur des chimpanzés.

parentèle (*kin selection*), qui explique les comportements altruistes par la parenté entre l'individu qui les exprime et son ou ses bénéficiaires, « parenté » signifiant proximité génétique. La parentèle est aujourd'hui encore la seule théorie qui permette d'expliquer l'évolution des individus stériles. Ceux-ci font partie de groupes sociaux composés de membres proches génétiquement.

La théorie de la parentèle a beaucoup été appliquée aux insectes eusociaux, c'est-à-dire vivant en sociétés comprenant quelques individus reproducteurs et des ouvrières stériles. L'hérédité particulière des abeilles et des fourmis fait qu'une femelle est plus proche de sa sœur que de ses propres petits : 3/4 de patrimoine génétique partagé contre 1/2. Elle explique parfaitement l'altruisme de l'ouvrière. Si l'on comprend qu'une mère humaine peut se sacrifier pour son petit (une moitié de gènes communs), la fourmi a encore plus de « raisons » de se sacrifier pour ses sœurs (trois quarts de gènes communs). En terme de transmission de caractères, il est plus « rentable » pour une ouvrière de nourrir ses sœurs que de se reproduire. L'énigme soulevée par Darwin trouve donc avec la génétique une explication logique[1].

Cependant, la proximité génétique des fourmis ouvrières est souvent confondue avec la sélection de parentèle, alors que celle-ci n'implique pas une telle proximité, et peut fonctionner avec un degré de parenté égal ou inférieur à 1/2. D'ailleurs, d'autres insectes eusociaux comme les termites

1. En 1975, Edward Wilson, grand spécialiste des fourmis, publie *Sociobiologie : la nouvelle synthèse*. L'ambitieux ouvrage fait référence à la théorie synthétique de l'évolution. La sociobiologie entend unifier des domaines aussi différents que les sciences sociales, l'évolution biologique, l'éthologie, la génétique et l'histoire humaine pour expliquer les comportements sociaux. Elle s'appuie entre autres sur la théorie de parentèle de Hamilton. Autre livre retentissant, *Le Gène égoïste* de Dawkins pousse encore les explications génétiques. Wilson explique tout, jusqu'à la religion et la morale, par le déterminisme génétique : ce sont nos gènes qui commandent. L'homme est traité de la même manière que les fourmis, et ce déterminisme total provoque de joyeux remous. De plus, des dérives possibles vers le sexisme ou le racisme, dont s'est toujours défendu Wilson, portent de l'ombre à la doctrine. Malgré ces excès, et quelques ennemis farouches, la sociobiologie est une nouvelle façon de comprendre l'évolution. Elle apporte des éclaircissements dans le domaine de l'étude des comportements.

n'ont pas les particularités héréditaires des fourmis, par exemple des pucerons japonais et des coléoptères australiens. Il existe aussi des crustacés eusociaux ! Ces petites crevettes vivent jusqu'à plus de trois cents individus dans les canaux internes d'une éponge. Leur communauté comprend une reine reproductrice, défendue par des individus stériles munis d'une pince démesurée.

Il existe même une espèce de mammifère eusocial : le rat-taupe glabre.

Des rongeurs qui se prennent pour des fourmis

Comme son cousin le rat-taupe de Damara, aux mœurs assez proches, le rat-taupe glabre n'est ni un rat ni une taupe. Nu, fripé, aveugle, affublé de dents de morse, ce rongeur a l'allure d'une saucisse rose avec une tête de pit-bull insomniaque. Le rat-taupe glabre vit uniquement dans des galeries souterraines, dans les régions arides de l'Afrique de l'Est. Il n'a été décrit qu'en 1842, et depuis, les révélations s'accumulent. En 1981, les zoologistes découvrent avec surprise que, dans chaque colonie, une seule femelle se reproduit et assure la descendance : c'est une reine, comme chez les abeilles[1] ! Elle est le plus gros individu de la colonie. Elle engendre des portées moyennes de quatorze petits, quatre fois par an. En captivité, une reine a mis bas vingt-sept rejetons en une seule fois, et cent huit la même année, en cinq portées !

Une colonie de rats-taupes compte couramment quatre-vingts individus, mais peut aller jusqu'à trois cents. Comme dans une fourmilière, chaque membre joue un rôle spécialisé suivant sa corpulence. Les plus gros semblent ne pas faire grand-chose, mais si un danger survient (en général un serpent), ce sont eux qui courent l'affronter, de la même manière que les soldats chez les termites. D'autres rats-taupes des deux sexes s'occupent des jeunes. Les plus petits sont des ouvrières ou des ouvriers actifs : ils creusent les galeries et

1. Il existe cependant de rares colonies comportant deux reines.

recherchent les énormes tubercules qui nourriront la colonie. Certains individus appelés « dispersants » sont destinés à partir fertiliser d'autres colonies, comme font les fourmis ailées. Cela évite une trop grande consanguinité[1]. Enfin, la reine règne en dictateur sur tout ce petit monde. Elle passe une partie de son temps à parcourir les galeries en agressant violemment ses sujets. Elle harcèle entre autres les femelles du groupe, dont elle inhibe la sexualité à force de stress, et probablement à l'aide de messages chimiques, afin de préserver son monopole de génitrice. Quand elle tombe malade ou meurt, des femelles libérées du joug se mettent à grossir et s'affrontent dans des combats sanglants pour la remplacer.

En 2000, on découvre que les reines présentent une particularité unique chez les rats-taupes : une vertèbre lombaire plus allongée, qui élargit leur ventre et leur permet une meilleure fécondité. Comme les termites, les abeilles, les guêpes ou les fourmis, la reine rat-taupe est donc physiquement différente des autres membres de sa colonie ; c'est le seul mammifère dont la société est divisée en castes morphologiques. De même que les insectes, c'est un animal à « sang froid », ou poïkilotherme : sa température change en fonction de l'extérieur. Un mammifère décidément bien étrange…

Don du sang sous les tropiques

Dans la chaude nuit amazonienne, on entend les chants flûtés des grenouilles tropicales, des bruits furtifs, des cris de bêtes inconnues. Attaché près du campement, un cheval est assoupi, fatigué de sa journée de labeur. Il dort debout, car il ne se trouve pas dans un lieu où il se sent pleinement en

1. En 2007, on a déterminé une forme originale d'« altruisme » chez le rat-taupe de Damara : il existe des paresseux (25 à 40 % de la population) qui ne font quasiment rien. Ils mangent beaucoup et grossissent plus que les autres. Mais durant les périodes humides qui assouplissent la terre, ils creusent en première ligne et parfois s'échappent de la colonie pour en fonder de nouvelles. Cette caste de gros fainéants assure donc la dispersion de l'espèce. En quelque sorte, ils se ménagent pour mieux propager les gènes de la communauté. Une forme de sacrifice somme toute assez douce…

sécurité. Au sol, une petite chauve-souris rampe silencieusement vers lui, à quatre « pattes », s'aidant de ses ailes comme de trop longues béquilles. Puis elle grimpe sur un de ses sabots, et cherche, à l'aide des zones thermosensibles de son nez, les vaisseaux sanguins qui affleurent. Elle lui lèche la peau et la transperce sans qu'il le sente, avec ses deux dents pointues[1]. L'animal est un vampire commun, ou vampire d'Azara, la plus connue des trois espèces de chauves-souris hématophages d'Amérique, que Buffon a baptisées « vampires » par allusion aux légendaires humains suceurs de sang.

La petite chauve-souris lèche longuement le sang de l'équidé, qui coule grâce à un anti-coagulant contenu dans sa salive. Une ou deux dizaines de minutes plus tard, voire une demi-heure, elle a englouti l'équivalent de deux cuillers à soupe de liquide : plus que son propre poids ! Après un tel festin, le vampire repart le ventre gonflé. Il est parfois si lourd qu'il a du mal à s'envoler, et il doit d'abord faire une sieste pour digérer. Le sang contient beaucoup d'eau, qui s'élimine vite ; après un petit pipi, le vampire délesté peut décoller à nouveau.

Charles Darwin aurait pu décrire cette scène, car il a observé lui-même au Brésil des vampires qui s'attaquaient aux chevaux de l'expédition : « Je sais qu'en Angleterre on a mis en doute la véracité de ce fait ; il est donc fort heureux que j'aie été présent un jour qu'on attrapa un de ces vampires (*Desmodus d'Orbignyi*, Wat.) sur le dos même d'un cheval. Nous bivouaquions fort tard, un soir, auprès de Coquimbo, dans le Chili, quand mon domestique, remarquant que l'un de nos chevaux était fort agité, alla voir ce qui se passait ; croyant distinguer quelque chose sur le dos du cheval, il y porta vivement la main et saisit un vampire. Le lendemain matin, l'enflure et les caillots de sang permettaient de voir où le cheval avait été mordu ; trois jours après, nous nous ser-

1. D'autres méthodes de chasse existent. Les vampires s'accrochent souvent à la queue ou à la crinière d'un cheval. Les victimes ne sont pas toujours consentantes et cherchent à se débarrasser du parasite en se secouant ou en se frottant contre les arbres, surtout lorsqu'elles sont assaillies par des vampires débutants, qui ne savent pas encore mordre sans faire mal.

vions du cheval, qui ne paraissait plus se ressentir de la morsure[1]. »

Trop gentils, les vampires !

Les vampires se nourrissent également sur des tapirs, des crapauds, des guanacos et autres animaux sauvages, y compris des otaries, et sur des animaux domestiques : ânes, vaches, chiens ou volaille. Ces chauves-souris peuvent encore se nourrir aux dépens d'un humain assoupi dont le gros orteil dépasserait du hamac, s'appuyant sur une moustiquaire opportunément grillagée…

À l'époque de Darwin, on n'avait que peu d'informations sur la vie familiale des vampires. Le plus extraordinaire de l'histoire restait à venir.

Repue d'hémoglobine, de retour dans sa colonie, notre petite chauve-souris vampire s'accroche près d'une proche parente, la tête en bas comme il se doit. Sa compagne a eu moins de chance, elle est rentrée bredouille de sa collecte de sang. Or, un vampire ne survit pas à deux nuits de jeûne consécutives. Soixante heures sans nourriture suffisent pour qu'il perde jusqu'à un quart de son poids, et sa température corporelle n'est plus régulée. La mort est proche pour la chauve-souris malchanceuse.

Il s'ensuit un étrange cérémonial, digne des films gores qui font frissonner d'horreur et de plaisir les amateurs. L'affamée entreprend une toilette de sa voisine repue. Elle lui lèche le dessous des ailes, puis les lèvres. La compagne rassasiée de sang réagit au rituel ; soudain, elle semble embrasser la visiteuse sur la bouche. En réalité, elle régurgite une partie de son précieux repas, une sorte de boudin tiède prédigéré, et lui sauve la vie.

Quel intérêt a-t-elle de se priver d'une nourriture si indispensable à sa survie ? La réponse est corrélée à une donnée importante : ces dons du sang ne s'observent qu'entre des

1. Charles Darwin, *Voyage…*, p. 24.

animaux apparentés ou qui cohabitent depuis longtemps. L'altruisme viendrait donc d'une proximité génétique, mais aussi d'une proximité de groupe. Les récits de vampires ne sont pas tous des histoires d'horreur.

Associations de bienfaiteurs

Une brosse à dents pour la tortue

Vous connaissez certainement ces bestioles qui sautent sur les plages, que l'on appelle des puces de mer ou puces de sable. En réalité, ce ne sont pas des puces, ni même des insectes, mais des crustacés, des cousines des crevettes. En 1964 aux Galápagos, des naturalistes découvrent une espèce de puce de mer restée jusque-là totalement inconnue de la science. Celle-ci est réellement curieuse. Elle ne saute pas, ses pattes ne forment pas des ressorts mais plutôt des crampons et, surtout, on ne trouve ces crustacés que dans la bouche des tortues marines ! Baptisées *Hyachelia tortugae*, ces bestioles ne se comportent pas comme des parasites, mais comme des crevettes nettoyeuses : lorsqu'une tortue verte se nourrit, *Hyachelia* doit s'accrocher sur les parois de sa cavité buccale pour éviter d'être broyée avec les aliments. Et quand la mastication s'arrête, elle nettoie les dents de son hôte en consommant ses restes de repas.

Non loin de là, aux Galápagos toujours, vivent les fameux iguanes marins. Ces pauvres reptiles sont décorés de grosses tiques rouges qui leur sucent le sang. Heureusement pour eux, ils sont peut-être les animaux les plus bichonnés au monde. Une équipe de déparasitage complète est à leur service, comprenant les crabes des Galápagos, un oiseau moqueur, trois espèces de géospizes et des poissons du genre *Abudefduf*, soit en tout six espèces animales nettoyeuses ! Il ne s'agit pas ici de sélection de parentèle, mais d'entraide entre espèces animales très différentes. Les iguanes et leurs alliés soulèvent alors une question : qu'en est-il de la fameuse « lutte » pour la vie ?

Des animaux qui s'aiment

En 1902, Pierre Kropotkine (1842-1921)[1] publie *L'Entraide, un facteur de l'évolution*. Ce biologiste anarcho-communiste juge les idées de Darwin excessivement fondées sur la compétition. Pour lui, les espèces les mieux adaptées ne sont pas les plus agressives, mais les plus solidaires. Sans remettre en cause l'évolution, il s'oppose aux darwinistes sociaux, qui, selon lui, ont caricaturé « la lutte pour la vie » et voulu l'appliquer aux sociétés humaines. Dans sa conclusion, il écrit : « Les espèces animales au sein desquelles la lutte individuelle a été réduite au minimum et où la pratique de l'aide mutuelle a atteint son plus grand développement sont invariablement plus nombreuses, plus prospères et les plus ouvertes au progrès. La protection mutuelle obtenue dans ce cas, la possibilité d'atteindre un âge d'or et d'accumuler de l'expérience, le plus haut développement intellectuel et l'évolution positive des habitudes sociales, assurent le maintien des espèces, leur extension et leur évolution future. Les espèces asociales, au contraire, sont condamnées à s'éteindre. » En fait, Kropotkine rejoint presque Darwin et sa conception des origines de la moralité.

Tout n'est donc pas que compétition dans la nature, la coopération joue aussi un rôle dans l'évolution. Les coraux bâtisseurs d'atolls étudiés par Darwin sont des petits animaux qui renferment des algues, les zooxanthelles, sans lesquels ils ne pourraient pas vivre. Grâce à la photosynthèse, les algues apportent des sucres aux coraux, qui, eux, leur apportent leurs déchets azotés.

Beaucoup d'associations entre espèces animales sont bien connues : celle du poisson-clown et de l'anémone de mer, du pique-bœuf et du buffle africain, ou l'alliance entre les fourmis et les pucerons qu'elles traient, qu'elles déplacent sur des pâtures et qu'elles protègent contre les prédateurs. Les

1. Il est fait une allusion inattendue à ce personnage dans le film *La Vengeance du serpent à plumes* (Gérard Oury, 1984), où Loulou Dupin (joué par Coluche) hérite d'un appartement occupé par deux jolies anarchistes appartenant à un groupuscule baptisé : « Ravachol-Kropotkine »...

fourmis fondent d'extraordinaires alliances avec une grande quantité d'autres espèces. L'une d'elles (*Acropyga*) ne peut pas se passer de sa cochenille échangeuse de nourriture. Si bien que, quand une jeune reine fourmi part pour son vol nuptial, elle emporte avec elle une femelle de cochenille ; elles fonderont ensemble chacune sa colonie[1] !

Voici, parmi tant d'autres, une histoire d'entraide inattendue. Elle se déroule entre un hibou du continent nord-américain, le petit duc maculé, et le serpent aveugle du Texas, que l'on trouve parfois dans son nid. Comment le reptile est-il arrivé là ? C'est un des hiboux qui l'a volontairement capturé pour le déposer dans son nid douillet ! Le serpent ne dévore ni les œufs ni les oisillons, mais il élimine tous les insectes et les vermines qui infestent la nichée. Le serpent rend aux rapaces un service manifeste, car les petits ducs qui naissent dans un nid nettoyé par ses soins grandissent mieux. Le coup de main est réciproque : le reptile vulnérable bénéficie du gîte, du couvert et de la protection de prédateurs bienveillants. Moralité ? Le serpent aveugle nous susurre qu'on a toujours besoin d'un plus petit que soi.

Une alliance pour la vie

Des alliances se nouent jusqu'au plus profond des organismes. Voici au moins mille millions d'années, une bactérie s'est associée à une cellule munie de noyau. Elle est probablement entrée dans la cellule et aurait évolué jusqu'à devenir une mitochondrie, aujourd'hui partie intégrante de nos cellules, productrice d'énergie et siège de la respiration cellulaire. Les constituants de nos corps reposent donc sur une alliance. Comment un organisme peut-il devenir une partie d'un autre, voire s'y dissoudre ? L'association de la bactérie *Buchnera aphidicola* et du puceron en est un exemple extraordinaire.

---

1. Lire à ce sujet *Alliances animales*, de Rémi Gantès et Jean-Pierre Quignard. Voir bibliographie.

Buchnera est un organisme totalement intégré au puceron : il n'en sort jamais. Il y est arrivé voici environ deux cents millions d'années et il s'y est trouvé bien. *Buchnera* est abrité par le puceron auquel, en contrepartie, il fournit des acides aminés, substances indispensables. Il s'agit d'un mutualisme et non d'un parasitisme, car le service est réciproque. Au cours de l'évolution, *Buchnera* a perdu environ 80 % de ses gènes, qui ne lui servent plus à rien. Avec un bagage de moins de cinq cents gènes, il possède le plus petit génome connu. S'il n'existe pas de *Buchnera* en dehors des pucerons, on ne trouve pas non plus de puceron sans *Buchnera*. L'organisme fait tellement partie de l'insecte qu'il se transmet au cours de la reproduction, passant directement de l'ovaire maternel aux embryons !

Comme ceux des pucerons, nos corps sont habités par des bactéries symbiotiques, c'est-à-dire vivant en symbiose, ou mutualisme, avec nous. Nous ne pourrions vivre sans celles qui participent à la digestion de nos aliments et qui fabriquent des vitamines essentielles. De fait, notre corps est constitué de beaucoup plus de bactéries que de cellules, une centaine de milliers de milliards, divisés en plus de cinq mille espèces, disséminées sous notre épiderme, notre nez, nos yeux, nos muqueuses, etc. Notre flore intestinale pèse à elle seule plus de un kilo et demi !

Nos alliances ne sont pas qu'intérieures. La domestication du chien peut se lire comme une sorte de symbiose. On sait ce que l'homme a gagné dans l'association. Mais le toutou ? Aux États-Unis, il reste encore quelque dix mille loups contre environ cinquante millions de chiens. D'un point de vue évolutionniste, les canidés ayant accepté la domestication sont nettement gagnants. Leur morphologie a spectaculairement changé, mais aussi leur comportement. Les individus les plus doués pour la communication ont sans doute été sélectionnés. Dès sa naissance, le chiot d'aujourd'hui décode la gestuelle humaine aussi bien qu'un enfant de deux ans et mieux que tous les autres canidés, notamment les loups. Le chien interprète mieux que le chimpanzé, pourtant plus proche de nous génétiquement, le geste de montrer du doigt. Après une longue sélection des animaux les plus sensibles aux signaux sociaux, l'héritage génétique du chien semble donc avoir la capacité de comprendre notre gestuelle humaine.

Le chiot interprète parfaitement les gestes des humains

Des plus infimes bactéries jusqu'au toutou de la maison, des organismes de tailles variées ont des choses à nous raconter : tout n'est pas que lutte pour la vie, il existe également des alliances pour la vie.

LES ANIMAUX S'EXPRIMENT

La science de Darwin est toute de mouvement et de vie. Au cours du temps les espèces évoluent et se modifient ; dans le présent, elles bougent et s'expriment. Darwin a cherché l'origine des espèces, mais aussi celle des gestes et des instincts. Son livre *Les Expressions des émotions chez l'homme et chez les animaux* annonce l'éthologie ou science des comportements du vivant. L'éthologie explique à quoi servent les comportements, comment ils sont apparus et comment ils se sont transformés en fonction du milieu. L'évolution est donc au cœur de cette discipline scientifique. L'éthologie s'interroge aussi sur le monde mental de l'animal et sur ses connaissances.

L'évolution des comportements

Les racines du mouvement

Si, en général, les plantes nous attirent moins que les animaux, c'est probablement à cause de la lenteur de leurs gestes. Pour percevoir les mouvements des végétaux, il faut ces films documentaires botaniques qui utilisent les effets d'accéléré. Qu'elles tournent leurs vrilles autour de leurs supports, qu'elles croissent vers la lumière, les plantes grimpantes décrites par Darwin apparaissent alors aussi animées qu'un animal. Soudain, devant nos yeux, elles se mettent à *vivre* : elles deviennent fascinantes.

En 1865, Darwin publie un livre sur les plantes grimpantes *On the Movements and Habits of Climbing Plants*, *Des mouvements et des habitudes des plantes grimpantes* ; en 1875 sur les plantes carnivores *Insectivorus Plants* ; et en 1880 sur les facultés motrices des plantes *The Power of Movement in Plants*, en collaboration avec son fils Francis.

À partir de 1860, Darwin travaille sur le piège en mâchoires de la dionée attrape-mouches, qu'il admire particulièrement. Il démontre que l'on peut paralyser le piège en pratiquant des incisions ou en l'anesthésiant avec de l'éther. Il compare la mobilité des plantes carnivores aux mouvements réflexes et aux actions inconscientes des « animaux inférieurs ». Suivant son principe de la continuité du vivant, il cherche dans les végétaux des éléments primitifs de fonctions psychologiques. Il parle parfois des *nerfs* des plantes et établit beaucoup d'analogies avec les animaux[1].

La méduse, un être sans cervelle

Un jour, Darwin invite chez lui George John Romanes (1848-1894), dont il a lu un article dans la revue *Nature*.

1. Nous savons aujourd'hui que les plantes communiquent entre elles en cas d'agression, certaines communiquent aussi avec des animaux. Un simple brin d'herbe doit intégrer des informations diverses sur son environnement : lumière, humidité, etc. Le végétal étant capable d'apprendre et de tenir compte de ce qu'il a appris, certains biologistes emploient la métaphore d'« intelligence verte ». Nous avons environ 99 % de gènes communs avec le chimpanzé, mais nous en partageons 50 % avec la banane !

Ce jeune naturaliste et psychologue s'est intéressé au système nerveux des méduses et des étoiles de mer, ainsi qu'à l'évolution des comportements, que ce soit ceux des animaux simples ou ceux des humains. Sur les encouragements de Darwin, Romanes élaborera une phylogenèse des facultés mentales qui aboutit à la publication, en 1882, de *Animal Intelligence*. Hélas, le livre n'est qu'une compilation d'anecdotes s'appuyant sur des explications non vérifiables. L'éthologie cognitive, c'est-à-dire axée sur les capacités de connaissance des animaux, n'est pas encore mûre.

Le petit livre révolutionnaire de Darwin

En 1872, Charles Darwin publie *The Expression of the Emotions in Man and Animals* (*L'Expression des émotions chez l'homme et chez les animaux*), fabuleusement innovant pour son époque… et peut-être même pour la nôtre. Moins connu que *L'Origine des espèces*, cet ouvrage est souvent considéré comme tout aussi important. « Certaines expressions de l'homme, écrit Darwin dans l'introduction, par exemple lorsque les cheveux se hérissent sous l'influence d'une terreur extrême ou que les dents se découvrent par l'effet d'une colère furieuse, ne sont guère compréhensibles sauf si on se convainc que l'homme a connu jadis un état bien inférieur et semblable à l'animalité. »

Dans ses premiers écrits, le naturaliste déclarait : « Oublie l'usage du langage et ne juge que par ce que tu vois. » Observateur hors pair, il remarque les moindres gestes de ses chiens, de ses chevaux, des chats de la maison, de sa famille ou de lui-même. Il se rend régulièrement au parc zoologique de Londres, étudie des espèces animales différentes et réalise diverses expériences, y compris sur sa propre personne. Pour tester les mouvements réflexes dus à la peur, il colle son visage contre le verre du terrarium d'une vipère heurtante avec « la ferme intention de ne pas reculer ». La vipère s'élance et heurte la vitre (c'est son truc…) : le naturaliste bondit en arrière « d'un mètre ou deux avec une rapidité étonnante[1] ».

Curieux comme un jeune étudiant, le grand Darwin pose de nombreuses questions aux gardiens du zoo et, avec leur complicité, se risque à des coups pendables : il jette un serpent empaillé dans la cage des singes pour voir si leur poil se hérisse ; il les met en contact avec une tortue vivante ou une poupée ; il fait sortir brusquement les chimpanzés de leur cage sombre au soleil pour vérifier leur incapacité à froncer des sourcils. Chez lui, il agite une boîte en carton devant son bébé pour voir s'il cligne des yeux. Il utilise le test du miroir avec les singes comme avec ses enfants, et note les différences de réaction. Ses observations quotidiennes sur son propre fils conduisent à la publication en 1877 de *A Biographical Sketch of an Infant*, *Esquisse biographique d'un petit enfant*.

Dans *L'Expression des émotions*, Darwin énonce trois principes qui rendent compte des expressions et gestes involontaires chez l'homme et chez les animaux : l'association des habitudes (un chien qui voit une proie se fige et lève une patte avant), le principe d'opposition (les signes d'agressivité sont contraires à ceux de l'apaisement), et les actions indépendantes de la volonté (tremblement des muscles, accélération des pulsations cardiaques). Le principe d'opposition énonce, entre autres, les gestuelles de dominance, au cours desquelles l'animal se dresse et cherche à paraître le plus fort, contraires à celles de soumission où il cherche à se faire le plus petit possible. Universel, il se retrouve chez toutes les espèces et dans toutes les cultures humaines. Un seul exemple : la génuflexion devant une reine ou un roi.

Pour préparer son ouvrage, Darwin envoie des questionnaires dans le monde entier et les réponses qu'il reçoit concernent des ethnies extrêmement éloignées et différentes : Aborigènes d'Australie, Maoris de Nouvelle-Zélande, Dayaks de Bornéo, Cafres ou Fingos d'Afrique, Tetons, Gros-ventres, Atnahs ou Espyox d'Amérique du Nord, Chinois, Indiens,

1. Charles Darwin, *L'Expression…*, p. 55.

Abyssins, etc. Le naturaliste s'attache à différencier les pratiques culturelles de la gestuelle instinctive. « Des renseignements ainsi recueillis, conclut-il, il résulte que le même état d'esprit s'exprime dans le monde entier avec une uniformité remarquable ; et ce fait est en soi intéressant en tant que témoignage et preuve de l'étroite similitude de la structure corporelle et de l'organisation mentale de toutes les races humaines[1]. »

Le chat qui parle avec les oreilles

Les carnivores manifestent leur mauvaise humeur en couchant les oreilles. Ces organes vulnérables, facilement mordus pendant les affrontements, doivent être protégés ; les aplatir sur l'arrière est la meilleure façon de procéder. Les chiens, les chats, les tigres agissent ainsi. Coucher les oreilles signifie donc : « je suis prêt à attaquer ». Bien qu'ils ne soient pas carnivores, les chevaux s'expriment de la même manière, car ils attaquent en mordant ou en frappant des membres antérieurs.

Dans *L'Expression des émotions*, Darwin énumère ainsi et décrypte les attitudes d'une multitude d'espèces domestiques et sauvages. Il cherche également les origines des comportements et leur signification évolutive. Les chiens qui tournent sur eux-mêmes avant de s'allonger sur un tapis « comme s'ils voulaient piétiner l'herbe et creuser un trou » refont, en fait, les mouvements de leurs ancêtres sauvages.

1. Dans son *Histoire naturelle des animaux*, Buffon déclarait : « L'homme, blanc en Europe, noir en Afrique, jaune en Asie et rouge en Amérique n'est que le même homme teint de la couleur du climat. » Un des meilleurs arguments prouvant le manque de fondement du racisme nous vient d'un singe : le macaque rhésus. Animal de laboratoire pour les expérimentations les plus diverses, de la guerre biologique à la conquête de l'espace en passant par les greffes, ce pauvre singe a permis d'identifier les groupes sanguins en 1940. Il a servi à fabriquer le premier sérum permettant de les distinguer : les groupes rhésus lui doivent leur nom. Et le racisme ? Une personne qui reçoit du sang d'un membre de sa famille sans être du même groupe peut en mourir. Mais cette même personne peut être sauvée par un donneur du même groupe venu de l'autre bout de la planète, et d'une couleur de peau totalement différente. La race ne signifie rien de précis.

De même que certains organes sont vestigiaux, des comportements perdurent alors qu'ils n'ont plus aucune utilité. Darwin interprète par exemple la chair de poule des humains comme le vestige d'un réflexe de hérissement des appendices dermiques face à la peur, observable chez les animaux : le chat qui fait le gros dos, le hibou qui ébouriffe les plumes.

L'évolution des comportements est souvent parallèle à l'évolution des morphologies. Ainsi, on peut observer des comportements convergents dans l'organisation de la société des fourmis et celle des rats-taupes ; ou encore des homologies comme les séquences de toilettage au cours de la parade de plusieurs espèces de canards. Étrangement, Darwin n'a pas appliqué ses principes évolutionnistes aux comportements. Il en explique l'origine d'une manière très lamarckienne, optant pour une influence de l'habitude ou de l'exemple des parents plutôt que sur la sélection des caractères avantageux et de leur succès reproducteur.

Les quatre « pourquoi »

L'éthologie existait déjà depuis un quart de siècle en tant que science indépendante lorsque sa reconnaissance officielle eut lieu, le 10 décembre 1973. Ce jour-là, Konrad Lorenz (1903-1989), Karl von Frisch (1886-1982) et Nikolaas (ou Niko) Tinbergen (1907-1988) recevaient le prix Nobel de physique pour leurs travaux sur les comportements.

Lorsqu'il éclôt, le poussin ne sait pas à quelle espèce il appartient

Konrad Lorenz, le plus médiatique de tous, est célèbre pour ses études sur l'imprégnation des oies. On le voit marcher ou nager en compagnie d'oiseaux qui le prennent pour leur maman[1]. Karl von Frisch a déchiffré la danse de communication des abeilles. Niko Tinbergen a mis en valeur l'importance des stimuli visuels comme le ventre rouge de l'épinoche dans les comportements de reproduction. Ce dernier est le fondateur de l'étude comparative des comportements des animaux.

En 1951, Niko Tinbergen définit les quatre grandes questions auxquelles les éthologistes doivent toujours chercher à répondre.

1 - Qu'est-ce qui déclenche un comportement ? (peur, faim, stimulus sonore, signal visuel, etc.)

2 - À quel âge et comment apparaît un comportement chez un animal ?

3 - À quoi sert-il ? Quels sont ses avantages pour la survie ?

4 - D'où est-il venu chez les ancêtres de l'animal observé ?

Cette quatrième question tente de retracer la phylogenèse d'un comportement, c'est-à-dire son histoire évolutive.

La parade du héron

Les postures de communication ont été sélectionnées au même titre que la morphologie. Elles trouvent leur origine dans des gestes anciens : le bricolage de l'évolution rafistole des mouvements vitaux, notamment ceux liés à la prise de nourriture ou au toilettage, pour en faire les signaux stéréotypés des parades nuptiales.

---

1. Démontrée par l'éthologue et biologiste Oskar Heinroth, l'imprégnation a été « médiatisée » par Konrad Lorenz. À sa naissance, un petit animal ne sait pas à quelle espèce il appartient. Ses parents lui montreront qui il est. Si ce ne sont pas ses parents qui se présentent à lui mais des individus d'une autre espèce, il s'identifie à cette espèce. Lorenz l'a expérimenté avec des oies qui, le voyant à l'éclosion, le prenaient pour leur maman et le suivaient partout : il les avait imprégnées. Aux débuts de l'éthologie, les comportements des animaux étaient trop souvent expliqués par des attitudes innées, programmées génétiquement. Aujourd'hui encore, une majorité d'éthologues se réfèrent de près ou de loin à l'« animal-machine » de Descartes, uniquement capable de réactions mécaniques à des stimuli. Heureusement, d'autres courants ont ouvert l'éthologie.

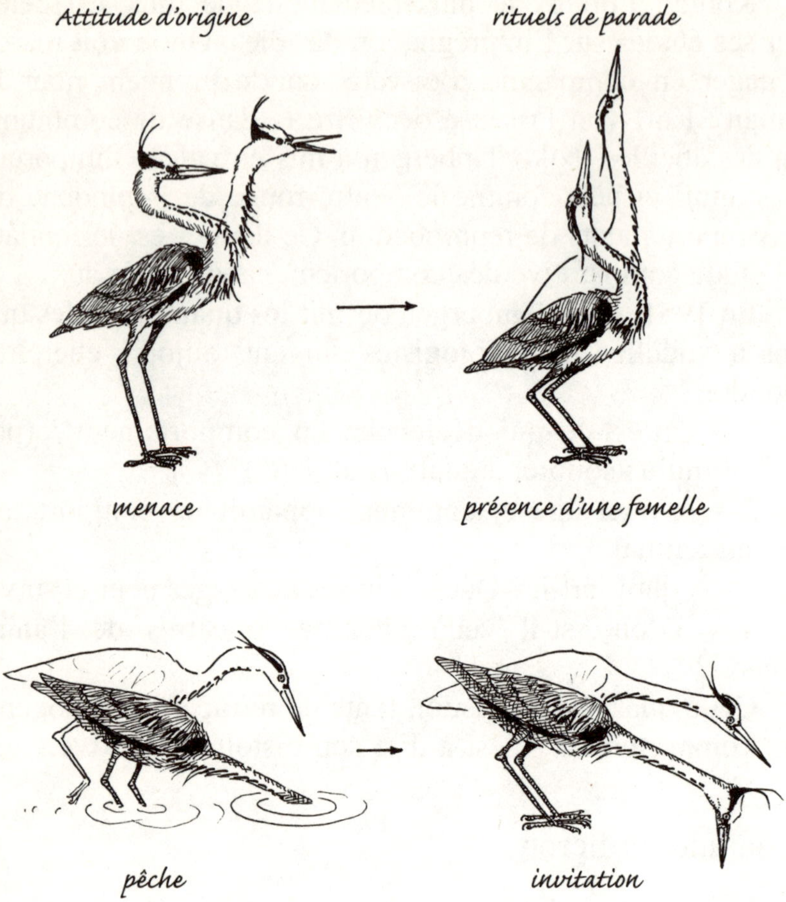

Parade nuptiale du héron cendré

Analysons le comportement de cour du héron cendré mâle. En dehors des vols démonstratifs, sa parade présente, très schématiquement, deux séquences. La première, phase de contact avec la femelle, consiste en une série de mouvements de cou verticaux, bec dressé vers le haut, crête érigée, accompagnés de claquements de bec. La deuxième, phase d'invitation, montre le héron penché en avant, bec vers le sol, manipulant des brindilles.

L'analyse formelle consiste à chercher à quoi les gestes observés ressemblent le plus. La première phase, accomplie au contact d'une femelle, a des points communs avec la menace adressée à un intrus. La seconde est à rapprocher de la pêche et de la construction du nid.

Une deuxième approche, dite causale, se penche sur les motivations du héron. En présence d'un individu étranger, on peut supposer que l'oiseau a trois attitudes possibles : soit attaquer, soit fuir, soit encore, en période de reproduction, s'accoupler. Ces pulsions contradictoires engendrent un conflit interne. Dans le système nerveux central de son lointain ancêtre placé dans la même situation, des mécanismes neuromoteurs ont été activés en même temps. Il en est sorti un compromis. La tendance agressive se traduit par la tension du cou, le hérissement de la crête et les claquements du bec. La tendance à fuir correspond aux mouvements du cou et à l'accroupissement comme préparation à l'envol, mais en manipulant des brindilles, il témoigne aussi de la propension à rester pour copuler et construire un nid. Cette analyse très partielle demanderait un plus grand développement et d'autres approches, telle la comparaison avec d'autres espèces, mais elle donne une idée d'un processus évolutif de comportement.

Nous pouvons répondre aux quatre questions de Tinbergen.

1 - Qu'est-ce qui déclenche la parade du héron ? La vue du partenaire.

2 - À quel âge et comment apparaît ce comportement ? À la maturité sexuelle, mais certains jeunes oiseaux en expriment des ébauches.

3 - À quoi sert-il ? À se signaler au partenaire comme reproducteur ; il est nécessaire pour la transmission des gènes.

4 - D'où est-il venu chez les ancêtres de l'animal observé ? De plusieurs comportements décrits plus haut, dont par exemple une attitude de prise de nourriture.

Nombreux sont les gestes qui s'expliquent par des conflits internes. Ainsi, les mouvements de l'oiseau qui feint d'être blessé pour protéger sa nichée ont été interprétés par les premiers éthologues comme résultant de deux tendances incompatibles : échapper au danger et rester sur la couvée. De même, le chat énervé qui bat de la queue serait partagé entre le désir de fuite et celui d'attaque. D'autres éthologues ont reconnu à l'animal la capacité d'avoir un objectif.

La ritualisation des gestes

La parade du héron nous montre qu'au cours de l'évolution, les gestes de communication se sont *ritualisés*. Les échanges de signaux sont devenus de plus en plus stéréotypés, jusqu'à ces chorégraphies synchronisées extrêmement précises qui ne s'expliquent que par leur histoire. Parmi les sources de ces gestes, l'alimentation des petits aurait conduit à l'offrande nuptiale (le cadeau de noces des mouettes), et le lissage des plumes au toilettage de séduction (les canards qui font semblant de se laver).

Les ritualisations ne concernent pas que les parades nuptiales. Le poisson nettoyeur qui danse devant son « client » exécute lui aussi un rituel très précis de communication, sans lequel il sc ferait croquer tout cru. L'homme qui brandit sa main fermée symbolise un coup de poing sans le donner, cette menace est une autre ritualisation. Le gorille qui piétine le sol, arrache des feuilles et se frappe la poitrine avec la paume des mains donne à son rival une image de bagarre qui évite l'affrontement réel. Dans un autre registre, le chimpanzé ou l'homme qui tend le bras pour se saluer ritualisent un geste d'offrande de nourriture. Grâce à un langage non verbal tout à fait clair, le gorille et le chimpanzé ont pour nous ce petit geste : ils nous montrent des poings communs…

Les primates nous épatent

Les singes ont de la culture

L'éthologie s'est beaucoup intéressée aux primates. L'anthropologue et primatologue Louis Leakey (1903-1972) qui a exhumé avec sa femme Mary de nombreux fossiles d'hominidés en Afrique, dont le premier australopithèque, a encouragé l'étude des grands singes pour mieux comprendre les origines de l'homme. Trois femmes extraordinaires, surnommées « les trois anges de Leakey », ont consacré leur vie aux primates : Dian Fossey pour les gorilles, Jane Goodall pour les chimpanzés, et Biruté Galdikas pour les orangs-outangs. Leakey pensait les femmes plus patientes, plus observatrices, plus émotionnellement liées aux animaux que les hommes, leur vocation maternelle les rendant plus aptes à comprendre le langage non verbal. Ces chercheuses ont effectivement été innovantes. Jane Goodall, par exemple, provoqua un scandale dans la communauté scientifique en donnant des noms aux chimpanzés qu'elle observait, et non des codes chiffrés comme c'était l'usage… Par leur observation sensible du comportement des animaux libres dans leur milieu, sur plusieurs années, ces pionnières ont ouvert la voie à de fantastiques découvertes.

En juin 1999, un article de la revue *Nature* fait l'effet d'une petite bombe. Synthèse de plus de cent cinquante ans d'observations de chimpanzés libres, fondé sur trente-neuf comportements répertoriés, il démontre l'existence de *culture* chez les singes, un mot jusque-là réservé aux humains.

L'usage d'outils pour la pêche au termite[1], par exemple, diffère suivant les tribus et les régions. Ces traditions locales correspondent bien à la définition d'une culture : elles sont acquises de génération en génération, non transmises génétiquement et non tributaires de l'environnement[2]. On connaît chez les gorilles vingt-deux techniques différentes pour extraire la partie comestible des plantes. Les orangs-outangs se servent de parapluies-feuilles pour s'abriter, de sondes-brindilles pour attraper miel et fourmis,

1. Les singes ne sont pas les seuls à user d'outils. Plus d'une centaine d'animaux le font, depuis le géospize pique-bois des Galápagos avec son épine de cactus jusqu'à la loutre de mer, qui casse les huîtres avec des pierres.

2. De nombreux animaux montrent des formes de culture, tels les oiseaux et les baleines, dont les chants présentent des accents d'un groupe à l'autre, et même des insectes.

de chaussettes-feuilles et de gants-feuilles pour les fruits épineux, etc. Les chimpanzés utilisent des gourdins-branches pour impressionner l'adversaire, des tambours-troncs d'arbre pour sonner un rassemblement, des chasse-mouche-branchettes contre les insectes, des éponges-feuilles mâchées pour se désaltérer, des casse-noix-pierres pour extraire les graines, des leviers-bâtons pour ouvrir les termitières, des coussins-feuilles pour protéger leur derrière quand ils s'assoient, ou du papier toilette-feuilles pour l'essuyer !

En 1955, les primatologues japonais, sans préjugés vis-à-vis de l'anthropomorphisme, contrairement à la plupart des scientifiques occidentaux d'alors, ont été les premiers à admettre l'existence d'une *culture*[1] chez des animaux : Imo, une jeune femelle de macaque du Japon, lava un jour une patate dans l'eau salée ; sa technique se propagea peu à peu dans toute la troupe, et se transmet encore.

La guenon et l'oiseau

En 1980, les chimpanzés étonnent à nouveau le monde : on découvre qu'ils utilisent sciemment des plantes médicinales. Les professeurs Richard Wrangham et Toshisada Nishida ont découvert qu'ils plient soigneusement des feuilles d'*Aspillia*, une plante rude et velue, avant de les avaler : ce procédé permet l'expulsion mécanique de leurs parasites internes. D'autres chimpanzés décortiquent des feuilles de *Vernonia amygdalina*, extrêmement amère, qui les soulage de leurs diarrhées. Cette même plante est d'ailleurs utilisée par les guérisseurs de nombreuses ethnies africaines contre le paludisme et la dysenterie. Différentes troupes de chimpanzés exploitent ainsi des dizaines d'espèces végétales médicinales, désormais soigneusement

1. Il se pose là un problème d'ordre sémantique. Quel sens donnons-nous aux mots culture, empathie, morale ou sens esthétique lorsque nous parlons d'animaux ? Certains auteurs entourent systématiquement ces notions de guillemets pour bien marquer les différences homme/animal, J'ai choisi de ne pas en mettre, comme la plupart des primatologues aujourd'hui. Darwin lui-même avait clairement pris cette option.

étudiées par des équipes de chercheurs, car elles contiennent des molécules efficaces.

En 2001, des primatologues de l'université de Kyoto révèlent des comportements, inconnus jusqu'alors, observés chez des chimpanzés libres de Guinée. Certains jouent à la poupée avec des damans (de petits mammifères à fourrure), les cajolent ou les installent dans des nids, comme nous le ferions d'animaux familiers ! Certes, les damans meurent de la rudesse de leur affection, il n'en demeure pas moins que les chimpanzés emploient envers eux des mimiques faciales d'invitation au jeu, et les poupougnent à coup de *grooming*. Ces agissements extraordinaires, dans tous les sens du mot, n'ont pas été observés ailleurs, et prouvent la plasticité comportementale des primates.

Le chimpanzé est capable d'empathie

Dans *Le Bon Singe*[1], le primatologue Frans de Waal répertorie des comportements troublants d'empathie chez les chimpanzés et les bonobos : un vieux mâle guidant une femelle aveugle, des jeunes faisant silence près d'un compagnon mourant, une femelle nourrissant sa vieille mère impotente. Au zoo de Chester, une femelle bonobo trouva un jour un oiseau incapable de voler. Il s'était cogné contre la vitre de son enceinte. Elle le recueillit, le prit délicatement entre ses

1. Frans de Waal, *Le Bon Singe*, Voir bibliographie.

mains puis grimpa dans un arbre et le projeta ailes ouvertes afin qu'il s'envole. Cette haute forme d'empathie n'a été observée que chez des humains et certains grands singes.

L'empathie, cette perception du monde mental de l'autre, suppose d'abord d'avoir une représentation du sien. Pour chercher à savoir si un animal a une conscience de lui-même, les éthologues le soumettent au test du miroir. Ils peignent une tache sur le visage d'un animal endormi, puis ils observent s'il essaie de l'enlever en regardant dans la glace, sur lui-même et non sur son reflet, preuve qu'il a la notion de son image, donc une représentation de soi. Le test a déjà été réussi chez des grands singes, des dauphins, des éléphants et une pie. Il n'est pas exclu que d'autres espèces y parviennent.

Capables d'empathie, les singes présentent hélas avec l'homme d'autres points communs moins réjouissants, tels les raids sanglants de chimpanzés organisés contre des tribus rivales. On a même découvert récemment, au Sénégal, des singes qui utilisaient des branches fines ressemblant à des flèches pour chasser de petits primates. La pratique n'a conduit qu'en un seul cas à la mort de la proie, mais il ne s'agissait que d'une première observation.

Les chimpanzés nous rappellent juste qu'il ne faut pas idéaliser…

Les singes qui parlent

La conformation des organes vocaux des singes leur interdit d'articuler des mots, mais leur cerveau présente une aire de Broca et de Wernicke, zone du langage chez l'homme. Il ne leur manque que la parole ! Le langage des signes adapté aux sourds-muets leur a donc été enseigné. Washoe sera la première à échanger des mots avec l'homme. Arrachée à l'âge de dix mois à sa forêt d'Afrique de l'Ouest, cette femelle chimpanzé est initiée à partir de 1966. Elle assimile deux cent cinquante gestes, dont elle transmet une partie à son fils adoptif Loulis. D'autres suivent, Lucy, Koko, Michael… D'autres encore apprennent à manier des claviers et des symboles. Et nous surprennent. Ils manifestent un certain sens de l'humour, par exemple en mentant ostensiblement sur la couleur d'un objet qu'ils désignaient. Est-ce par jeu ou par curiosité qu'un bonobo, un jour, a demandé à un chercheur de flirter avec sa collègue, afin de pouvoir les observer ? On connaît l'extrême difficulté à se comprendre entre humains ne parlant pas la même langue, alors que nous appartenons à la même espèce. Les primates réalisent ici d'un véritable exploit, car ils se montrent capables d'utiliser une langue étrangère à leur espèce et à leur forme de pensée.

Ces expériences ont permis un contact homme-animal, inimaginable il y a quelques décennies, qui a changé notre vision anthropocentrique du monde : nous avons *communiqué* avec eux ! Lorsqu'un bonobo explique qu'il a une cicatrice à la main parce que sa maman l'a mordu, ou quand le gorille Michael exprime sa tristesse en évoquant sa mère décapitée lors de sa capture, c'est un échange sans frontière d'espèce qui se noue.

Cependant, le dialogue reste limité en nombre de mots, en formulation de phrases véritables et en idées abstraites. Malgré les prouesses étonnantes dont ils sont capables, les singes ne racontent pas d'histoires. Alors, en quoi consistent les conversations des singes entre eux ? Ceux qui savent communiquer par signes nous l'apprennent lorsqu'ils sont livrés à eux-mêmes : leurs échanges ont essentiellement trait à ce qu'ils aiment manger. Primaires, les primates ?

Les grands singes sont capables d'abstraction, d'invention (le mot « oiseau-eau » élaboré par Lucy pour désigner un cygne), de mémoire, d'anticipation, de mensonge, de stratégie, etc. Un singe peut faire semblant de boiter devant un dominant, et Washoe mentait pour obtenir des récompenses non méritées. Dans les groupes, des stratégies politiques s'élaborent autour de l'accession au pouvoir, avec des alliances et des trahisons que ne renieraient pas nos gouvernants.

Dans *Si les lions pouvaient parler*[1] Boris Cyrulnik a cette belle formule : « Depuis quelques décennies, les observations éthologiques apportent des faits qui permettent de proposer

1. Boris Cyrulnik, *Si les lions pouvaient parler*. Voir bibliographie.

une autre idée : le monde vivant est déjà intelligent quand la parole arrive et crée le monde humain. »

Picasso, Miró, Dalí et Congo

Encore un trait de pinceau… Voilà, le tableau est terminé. On n'y touche plus. L'artiste est satisfait. Ses œuvres font l'admiration des génies du siècle ; Miró s'en est procuré une, Picasso en a exposé une autre dans son château. Congo s'éloigne de son œuvre pour rejoindre son enceinte, appuyé sur ses grands bras velus, plus ou moins à quatre pattes. Chimpanzé mâle surdoué, Congo appartient à l'éthologiste Desmond Morris.

Une exposition Congo a eu lieu à Londres en 1957. L'idée peut faire sourire, pourtant il ne s'agit pas d'un canular. L'observation révèle que les singes peintres savent ce qu'ils font. Ils se concentrent d'une manière étonnante, prennent un plaisir visible à créer, et manifestent le sentiment qu'une œuvre est achevée ou non. Congo ne dépassait pas les limites du papier, recherchait les contrastes et les effets de symétrie, tout comme ses confrères les plus doués. Dalí, qui voit un jour une de ces œuvres, est enthousiaste[1]. Les singes ne cherchent pas à représenter quelque chose, mais tentent d'ordonner des motifs. La différence avec le peintre humain réside dans le désintéressement total du singe pour sa production une fois qu'il l'a terminée.

Dans la nature, les chimpanzés ne manifestent apparemment pas d'activité artistique, excepté peut-être la fameuse « danse de la pluie » observée trois fois par Jane Goodall. Du côté des primates humains, il semble que les peuples dits primitifs n'ont pas la notion de l'« art », et que ce mot n'existe pas, par exemple,

---

1. Dans *La Fête zoologique* (Calmann-Lévy 1980), Desmond Morris témoigne : « Ayant observé avec soin un tableau de Congo, Salvador Dalí s'écria : "La main du chimpanzé est quasi humaine ; celle de Jackson Pollock est complètement animale !" La perspicacité de ce commentaire me surprit. Dalí avait découvert, sans rien savoir de mes expériences, que le singe faisait de son mieux pour organiser les lignes et les formes qu'il peignait – il tentait de construire ses simples compositions. Jackson Pollock, lui, paraissait s'appliquer à détruire l'ordre. »

chez les aborigènes d'Australie, dont les dernières pièces authentiques s'arrachent pourtant à prix d'or. D'après le préhistorien Jean Clottes, les peintures de Lascaux n'auraient vraisemblablement pas non plus été créées avec ce sentiment d'« art ». Est-ce essentiel ? Les peintres de la préhistoire ont atteint une force rare ; Picasso les considérait comme inégalables.

Plaisir esthétique aussi chez les oiseaux : de nombreux éthologues, tout comme Darwin voici bien longtemps, discernent dans leurs chants bien davantage que des signaux territoriaux ou sexuels. On parle de bio-musicologie. Le chant des baleines, dont on ne connaît pas la signification, est lui aussi extrêmement mélodieux à nos oreilles, sans doute également aux leurs, et provoque des émotions au même titre que la musique. Des observations réalisées sur plusieurs espèces, dont les éléphants, montrent une sensibilité à la musique, et des réactions qui diffèrent suivant le rythme. Il est logique de penser que le sens esthétique, qu'il soit pictural ou acoustique, ait des racines biologiques perceptibles chez les animaux.

L'intelligence des animaux

René Descartes, auteur de tant de bourdes dans tous les domaines scientifiques[1], n'a pas craint d'affirmer : « Ce qui fait que les bêtes ne parlent point comme nous est qu'elles n'ont aucune pensée, et non point que les organes leur manquent. » Ce à quoi le philosophe et mathématicien Gassendi a répondu : « Voyez s'il est bien équitable de votre part d'exiger d'une bête

1. « Lorsqu'on sait que Descartes a nié farouchement l'existence du vide prouvé expérimentalement par Roberval, la circulation du sang découverte par Harvey, la conservation de l'énergie démontrée par Leibniz, la naissance de la physique de Galilée comme la méthode expérimentale de Bacon, on peut à juste titre être surpris qu'il soit devenu un emblème. En fait, ce sont moins ses découvertes et sa profondeur de pensée que ses engagements sociaux qui l'ont propulsé sur le devant de la scène, la science ayant elle aussi besoin d'idéologie. Ayant rêvé de nous rendre “maîtres et possesseurs de la nature”, ayant forgé le concept des “animaux-machines”, Descartes illustre parfaitement l'idéologie scientiste et productiviste, la religion positiviste qui a fondé notre civilisation. Son disciple Malebranche, qui fut le premier positiviste, n'entendait dans un chien qui hurle que grincements et rouages mal huilés. » Pierre Jouventin, *Confessions d'un primate*, p. 166. Voir bibliographie.

les paroles d'un homme, et de ne pas tenir compte de celles qui lui sont propres. » Une approche de l'animal digne de l'éthologie moderne…

En août 1838, Charles Darwin écrivait : « Il suffit de voir des chiots en train de jouer, pour ne pas douter qu'ils possèdent le libre-arbitre, comme c'est aussi le cas pour tous les animaux, l'huître comme le polype. » Cette prise de position radicale contre l'animal-machine cher aux disciples de Descartes a eu du mal à faire son chemin, malgré la conviction de nombreux chercheurs.

Le biologiste et philosophe Jacob von Uexküll (1864-1944) pense que l'animal est non pas une machine, mais un mécanicien pilotant une machine. Selon lui, chaque animal vit dans un monde qui lui est propre, un environnement perceptuel qu'on nomme *Umwelt*, selon un mot allemand. Pour avoir mis en avant l'interdépendance entre l'animal et son milieu, Von Uexküll est considéré comme l'un des pionniers de l'écologie et, bien avant Lorenz, de l'éthologie. Dans son ouvrage *Mondes animaux et mondes humains*[1], il décrit l'univers de la tique femelle, sourde et aveugle, seulement sensible à la chaleur et à une unique substance chimique. Elle attend qu'une victime potentielle passe à sa portée, s'y accroche, se gorge de sang, tombe, pond et meurt. Un monde limité, mais un monde à part entière. Ainsi, chaque animal, taupe, oursin, abeille, chien, connaît un *Umwelt* particulier. Le monde de la mouche n'est pas celui de l'araignée : elle ne voit pas la toile et se fait capturer. Pour Von Uexküll, les perceptions humaines sont différentes de celles des autres espèces, et les références sensorielles ou cérébrales requises pour réellement les comprendre nous manquent.

Autre précurseur de l'éthologie, le naturaliste et préhistorien John Lubbock (1834-1913) affirme : « Je pense que l'on ne croit pas à l'intelligence des animaux, car on essaye toujours de leur transmettre nos idées, au lieu de parvenir à mettre au point un code pour qu'ils nous communiquent les leurs. »

---

1. Jacon von Uexküll, *Mondes animaux et mondes humains*. Voir bibliographie.

À la fin des années 1970, l'éthologue Donald Griffin provoque un tollé en déclarant que les animaux sont intelligents, et pose la question de leur conscience. Il avance que l'animal possédant les mêmes synapses et les mêmes neurones que l'homme, nous n'avons pas de raison de considérer un comportement comme résultant d'un réflexe s'il est accompli par un animal, et d'une réflexion s'il s'agit d'un humain. Ainsi l'oiseau qui feint d'être blessé. Des tests sur le terrain font apparaître une certaine flexibilité de son comportement. Sans prouver l'existence d'une intention consciente, cette constatation suggère que le simulateur n'obéit pas à une simple succession de réflexes. Les observations sur les singes, comme celles menées par Jane Goodall et Shirley Strum, confortent les intuitions de « l'éthologie cognitive » de Griffin sur la continuité de l'intelligence entre les espèces.

Si proches et si différents

Par un effet de miroir étonnant, considérer l'intelligence animale nous rend plus intelligents. Nous sommes en train de redécouvrir la mètis, une forme de pensée oubliée des Grecs anciens. Mélange de flair, d'inventivité, de souplesse d'esprit, d'attente vigilante, de sens de la prévision, de ruse et d'intelligence, la mètis s'apprend au contact intime des animaux. Utile au chasseur qui doit deviner le comportement de sa proie, elle consiste à se mettre dans la peau de l'autre et à adopter sa vision du monde. Cette stratégie de rapport à l'altérité et à la nature, s'applique aussi bien aux hommes qu'aux bêtes. Il n'existe pas de mot français pour la désigner. Sans doute le jeune Darwin, en chassant et en jouant avec ses chiens, a-t-il eu l'occasion de l'expérimenter. Jane Goodall confie volontiers que Rusty, le chien de son enfance, avait été un excellent professeur en ce qu'il lui témoignait sentiments et sensibilité[1]. Les éthologues d'aujourd'hui pratiquent

1. Entrevue personnelle au cours d'une réunion avec l'association des JNE, les Journalistes/écrivains pour la nature et l'écologie, le 19 janvier 2006.

certainement la mètis : ils tentent de voir les animaux pour ce qu'ils sont, et non pas pour l'idée que les hommes en ont.

Un exemple d'approche originale des animaux par l'intérieur nous est donné par Temple Grandin, autrefois autiste, aujourd'hui professeure en sciences animales dans le Colorado. Grandin affirme que les animaux, comme les autistes, pensent avec des images. Elle ressent une faculté particulière de se mettre à leur place pour mieux les comprendre[1]. Conseillère auprès d'élevages d'animaux de boucherie, elle a permis de changer totalement la conception des installations aux États-Unis et au Canada de façon à éviter des paniques et des accidents.

Selon Temple Grandin, les animaux partagent avec les autistes certaines aptitudes propres aux surdoués, comme la mémoire visuelle. Les chevaux sont capables de repérer le moindre changement dans un paysage, des pigeons dressés à cela se sont montrés aptes à distinguer un tableau de Picasso d'un Monet. Récemment, des chimpanzés ont surpris des primatologues japonais par une rapidité à repérer des taches sur un écran bien supérieure à celle de n'importe quel humain.

D'autres approches intuitives de l'animal, qui dépassent le cadre des sciences pures et de l'éthologie, fleurissent un peu partout. Une chose est sûre, l'esprit animal reste à explorer. Depuis Darwin, nous commençons à oublier notre hantise un peu naïve de tout anthropomorphisme[2], nous avons mûri. Nous retrouvons la proximité avec les animaux, nous

1. Lire à ce sujet *L'Interprète des animaux* de Temple Grandin. Voir bibliographie.

2. L'anthropomorphisme comporte bien sûr ses aspect ridicules. Mais l'anthropophobie, ou hantise de l'anthropomorphisme, vient d'une peur « prédarwinienne » de rapprocher l'animal de l'homme qui puise ses racines dans la théologie, voire le créationnisme. Dans *Voyage chez les babouins*, la primatologue Shirley Strum livre cette réflexion : « La frontière est mince entre l'anthropomorphisme injustifiable et ce qui m'apparaît de plus en plus comme le simple désir de rendre aux animaux des aptitudes que l'histoire leur a retirées. » Quant à Frans de Waal : « L'anthropomorphisme n'est un problème qu'à la condition de penser que nous sommes différents des animaux. Mais pour le biologiste, nous sommes des animaux. De plus, les grands singes sont très proches de nous. Le danger réside plutôt dans l'utilisation de langages différents pour décrire des comportements très proches… Je considère que la charge de la preuve revient à ceux qui postulent la discontinuité avec les grands singes et non le contraire. » (*Sciences et Avenir* hors série : « Les animaux ont-ils un sens moral ? »).

écoutons ce qu'ils ont à nous dire. Nous considérons leurs intelligences non plus comme des formes simplifiées de la nôtre, mais comme des formes *différentes*, ayant émergé autrement d'un même processus évolutif.

Les animaux sont des individus

Les éthologues étudient traditionnellement les animaux en tant que représentants d'une espèce : *le* grand corbeau, *le* chimpanzé, *le* loup gris, etc. Cependant, les éleveurs et les propriétaires d'animaux savent depuis des siècles que chaque *individu* a un caractère propre. De plus, on rencontre parfois des cas, des marginaux, individus qui ne correspondent pas tout à fait aux normes. Citons Alex le perroquet qui sait compter et formuler des idées abstraites, Congo le singe peintre, ou Wattana, la femelle orang-outang du Jardin des Plantes qui sait faire des nœuds avec les mains, avec les pieds et même avec la bouche, ce qui est exceptionnel chez les primates. Jane Goodall avait déjà noté des comportements rares chez des chimpanzés, mais on peut en observer chez des animaux appartenant à bien d'autres espèces, sinon toutes.

Le philosophe et éthologue Dominique Lestel s'intéresse de près à ces individus singuliers, porteurs de « variables » sans doute importantes pour l'évolution des comportements.

Le perroquet gris du Gabon a de la personnalité

Anecdotiques dans le sens où ils sont rares voire uniques, ils appartiennent néanmoins à leur espèce et en incarnent les aspects les plus novateurs. Les éleveurs et autres « professionnels » de l'animal transmettent leur connaissance des bêtes essentiellement sous forme d'anecdotes. Dominique Lestel pense que les éthologues devraient tenir compte de leurs observations. Les animaux sont plus facilement perçus comme des individus par leurs propriétaires que par les scientifiques. Dans *Les Origines animales de la culture*, il écrit : « On sous-estime toujours la force des anecdotes sous prétexte qu'elles ne sont pas scientifiquement correctes. Mais leur accumulation finit par bousculer notre univers. »

LES ANIMAUX NOUS POSENT QUESTION

Darwin a dévoilé nos origines biologiques. Il nous faut admettre notre fond animal avant de pouvoir nous situer par rapport à nos frères d'évolution. Puisque nous sommes issus de cette évolution, sommes-nous toujours en train d'évoluer, et vers quoi ?

Les mammifères marrants

Y a pas de quoi rire…

« Le fait que certaines expressions soient communes à des espèces distinctes quoique apparentées, comme des mêmes muscles faciaux pendant le rire chez l'homme et chez divers singes, devient un peu plus compréhensible si nous croyons qu'ils descendent d'un ancêtre commun[1]. » Tiens, pour Darwin, le rire n'était déjà plus ce qu'il était pour Rabelais, « le propre de l'homme ». Les observations actuelles confirment l'existence du rire chez plusieurs espèces animales. Si l'on cherche son origine, on trouve les chatouilles, qui en sont certainement le premier déclencheur. Les rats, et surtout les jeunes, rient lorsqu'on les

1. Charles Darwin, *L'Expression…*, p. 21.

titille, mais les ultrasons qu'ils émettent nous sont inaudibles. Darwin avait chatouillé un jeune chimpanzé sous les bras ainsi que d'autres singes, et il a décrit leur rire. Selon ses observations, confirmées par celles de Jane Goodall et d'autres primatologues, les singes rient bouche ouverte, paupières plissées, bref, d'une manière assez semblable à la nôtre, avec des vocalisations rythmiques. D'autre part, tous les humains du monde rient de la même manière. Le rire a une fonction sociale, il facilite les liens, il est un signal de jeu.

Bonobo riant

Un jour, Frans de Waal se travestit en léopard et surgit au milieu un groupe de chimpanzés, auxquels il donne une trouille bleue. Il retire son déguisement, les chimpanzés le reconnaissent et se mettent à rire.

Mais où est donc le propre de l'homme ?

Les critères définissant un « propre de l'homme » tombent les uns après les autres. Le rire, l'utilisation d'instruments, la culture, le tabou de l'inceste, la conscience de soi, l'empathie, l'amitié, le partage de nourriture, la communication symbolique, la prévision d'une action à venir, le sens de l'équité et même la notion de bien et de mal, le mensonge, la stratégie politique et la guerre ont été observés chez des animaux, notamment des dauphins, des rats et surtout des grands singes.

Nous utilisons deux mots différents pour distinguer les animaux et l'homme. Mais le parti pris de séparer *les* bêtes et *les* humains est-il loyal ? Cette barrière arbitraire distingue toujours des animaux « moyens » avec des humains quasiment idéalisés. En réalité, les découvertes de l'éthologie ont révélé les ébauches de l'humanité chez les animaux ; cela bouleverse notre vision des bêtes et de nous-mêmes. Le statut de l'humain doit être revu et corrigé.

Pour Darwin, la différence entre l'homme et l'animal n'est pas de *nature* mais de *degré*. Il juge la définition de l'humanité aussi floue que sujette à discussion : « Dans une série de formes passant, par degrés insensibles, de quelque créature simienne à l'homme tel qu'il existe aujourd'hui, il nous serait impossible de fixer de point précis à partir duquel le terme "homme" devrait être utilisé », dit-il dans *La Filiation de l'homme*[1]. La plupart des scientifiques et de nombreux penseurs rejettent aujourd'hui l'existence d'une frontière nette entre l'homme et l'animal, un *a priori* dont les racines sont théologiques[2].

---

1. Charles Darwin, *La Filiation...* p. 272.

2. « L'humanité ressemble à un club très fermé : ce que nous appelons humain n'est défini que par nous seuls », écrivait Vercors dans son magnifique roman *Les Animaux dénaturés*. Boris Cyrulnik déclare quant à lui dans *La Plus Belle Histoire des animaux* : « Le monde du vivant est unique et l'homme appartient à ce monde vivant... La distinction entre l'homme et l'animal est idéologique. » Le biologiste Pierre Jouventin, dans *Confession d'un primate*, va dans le même sens : « Cette séparation entre une espèce, aussi maligne soit-elle, et deux millions d'autres allant de l'huître au chimpanzé est non seulement subjective mais malhonnête. » Le paléoanthropologue Pascal Picq surenchérit : « Parce que notre tradition naturaliste a imposé comme une vérité la distinction entre l'Homme et l'Animal, la science a dû lutter pendant deux siècles pour récuser ce dogme ! Nous en sommes encore là puisqu'en France, la double tradition naturaliste et dualiste de Descartes fait que nous sommes encore l'un des rares pays dits modernes à ne pas avoir une école d'éthologie digne de ce nom. Or, cet archaïsme a des conséquences considérables en biologie puisque les laboratoires français sont absents des consortiums internationaux qui participent au séquençage du génome des grands singes » (*Lucy et l'obscurantisme*). Tous ces ouvrages sont cités en bibliographie.

La morale de Darwin

Où peut se situer le propre de l'homme ? Selon Darwin, la supériorité de l'homme sur les autres espèces réside dans ses facultés intellectuelles, certes, mais aussi et surtout dans sa moralité, dans sa capacité d'empathie, dans son pouvoir d'aider le faible, qu'il soit humain ou animal. « La sympathie portée au-delà de la sphère de l'homme, c'est-à-dire l'humanité envers les animaux inférieurs, semble être l'une des acquisitions morales les plus récentes. (...) Cette vertu, l'une des plus nobles dont l'homme soit doué, semble provenir incidemment de ce que nos sympathies deviennent plus délicates et se diffusent plus largement, jusqu'à être étendues à tous les êtres sensibles[1]. » C'est ce que le philosophe Patrick Tort appelle *l'effet réversif de l'évolution* : la sélection naturelle a fait apparaître les instincts sociaux et l'intelligence, l'altruisme et le devoir d'assistance, donc la protection des faibles et des moins aptes. Bref, « la sélection naturelle sélectionne la civilisation, qui s'oppose à la sélection naturelle[2] ».

Milan Kundera, dans *L'Insoutenable Légèreté de l'être*, abonde dans le même sens que Charles Darwin : « La vraie bonté de l'homme ne peut se manifester en toute pureté et en toute liberté qu'à l'égard de ceux qui ne représentent aucune force. Le véritable test moral de l'humanité (le plus radical, qui se situe à un niveau si profond qu'il échappe à notre regard), ce sont ses relations avec ceux qui sont à sa merci : les animaux. »

Cette réflexion met en lumière un paradoxe : ceux qui se veulent le plus éloignés possible des animaux, qui ne manifestent pas d'empathie à leur égard et qui souvent les méprisent, sont en réalité ceux qui, selon leurs critères, s'en rapprochent le plus...

1. Charles Darwin, *La Filiation...*, p. 43
2. Patrick Tort, *L'Effet Darwin*, p. 78. Voir bibliographie.

Debout les singes !

La bipédie a pu apparaître dans les arbres, car selon des observations récentes, les singes arboricoles se tiennent volontiers debout pour atteindre les branches supérieures. Lorsque les ancêtres du genre humain sont « descendus des arbres », ils étaient capables de marcher. En effet, le trou occipital, où s'accroche la colonne vertébrale dans la boîte crânienne, était déjà dirigé vers le bas du crâne, permettant la station verticale. Libérées de la fonction locomotrice, les mains ont pu utiliser des outils avec une habileté grandissante par le jeu de la sélection des plus agiles. Des jambes plus longues ont été sélectionnées. Coureurs de fond, les hominidés arrivaient avant les charognards aux cadavres dont ils se nourrissaient. Leur cerveau s'est développé, profitant notamment de ce tout nouveau régime carné.

Capables de communiquer, d'organiser des stratégies et de répartir les rôles, les hominidés chassaient en groupe. Une course aux armements a probablement eu lieu entre eux et les cercopithécoïdes qu'ils côtoyaient, stimulant les innovations. Les changements climatiques ont conduit à des migrations et sélectionné de nouvelles adaptations.

Voici 2,5 à 1,8 million d'années, le genre humain apparaît en Afrique avec *Homo habilis*, *Homo rudolfensis* et *Homo ergaster*. La maîtrise du feu, déjà obtenue par des espèces comme *Homo erectus*, déclenche une grande révolution. La faiblesse physique des hominidés, dépourvus de crocs, de griffes et de défenses, est certainement compensée par le maniement des outils.

Comme les australopithèques, les individus du genre *Homo* se tiennent dressés et utilisent des outils. *Homo ergaster* a une silhouette d'homme moderne, et se déplace hors du continent africain. À Java, *Homo erectus* a peut-être coexisté avec des hominidés modernes, de même que l'homme de Florès en Indonésie, un petit *erectus* dont le premier squelette a été trouvé en 2003. Les récits de voyageurs comme Marco Polo, citant les propos de populations locales, semblent évoquer son existence encore au Moyen Âge. En

Europe, l'homme de Neandertal *Homo neandertalensis* a côtoyé l'homme de Cro-Magnon *Homo sapiens*, l'ancêtre des humains actuels. Bien d'autres hominidés fossiles ont été trouvés, mais il est impossible de remonter notre lignée avec certitude avant *Homo erectus/ergaster*.

La bipédie a eu des répercutions sexuelles, puisque les organes génitaux de la femelle, désormais cachés, rendaient inutiles les signes extérieurs de réceptivité, gonflements et changements de couleur, qu'on observe chez les grands singes. Quant à la poitrine, Desmond Morris voit dans son développement un substitut visuel des fesses dissimulées par la position assise. Selon lui, des seins perpétuellement gonflés répondent à d'autres fonctions que la succion du nourrisson, car leur rondeur rend celle-ci malaisée. À l'appui de son argument, Morris prend l'exemple d'autres primates se tenant souvent assis. Les mâles présentent sur la poitrine ou sur la face des substituts visuels exacts de la couleur de leurs organes génitaux.

La nouveauté de la station verticale, dont l'évolution n'est pas totalement aboutie – mais le sera-t-elle un jour ? –, est la cause de nos fréquents maux de dos. Notre squelette et notre système cardio-vasculaires ne sont pas encore bien adaptés. Contrairement à la girafe, qui bénéficie d'un système de régulation sanguine permettant de lever et de baisser la tête sans coup de sang, nous n'accomplissons pas nos mouvements de flexion et de redressement sans problème : à cause de nos longues jambes, nos pieds sont désormais trop loin de notre tête !

Enfin, la station debout a modifié la forme de notre bassin, rendant l'accouchement plus difficile. Le cerveau du bébé, déjà presque aussi large que le détroit pelvien, ne pourrait pas se développer plus *in utero* sans risque de ne plus pouvoir sortir, il doit désormais achever sa croissance *après* la naissance. Le bébé humain naît avant d'être fini. Il ne voit pas, il n'est pas assez musclé pour se mouvoir convenablement. La gestation de la femme devrait théoriquement durer environ dix-sept mois pour produire un petit dont le stade de maturité serait comparable à celui des animaux. Étrange coïncidence, le bébé connaît la fameuse « angoisse de la séparation » vers l'âge de huit mois, stade de maturité réelle auquel il devrait naître.

Le petit humain demande soins et protection. L'élevage des jeunes, de plus en plus long et complexe, est rendu possible par des structures sociales plus sophistiquées et des instincts sociaux accrus. Les échanges de signaux de communication ont conduit au langage et à la pensée abstraite. Encore une révolution, qui a engendré chez leurs heureux possesseurs des questions et des croyances.

Avec la disparition de l'homme de Neandertal, il ne subsiste qu'une seule espèce d'humain, la nôtre, autoproclamée « homme sage » : *Homo sapiens*. Au néolithique, voici quelque dix mille ans, l'avènement de l'agriculture et de l'élevage provoque *la* grande révolution. Le fermier remplace le chasseur. Une grande partie de l'humanité devient sédentaire et accapare des terres. Les denrées alimentaires plus abondantes autorisent la multiplication des bouches à nourrir. La division du travail apparaît, affranchissant certains individus de la recherche de nourriture. L'art et l'artisanat se développent, puis l'industrie. Les villes grandissent et s'étalent. L'homme commence à bouleverser son environnement, à modifier l'évolution de la plupart des espèces qui l'entourent, puis celle de la planète entière. Tout ça parce qu'on s'est mis à manger de la viande…

Ce bref voyage vers nos origines semble suggérer l'existence d'un « but » vers lequel tend l'évolution, d'un « projet ». C'est une illusion. L'homme de Neandertal et l'homme de Florès nous rappellent qu'il s'en est fallu d'un cheveu : selon les hasards des glaciations, des changements de l'environnement ou de l'espace disponible, plusieurs espèces humaines auraient pu exister jusqu'à nos jours… ou aucune. Rien dans la variété des hominidés fossiles n'indique une direction, ni un quelconque dessein de préserver notre espèce, et elle seule.

Nous sommes des mutants

Chacune de nos cellules, chacun de nos organes raconte notre histoire. Des analyses ADN des pigments de nos cônes, ces cellules de la rétine sensibles à la couleur, nous ont permis de reconstituer l'évolution de notre vision par rapport à celle d'autres animaux.

L'ancêtre commun des vertébrés possédait quatre types de cônes, que les oiseaux possèdent toujours. Les premiers mammifères en ont perdu deux, probablement à cause de leurs mœurs nocturnes, car la vision des couleurs est inutile en lumière faible. Après la disparition des dinosaures, les mammifères se sont diversifiés, beaucoup sont devenus diurnes. Les primates de l'Ancien Monde ont retrouvé un nouveau cône après une mutation génétique. Pour ces animaux arboricoles, repérer facilement les fleurs et les fruits dont ils se nourrissaient était un avantage ; la mutation a été sélectionnée. Grâce à cet héritage, nous avons une meilleure vue que la plupart des mammifères, mais nous n'avons pas récupéré une acuité visuelle aussi performante que celle des oiseaux.

Autre exemple de mutation récente, l'aptitude à digérer le lait. Logiquement, le lait de vache, c'est bon pour les veaux[1]. Aucun animal adulte ne se nourrit de lait, dans la nature. Et pour cause : les mammifères y compris les humains perdent la faculté de digérer le lactose après le sevrage. Les Amérindiens, les Asiatiques ou la majorité des Africains adultes se sentent mal après avoir bu du lait, de même que 40 à 50 % des Français. Au total, environ 75 % des humains ne digèrent pas le lait. Cependant, des peuples d'Europe du Nord

1. Contrairement à ce qu'affirme le lobby des produits laitiers, la consommation de lait par des adultes, et particulièrement le lait de vache pour les humains, n'est aucunement nécessaire et peut provoquer des problèmes de santé chroniques (allergies, ostéoporose, voire diabète, obésité, cancer, etc.). Pour une meilleure information sur le sujet, voir *Le Lait, une sacrée vacherie* (Dr Nicolas Le Berre, Éditions Charles Corlet, 1990), *Lait de vache : blancheur trompeuse* (Anne Laroche-Walter, Éditions Jouvence, 1998), *Soyons moins lait* (Dr Nicolas Le Berre et Hervé Queinnec, Éditions Terre Vivante, 2000), ou encore *Lait, mensonges et propagande* (Thierry Souccar, Le Seuil, 2008).

et certains nomades tolèrent le lactose toute leur vie. Pourquoi ? L'hypothèse est que cette aptitude a été sélectionnée il y a entre cinq mille à dix mille ans, au néolithique, époque à laquelle apparaît la domestication des bovins. Grâce à une mutation, les peuples éleveurs conserveraient la faculté de produire de la lactase, l'enzyme de digestion du lait. Ils ont coévolué avec les vaches : là où elles produisent beaucoup de lait (résultat de la sélection artificielle), on trouve les buveurs de lait (par sélection naturelle). Les Massaïs ne tolèrent pas le lactose, mais ils ne consomment que du lait caillé, qui, grâce à l'action des bactéries, en contient très peu. Cependant, d'autres ethnies d'éleveurs africains digèrent le lait. Cette faculté est due à trois mutations génétiques différentes sélectionnées indépendamment les unes des autres. Ce sont des convergences évolutives. Vous buvez du lait ? Vous êtes un(e) mutant(e) ! La vache vous meugle que vos ancêtres ont fait pâturer les siens : vous êtes de vieilles connaissances.

En général, notre régime alimentaire évolue trop vite pour nos facultés d'adaptation. Nos ancêtres arboricoles se délectaient de fruits sucrés, et nous avons gardé ce goût pour les douceurs[1].

Malheureusement, nous consommons aujourd'hui beaucoup trop de sucre ou saccharose, et les conséquences de cette suralimentation restent à découvrir. En dehors de l'obésité et des caries dentaires, effets largement médiatisées, le sucre provoque des troubles visuels et cutanés moins connus, y compris des spécialistes[2]. Chez les Inuits dont l'alimentation n'est pas occidentalisée, on ne trouve que 0 % à 2 % de myopes, même après l'entrée dans leurs mœurs de la télévision et de la lecture. Mais chez ceux qui se sont mis à consommer du sucre, le taux de myopes est passé à 60 % ! Les mêmes observations ont été faites sur l'acné. D'un côté, nos enfants et adolescents sont de gros consommateurs de

1. Il y a une relation forte entre les primates et les fruits sucrés. Les noyaux de certains fruits ne germent qu'après être passés par le tube digestif des singes, qui les disséminent dans leurs déjections.

2. Lire à ce sujet *Cro-Magnon toi-même !*, du chercheur en biologie évolutive Michel Raymond. Voir bibliographie.

saccharose – une seule canette de soda contient à elle seule l'équivalent de six morceaux de sucre ; de l'autre, 79 à 95 % des adolescents européens sont atteints d'acné. Or des études ont montré que le phénomène est inconnu chez les ethnies peu consommatrices de sucre, notamment en Papouasie ou au Paraguay. La même comparaison peut être faite pour les Inuits : dans les communautés converties à l'alimentation occidentale, l'acné est apparu. Nos ancêtres cueilleurs de fruits auraient dû nous mettre en garde : le sucre c'est bon, mais seulement quand c'est la saison !

L'évolution physique de l'homme

L'être humain continue-t-il d'évoluer ? Peut-être, mais il est impossible de prévoir comment. Cependant, nous pouvons suivre quelques pistes probables et pointer des idées fausses.

D'abord, malgré la récurrence de cette anticipation dans les films de science-fiction, notre cerveau n'a pas de raison de continuer à se développer. La course aux armements avec d'autres espèces est révolue, cette pression sélective n'opère plus. Certains Cro-Magnon avaient des cerveaux plus gros que la moyenne actuelle, D'eux à nous, il n'y a pas d'augmentation du volume crânien. De plus, nous l'avons vu, la largeur du détroit du bassin des femmes reste un facteur limitant.

Autre idée reçue : nous n'avons aucune raison de perdre nos petits orteils ; le port de la chaussure n'entraîne pas de pression sélective. Pas de perte de dents de sagesse non plus à envisager, quelles que soient nos habitudes alimentaires actuelles, car notre mâchoire ne rétrécit pas, et grâce aux dentistes il n'y a plus de sélection dans ce sens. De plus, la non-apparition des dents de sagesse existe également chez les grands singes. Quant à une prétendue disparition prévisible des blond(e)s, la rumeur est sans fondement. La blondeur fait partie des caractères héréditaires récessifs (ou caractères faibles), mais ceux-ci n'ont jamais été éliminés par les caractères dominants, ils resteront dans le réservoir génétique de l'humanité.

Comme nous nous sommes affranchis de la sélection naturelle par notre technologie et notre médecine, notre évolution devrait être plus lente. Dans le passé, l'expansion humaine dans des milieux naturels et sous des climats différents a donné des phénotypes variés en couleur de peau ou en morphologie, mais tous les individus restent interféconds. Les milliards d'*Homo sapiens* actuels descendraient tous d'une petite population africaine de quelques milliers d'individus, d'où cette grande homogénéité : on compte moins de différences génétiques entre un aborigène australien et un Européen qu'entre deux tribus de chimpanzés distantes seulement de mille kilomètres !

Des gènes mutés peuvent se fixer dans une population, mais pour cela, il faut que celle-ci reste à l'écart des autres. Excepté quelques rarissimes ethnies isolées, en Amazonie par exemple, les populations du monde connaissent désormais des échanges qui empêchent la spéciation. Les humains vont-ils tous devenir entièrement semblables ? Pour annuler les dissemblances, il faudrait organiser un métissage systématique mondial pendant des dizaines de générations, ce qui paraît improbable en l'état actuel des choses, car les comportements culturels jouent un rôle important dans la reproduction des différences. Aussi les caractéristiques locales des populations devraient-elles perdurer.

L'homme « génétiquement augmenté »

Les progrès de la médecine et de l'hygiène freinent et réorientent la sélection naturelle. Nous vivons dans un monde « protégé » des bactéries, mais nos défenses immunitaires s'en trouvent affaiblies. Paradoxalement, nous manquons de contact avec les pathogènes. Dur dilemme. L'allergie, pathologie pratiquement inconnue avant la Seconde Guerre mondiale, devient de plus en plus fréquente. Une partie au moins de l'explication vient du désert parasitaire dans lequel nous vivons désormais. Les enfants ne sont plus en contact avec la terre, la boue, les animaux de la ferme, et n'ont plus l'occasion de stimuler leur système adaptatif naturel. Un exemple : au Gabon, des enfants ont été traités contre des parasites intestinaux ; dès l'année suivante, ils montraient des allergies cutanées. Au contraire, on a guéri des volontaires atteints de la maladie de Crohn, une inflammation grave du colon, en leur faisant ingérer… deux mille cinq cents œufs d'un ver intestinal du cochon ! Celui-ci ne survit pas dans le système digestif de l'humain, mais il en active les défenses immunitaires.

Cela pourrait, en partie du moins, expliquer l'augmentation du nombre de cas d'allergie[1]. L'allaitement maternel joue également un rôle prépondérant dans l'activation des défenses immunitaires du bébé. Le lait maternel contient très peu de fer, ce qui empêche les bactéries de se multiplier. Donner du fer à une femme allaitante est donc une erreur : il ne s'agit pas d'une carence mais d'une adaptation évolutive contre les bactéries.

Une nouvelle médecine dite évolutive, ou darwinienne, a été appelée en 1991 *darwinian medecine* par les Anglo-Saxons. Elle se penche sur les réponses évolutives du corps dans les maladies, partant du principe que le corps humain est le résultat de l'évolution, qui a peaufiné au fil des millénaires des solutions aux agressions. La fièvre, par exemple, est une parade efficace contre divers agents pathogènes utilisée par la plupart des vertébrés, y compris des reptiles, des amphibiens et des poissons. Selon la médecine évolutive, donner systématiquement de l'aspirine pour faire baisser la fièvre n'est pas une bonne idée. Des expériences menées sur des sujets enrhumés ont montré que ceux qui avaient pris de l'aspirine ont guéri plus tardivement que les autres. Il ne s'agit pas de prohiber l'aspirine, mais de mieux écouter les réponses adaptatives de notre corps afin de ne pas les contrer.

1. D'autres pistes expliquent la recrudescence récente des allergies. Des prédispositions génétiques, mais surtout des causes environnementales : habitations mal aérées, nouvelle alimentation, pollution (ozone, particules diesel, et autres facteurs irritants), bouleversements climatiques, mobilité géographique, manque de vitamines, obésité, antibiotiques, etc. Selon certaines estimations, une personne sur deux souffrira d'allergie en 2010.

Une autre médecine toute récente, fondée sur les manipulations génétiques, suit le courant inverse : l'homme réoriente les mécanismes mêmes de l'hérédité et de l'évolution. Comme toute nouvelle science, la biologie moléculaire – biol mol pour les intimes – est investie d'espoirs immenses, aux limites du fantasme. Ses implications positives sont indéniables sur certaines maladies, les menaces qu'elle engendre le sont tout autant. On sait désormais fabriquer des lignées de souris transgéniques glabres, géantes, diabétiques ou fluorescentes. On sait introduire des chromosomes artificiels dans des ADN déficients sur des organismes simples, qui se transmettent héréditairement. Certains rêvent d'hommes « génétiquement augmentés », l'ombre des dérives eugénistes est de retour…

La sélection culturelle, la sélection économique

Au sein de l'espèce humaine, la sélection naturelle a été relayée par d'autres logiques évolutionnistes. En 1976, Richard Dawkins introduit, dans son livre *Le Gène égoïste*, la notion de *mème*, une unité de circulation d'informations parallèle au gène. Le mot est un mélange de « mémoire » et de « gène ». Le gène se transmet génétiquement par la reproduction sexuée, le mème se transmet de cerveau en cerveau par la diffusion culturelle. Un mème peut être une façon de tailler un silex, une chanson, une mode vestimentaire, une croyance, une recette de cuisine ou d'autres traditions. Mèmes et gènes suivent des chemins semblables. Certains sont dominants, d'autres apparaissent comme des mutations. La mémétique de Dawkins a été accueillie avec enthousiasme par certains, et critiquée par d'autres, dont Stephen Jay Gould, qui jugent le parallèle simpliste ; elle reste une image intéressante au même titre que celle du gène égoïste.

Aujourd'hui, des chercheurs se penchent sur les relations entre les mèmes et les gènes, autrement dit sur une « coévolution culture/génome ». Certaines pratiques culturelles influent sur le flux génétique. Par exemple, consécutif à l'invention de l'agriculture et l'installation d'immenses propriétés, le pouvoir politique, économique et sexuel donné à quelques maîtres dominants, tels ces empereurs aux milliers de concubines qui transmettaient leurs gènes au détriment du reste de la population. Autres pratiques culturelles : les moyens de transport, qui permettent les unions entre personnes très éloignées ; les critères de beauté ; le divorce et le remariage ; les gestes médicaux. Toutes influencent la circulation des gènes.

Selon Robert Barbault[1], la sélection économique a en partie pris la place de la sélection naturelle en suivant des mécanismes semblables. Sous cet angle, on peut considérer l'humain de demain comme une créature destinée à multiplier des euros ou des dollars, manipulé non pas par un gène égoïste, mais par un « argent égoïste » amoral et inhumain. Nous en constatons déjà les effets, notamment avec la politique froidement commerçante des multinationales. Quels que soient les progrès espérés des manipulations génétiques, nous pouvons aussi en craindre les dérives mercantiles. L'expansion imposée des cultures OGM dans le monde, la traque des cultivateurs canadiens[2], les suicides en masse des paysans indiens face à cette dictature économique n'indiquent pas une évolution vers un mieux-être de l'humanité[3].

L'être humain est à ce point dominant sur la planète que le seul animal capable de lui nuire, c'est lui-même ! D'où cette deuxième réversibilité de l'évolution, ou plutôt cet effet boomerang : les sélections culturelle et économique, dégagées des contraintes naturelles, se heurtent désormais aux conséquences mêmes de leur action sur l'environnement. La logique économique écrase le vivant et saccage la planète

---

1. Robert Barbault, *Des baleines, des bactéries et des hommes*, p. 280 et 312. Voir bibliographie.

2. Les cultivateurs canadiens sont traqués par des détectives au service des multinationales. Si leur champ (bio ou tout du moins non OGM) est contaminé par des OGM, ils sont condamnés à payer des sommes considérables pour plagiat industriel, ce qui les pousse à acheter de l'OGM.

3. Voir ou lire à ce propos l'excellent reportage *Le Monde selon Monsanto*, de Marie-Monique Robin (La Découverte/Arte éditions, 2008). La réalisatrice et journaliste (prix Albert-Londres 1995) y montre comment la science a été détournée par des appétits commerciaux qui n'ont rien de l'altruisme affiché.

comme une machine incontrôlable. C'est ce que pourraient nous grogner l'ours blanc, japper le renard des Falkland ou rugir le tigre de Bali, dont nous allons suivre les histoires.

Tigre de Bali, aujourd'hui éteint

Les animaux vont nous manquer

C'est nouveau ça vient de sortir

L'être humain modifie l'évolution de certains animaux depuis des millénaires. Parmi eux, le premier est le loup gris, devenu le chien domestique. Les quelque quatre cents races actuelles, étonnamment différentes les uns des autres, n'ont plus beaucoup de rapport avec l'ancêtre sauvage. Le chihuahua et le danois illustrent cette immense diversité génétique retenue non par la sélection naturelle, mais obtenue par une sélection artificielle à partir du même ancêtre.

Pour savoir comment se sont opérées les transformations, des biologistes ont reconstitué une domestication. Le volontaire désigné était un autre canidé : le renard argenté de Sibérie, une variété de notre renard roux. N'ont été croisés que les individus les moins craintifs vis-à-vis de l'homme, comme nos ancêtres l'ont sans doute fait avec les loups qui s'approchaient de leurs campements. En une trentaine de générations, les renards domestiqués sont devenus dociles, cherchant la compagnie de l'homme, frétillant de la queue à son approche, toujours prêts à jouer. De plus, ils ont changé de look. Le renard nouveau a les oreilles tombantes et le pelage noir et blanc : un vrai toutou ! Déduction : certains caractères mentaux et physiques sont liés. La mélanine, qui colore la peau ou le pelage, est liée aux réactions nerveuses : les rats au pelage pie sont plus dociles. Une thyroïde moins développée donne des animaux plus calmes, plus petits, aux oreilles tombantes. Ce dernier trait est un caractère infantile, que seuls chiens et renards domestiqués gardent à l'âge adulte.

D'autres animaux domestiqués par l'homme ont suivi des évolutions semblables. Le puissant aurochs a engendré des vaches plus petites et plus dociles que lui, souvent pies. Un pelage bicolore se rencontre aussi chez les chèvres, les moutons, les chevaux, les cochons, les lapins et les chats.

L'être humain a également créé involontairement de nouvelles sous-espèces ou espèces sauvages. Ainsi, les souris de Madère ont tendance à se séparer en espèces, si bien qu'elles présentent six variétés très différentes les unes des autres dans les divers reliefs de l'île. Le rôle de l'homme dans cette spéciation ? C'est lui qui les a introduites dans l'île de Madère, découverte par les navigateurs portugais en 1419. Les souris de Madère ressemblent génétiquement à celles du Portugal, mais l'étude de leur ADN révèle quelques autres similitudes avec les souris scandinaves. Les biologistes en déduisent que Madère a certainement été abordée par les Vikings, bien avant les Portugais. Les souris ont évolué. Certains de leurs chromosomes ont fusionné, elles n'en possèdent plus que vingt-deux à trente contre quarante chez leurs ancêtres.

L'homme fragmente les derniers espaces sauvages à la surface de la planète ; les animaux ne peuvent plus circuler de l'un à l'autre, tels les grands félins. Il s'ensuit l'apparition de légères différenciations qui pourraient aboutir à des nouvelles sous-espèces, puis de nouvelles espèces si la consanguinité ne les affaiblit pas.

La spéciation s'effectue aussi en milieu couvert : aujourd'hui, les fameuses drosophiles des laboratoires s'y reproduisent depuis tant de générations qu'elles ont évolué en formes nouvelles, car elles ne s'accouplent plus avec leurs équivalentes sauvages ! Enfin, les souches bactériennes sélectionnées involontairement, par exemple celles des maladies nosocomiales dans les hôpitaux, font partie des créatures générées par l'homme.

Les activités humaines conduisent également à des évolutions comportementales. Des renards s'adaptent aux villes, et quelques léopards aussi, en Afrique[1]. Les oiseaux chantent différemment en zone urbaine. Dans les bouleversements si nombreux, certaines espèces trouvent leur compte, mais la majorité est menacée de disparition.

Le loup, ancêtre du chien

Le chien et le loup ne nous racontent pas la même histoire. L'un a conclu un pacte avec l'homme et le suit jusque dans la culture hors sol de ses appartements urbains. Il nous parle d'alliance. Resté libre et sauvage, le loup est lié aux grands espaces dans lesquels évoluent ses proies. C'est de préservation de la nature qu'il nous parle.

1. Voir *Le Kama-sutra des demoiselles*, du même auteur, chez Robert Laffont.

Homo sapiens, ça coince

Depuis longtemps déjà, l'évolution est perturbée par l'homme. Le paléontologue Niles Eldredge, qui a formulé avec Stephen Jay Gould la théorie des équilibres ponctués, fait remonter à trente mille ans le début de l'actuelle extinction massive d'espèces vivantes due à l'être humain. Il serait difficile d'affirmer qu'*Homo sapiens* n'est pour rien dans la disparition des rhinocéros laineux ou des mammouths d'Eurasie, et de bien d'autres espèces auparavant, même si le climat et les changements environnementaux ont joué un rôle. En Amérique du Nord, toute la grande faune préhistorique, lions géants, castors géants, mammouths, mastodontes... s'est éteinte il y a environ treize mille ans, date de l'arrivée des premiers chasseurs humains.

Des vagues d'extinctions ont eu lieu après le débarquement des hommes partout dans le monde. En Nouvelle-Zélande, les moas, sortes d'autruches géantes, ont été éradiqués ; à Madagascar, l'æpyornis, un autre oiseau géant, et des lémuriens géants ont été éliminés. Plus récemment, l'extermination du pigeon migrateur américain (1914) – dont, auparavant, les vols de centaines de millions d'oiseaux obscurcissaient le ciel durant trois jours –, du phoque moine des Antilles (1954), du thylacine (1961), ou du dauphin d'eau douce chinois (2007) révèlent une accélération du phénomène. Aujourd'hui, les tigres de la Caspienne, de Java et de Bali ont disparu. Plusieurs réserves indiennes sont vides de leurs tigres du Bengale, mais les responsables n'osent pas l'avouer, car ils ont besoin des devises des touristes. Le monde vivant déjà mis à mal doit affronter d'autres brutalités.

Les activités humaines ont provoqué des changements climatiques auxquels tous les organismes vivants vont devoir s'adapter sous peine de disparaître. Des plantes et des animaux migrent vers le nord. Le déplacement des microbes diffuse des épidémies et des maladies tropicales dans des régions où elles n'existaient pas ou d'où elles avaient disparu.

Aux extrémités de la planète, dans les pôles, les animaux du froid, qui ne peuvent pas fuir le réchauffement, sont les premiers menacés. L'ours polaire pourrait bien en être le symbole. Attaqué de l'intérieur par les pollutions industrielles, il voit ses défenses immunitaires s'affaiblir. Les ours bruns, génétiquement très proches, remontent vers le nord et envahissent son territoire – des hybrides d'ours bruns et blancs ont déjà été aperçus. Descendant direct d'une population d'ours bruns, le blanc en est encore très proche génétiquement. À force de croisements, il pourrait donc disparaître par dilution génétique.

Pour ce jeune ours polaire, c'est chaud !

Georges le solitaire

Véritable symbole d'une baisse de la biodiversité, *Chelonoidis nigra abingdoni*, cette variété de tortue terrestre géante des Galápagos, est la plus rare du monde, et sans doute le reptile le plus photographié. Il n'en reste plus qu'un seul individu, un mâle, *Lonesome George* (Georges le solitaire) ! Pour la reproduction, c'est pas gagné… Georges a été trouvé en 1972 sur l'île Pinta, miraculeusement survivant. Depuis, il est devenu un enjeu financier et politique, au point d'être pris en otage par des pêcheurs d'holothuries ou concombres de mer (dont le Japon est très amateur), qui encerclaient et menaçaient d'égorger leur victime si on ne revenait pas sur la décision de leur interdire de saccager les arbres de la mangrove où ils mettaient à sécher les produits de leur pêche. Un accord a été trouvé, et Georges s'en est sorti, cette fois encore.

Dans son enclos, Georges vivait entouré de femelles, mais il se montrait plus agressif que tendre envers elles, les traitant comme des mâles, au grand désespoir des scientifiques. La jeune et jolie Équatorienne chargée de recueillir le sperme du reptile, ce qui lui avait valu le surnom de « branleuse de tortue », n'a jamais pu en obtenir la moindre goutte… Les biologistes se sont ensuite décarcassés pour trouver au vieux célibataire une fiancée qui soit le plus proche possible de lui génétiquement, dans l'espoir de lancer une lignée hybride entre les tortues originaires de l'île Isabela et lui, dernier mâle de Pinta. Ils ont trouvé deux petites tortues, poétiquement appelées 106 et 107. Enfin, après trente-six ans d'attente, deux nids ont été trouvés en juillet 2008. Âgé d'environ quatre-vingt-dix ans, Georges s'est enfin accouplé. Mais 20 % seulement des pontes sont fertiles, soit quatorze œufs. L'espoir renaît donc que le célèbre reptile ne reste pas sans descendance, et que Pinta soit un jour repeuplée de tortues proches des habitants d'origine. Pour forcer le miracle, les gardiens de la star ont décoré les incubateurs de diverses images pieuses…

Que Georges le solitaire représente une sous-espèce, et non une espèce définie, ne nous empêche pas de voir en lui le symbole de toutes ces espèces animales qui disparaissent sous nos yeux.

Le renard des Falkland

Pour lui, c'est fini. Deux fois plus grand que notre renard roux, le renard des Falkland était endémique de ces îles, c'est-à-dire qu'il n'existait nulle part ailleurs. Sur les îles, des navigateurs racontaient avoir été agressés par des meutes de ces canidés. L'équipage de Bougainville, notamment, alluma un gigantesque incendie pour les éloigner. Darwin a une autre interprétation de ces supposées terreurs : « Lorsque l'homme, par exemple, visita pour la première fois les îles Falkland, le gros chien-loup (*Canis antarcticus*) vint, sans témoigner aucune crainte, à la rencontre des matelots de Byron, qui, prenant pour de la férocité cette curiosité ignorante, se précipitèrent dans l'eau pour les éviter ; tout récemment encore, un homme pouvait facilement, avec un morceau de viande d'une main et un couteau de l'autre, les égorger pendant la nuit[1]. »

Plus avisé que ces marins dont il se moque, Darwin s'inquiétait de la raréfaction du renard : « Je pense, sans aucun doute, que puisque ces îles sont en cours de colonisation, avant que le papier sur lequel cet animal a été illustré soit pourri, il sera à ranger parmi les espèces qui ont disparu de la surface de la terre. » Là encore il a eu raison : le renard des Falkland était définitivement éradiqué une quarantaine d'années après ses observations. Les colons, qui accusaient l'animal de vampirisme, le chassaient sans relâche. Le dernier individu fut abattu en 1876.

La perche du Nil est un cauchemar

Darwin s'inquiétait déjà de constater la prolifération de plantes ou d'animaux introduits dans un milieu qui n'est pas le leur. Le problème est aujourd'hui planétaire. Un exemple nous en est donné par la perche du Nil, « héroïne » du film *Darwin's Nightmare* (*Le Cauchemar de Darwin*, Hubert Sauper, 2004[2]). Le titre du documentaire est une allusion au livre de Tijs Goldschmidt *Le Vivier de Darwin* sur les cichlidés du lac Victoria. Ces poissons fantastiques, déjà rencontrés dans le chapitre sur la spéciation, connaissent un taux de disparition aussi hallucinant que leurs possibilités de spéciation. La cause : une seule espèce, la perche du Nil. Introduite dans les années 1950, elle a bouleversé l'écosystème du

1. Charles Darwin, *De la variation…*, p. 23.

2. En fait, le film traite plus de la mondialisation que des poissons, en partant du commerce de la perche du Nil. Les menaces qui pèsent sur l'écosystème du lac Victoria y sont abordées, ainsi que les trafics d'armes locaux, sous l'angle des mainmises marchandes exercées sur une population exploitée. Après un succès planétaire éclatant, le film a été l'objet de polémiques – en France. Était contestée, entre autres, l'authenticité de certains faits exposés. Sauper a gagné son procès en diffamation. Il reste que son film dérange le pouvoir tanzanien et quelques autres.

lac Victoria. De nombreuses espèces de cichlidés, autrefois abondantes, sont désormais introuvables. Les filets remontés par les pêcheurs ne contiennent quasiment que des perches du Nil. Cependant, certains poissons que l'on croyait éteints ont réapparu ; leur étonnante faculté à se diviser en espèces nouvelles laisse espérer une adaptation à ce nouveau contexte, sans pour autant empêcher des disparitions irréversibles et le bouleversement d'un écosystème unique.

La perche du Nil est un symbole des destructions provoquées par des espèces introduites dans des écosystèmes qui n'y sont pas préparés, tout comme le lapin en Australie. Seule une petite proportion des introductions poserait problème, évaluée à une sur mille pour les végétaux, mais les dégâts peuvent être énormes, jusqu'à la disparition des espèces locales. Ainsi, les rats, souris, chats ou chèvres introduits dans quasiment toutes les îles du monde, qui ont éradiqué de nombreuses autres espèces. Le résultat est un appauvrissement et une banalisation des écosystèmes au niveau planétaire : on rencontre partout les mêmes plantes et les mêmes animaux, la biodiversité en prend un sale coup. Les cichlidés du lac Victoria nous signalent qu'ils n'apprécieraient pas du tout, mais pas du tout, que cela se termine en queue de poisson.

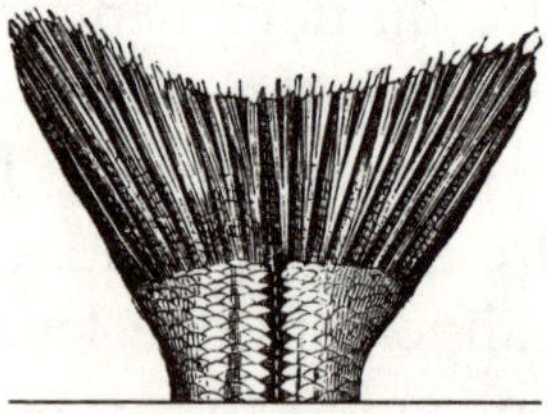

La biodiversité est très très entamée

IV

Conclusion

Y A-T-IL UN NATURALISTE DANS LA SALLE ?

Coupés de la nature

Charles Darwin demain

La théorie de l'évolution réunit de nombreuses branches du savoir et donne une image cohérente du fonctionnement global de la vie. Elle embrasse la diversité du vivant et son unicité. Elle est aujourd'hui encore la meilleure explication qu'on ait trouvée. Et comme écrivait souvent Charles Robert avec un brin de défi, si quelqu'un en a une meilleure…

Dans *Darwin et les grandes énigmes de la vie*, Stephen Jay Gould livre cette réflexion : « La position de Darwin était pluraliste et ouverte, ce qui est la seule attitude raisonnable face à la complexité du monde. Il a accordé une énorme importance à la sélection naturelle mais il n'a jamais nié l'influence d'autres facteurs. » Après Charles Darwin, tant de cerveaux brillants ont adopté ses idées et les ont fait avancer qu'elles ont continué à vivre. Ils ont repris le flambeau, et avec celui-ci, ils ont éclairé des zones que sans doute Darwin lui-même ne soupçonnait pas. Selon la formule du naturaliste et généticien Theodosius Dobzhansky : « Rien n'a de sens en biologie si ce n'est à la lumière de l'évolution. » Le darwinisme a été la source ou le catalyseur de nombreuses disciplines scientifiques, qui puisent leur force et leur cohésion dans la notion d'évolution : l'embryologie, la médecine évolutive, la biologie moléculaire, l'évo-dévo, l'immuno-écologie, l'anthropologie, l'éthologie ou encore l'écologie.

En rupture avec la nature

Toute sa vie, Darwin a vécu en contact intense avec la nature et avec des animaux, qu'il observait quotidiennement dans les campagnes anglaises. Son voyage à travers quelques grands espaces sauvages de la planète lui a fait tester l'immensité du terrain de jeu de l'évolution.

Darwin a vécu à une époque extraordinaire pour un explorateur naturaliste. Ses écrits montrent à quel point il a aimé cette vie au grand air, libre d'arrêter son cheval où bon lui semblait pour allumer un feu et savourer les produits de sa chasse. « Parmi les scènes qui ont fait une profonde impression sur mon esprit, se souvient-il, aucune n'est plus sublime que l'aspect des forêts vierges qui ne portent pas encore la trace du passage de l'homme[1]. » Dans son journal, évoquant l'immensité de la forêt brésilienne, il ajoute qu'« il n'était pas possible de donner une idée adéquate des sentiments élevés d'émerveillement, d'admiration et de dévotion qui remplissent et emportent l'esprit ».

Lucide, Darwin devine que les hommes sauvages habitant cette nature encore grandiose seront rattrapés par les colons occidentaux : « Partout où l'Européen porte ses pas, la mort semble poursuivre les indigènes », constate-t-il dans *Voyage d'un naturaliste*[2]. L'ethnie des Fuégiens, qu'il a rencontrée, a aujourd'hui totalement disparu. Dans *La Filiation*[3], il entrevoit le même sort pour certains grands primates humains et les non-humains : « Dans quelque période future, pas très éloignée si l'on compte par siècles, les races civilisées de l'homme extermineront et remplaceront presque certainement les races sauvages dans le monde entier. En même temps, les singes anthro-

1. Charles Darwin, *Voyage*… p. 535.
2. *Ibid.*, p. 465.
3. Charles Darwin, *La Filiation*…, p. 246.

pomorphes (…) seront sans doute exterminés. La rupture entre l'homme et ses plus proches voisins sera alors plus ample. » Cette rupture est d'abord celle de l'homme urbanisé d'aujourd'hui avec la nature. Avec *sa* nature.

Darwin a constaté la raréfaction des Indiens, nous constatons maintenant celle des naturalistes dans les sciences actuelles. Ont-ils encore une place dans notre civilisation ? On pourrait songer à une sorte de sélection artificielle, sociale ou économique des hommes proches de la nature, quels qu'ils soient, car la nature elle-même n'est plus sérieusement prise en compte.

Comme la plupart de ses collègues, le biologiste Jean-Loup d'Hondt constate : « Pour certains embranchements zoologiques, et pas toujours pour les plus modestes d'entre eux, nous n'avons plus en France le moindre spécialiste, ou seulement un unique chercheur proche de la retraite, matériellement incapable d'assumer une tâche qui mobiliserait à temps plein plusieurs personnes[1]. »

La multicompétence des naturalistes de terrain est en voie de disparition, remplacée par des disciplines scientifiques plus immédiatement lucratives. De nombreux biologistes et éthologistes constatent que les crédits accordés à leur branche, en France surtout, mais aussi ailleurs, sont réduits à peau de chagrin, écrasés par l'omniprésence de la biologie moléculaire. Il n'y a plus beaucoup de place pour une vue globale des faits qui permette des considérations à long terme

Dans *Le Vivier de Darwin*, le biologiste de terrain Tijs Goldschmidt déplore : « Les évolutionnistes s'habituent à cette idée : à toutes les questions qu'ils abordent, Darwin a déjà apporté une réponse. Celles-ci sont formulées en mots et non, comme c'est le cas aujourd'hui, condensées en termes mathématiques. […] Bientôt, nous serons envahis de calculateurs et pontifes de la génétique et on ne trouvera plus de biologistes capables de classer les espèces et d'observer les animaux et les plantes. »

---

1. *Les Invertébrés marins méconnus*, p. 19, Paris, Institut océanographique, 1999.

Actuellement, toutes les branches professionnelles étant sanctionnées par les mathématiques, Darwin, qui n'était pas bon en maths, aurait eu peu de chances d'accéder à une carrière scientifique. Bien sûr, ce ne sont pas les mathématiques qui sont en cause, mais l'hégémonie du chiffre et de la courbe. Certains mathématiciens cherchent même à mettre l'évolution en équation[1].

La philosophie anti-nature qui s'est imposée dans notre civilisation[2] pousse chaque domaine de notre existence à se voir mathématisé, y compris la biologie, la science du vivant. Comme si l'on pouvait robotiser l'organique. Avec une pointe d'ironie, le botaniste Jean-Marie Pelt rappelle souvent que les lettres SVT (Sciences de la vie et de la terre) étudiées à l'école devraient désormais se traduire comme « Sciences du virtuel et du technologique », comme le lui a suggéré avec amertume une enseignante. Les SVT étaient autrefois appelées les sciences *naturelles*. Le mot même de *nature*, remplacé par le terme « biodiversité » (ça fait tellement plus sérieux), disparaît des structures et des discours officiels, même lorsqu'il s'agit d'événements ayant trait à sa protection ! Le très antipathique James Watson[3], co-découvreur de la double hélice d'ADN, méprise ouvertement la biologie de terrain. Il a toujours été persuadé que la biologie moléculaire

1. « Les évolutionnistes sont surpris de l'acharnement que mettent les mathématiciens à vouloir transcrire l'évolution en équations. Dernière tentative, celle de Jean Chaline et Laurent Nottale, grâce aux fractales. Bel exemple, dans lequel les données paléontologiques étaient choisies à dessein. Ce n'est pas parce que les mathématiciens n'arrivent pas à modéliser l'évolution qu'elle n'existe pas. Comme si on disait que les changements de temps ou les saisons n'existent pas parce qu'on ne peut pas prévoir la météo au-delà de dix jours ! », écrit le paléoanthropologue Pascal Picq (*Lucy et l'obscurantisme*, p. 139).

2. Lire à ce sujet *La Civilisation anti-nature* de François Terrasson. Voir bibliographie.

3. C'est un *a priori* personnel. Cet homme a reçu le prix Nobel sans avoir rendu le moindre hommage à Rosalind Franklin qui a permis sa découverte, et l'a dénigrée même après sa mort. Récemment, il s'est fait licencier de ses fonctions à la Cold Spring Harbor Laboratory pour propos racistes publiés dans le *Sunday Times*. Ça fait beaucoup.

la supplanterait d'une manière ou d'une autre, et il pourrait bien avoir raison.

Une anecdote prémonitoire de la crise de la « vache folle », dont Charles Darwin a été le témoin, illustre les intérêts parfois très immédiats des sciences de la nature. En 1885, une épidémie bovine venue de Hollande, appelée *rinderpest*, se répandit rapidement dans les troupeaux d'Angleterre. Les Darwin ne possédaient que deux vaches à Down House, pour leur consommation de lait, mais autour d'eux, les pâturages fourmillaient de bovins. Plus de soixante-dix mille têtes furent contaminées en Angleterre, plus de cinquante mille moururent ou furent abattues. L'anxiété grandissait dans le pays. Des éleveurs, aidés par des scientifiques dont certains étaient des amis de Charles, trouvèrent le moyen d'enrayer l'épidémie. Ce fut pour Darwin l'occasion de faire cette remarque : « Le Parlement a toujours négligé la science. Il a peut-être appris une leçon sur sa valeur pratique. Nous avons besoin de lois favorables et de bourses pour financer la recherche, tout particulièrement en médecine, pour protéger des maladies hommes, bétail, plantes et tous les êtres vivants[1]. » Les subventions, toujours les subventions… le texte restera encore longtemps d'actualité !

Massacre à la tronçonneuse

Une des grandes originalités de Darwin est le regard à la fois ouvert et dénué de malveillance qu'il porte sur tous les êtres vivants, qu'ils soient esclave ou bourgeois, homme ou bête, ver de terre ou orang-outang. L'anthropomorphisme assumé de cet homme qui a bouleversé la science agace toujours. Darwin a cependant ouvert une porte avant lui barricadée de préjugés, et nous a permis une approche plus intime de l'animal, qui nous pose des questions sur notre propre identité et sur notre véritable place parmi les autres espèces.

---

1. Anecdote tirée de *Charles Darwin, le roman de nos origines*. Voir bibliographie.

Dans *Introduction à la psychanalyse*, Sigmund Freud rappelle les deux grandes théories qui ont offensé l'orgueil anthropocentrique de notre civilisation. Première blessure narcissique, la révélation de Copernic : en 1543, l'astronome annonçait que la planète Terre, support de l'humanité, n'était pas le centre du monde ! Nous étions relégués au rang de simples particules de l'univers. Deuxième offense grave : Darwin et les évolutionnistes ont placé l'homme dans le règne animal : nous sommes de la même nature organique que le singe ou la limace. Après les révolutions copernicienne et darwinienne, Freud fut lui-même à l'origine d'une nouvelle humiliation révolutionnaire en montrant que l'esprit humain pouvait être soumis à des pulsions inconscientes que sa raison ignorait et qui pouvaient orienter ses actions. L'homme, qui n'était déjà plus le maître de l'univers, ni celui du monde, ne l'était désormais plus de lui-même.

Tout cela, nous l'avons digéré, aujourd'hui. Enfin… Est-ce si sûr ? Des chercheurs de pointe nous affirment encore que la merveille des merveilles, la machine organique la plus complexe qui ait jamais existé, est le cerveau de l'homme. Comme s'il était prouvé que nous sommes les seules créatures pensantes de l'univers, ce qui n'est ni vérifié ni vérifiable. L'orgueil anthropocentrique n'est pas mort. Mais le plus grave pour nous-mêmes reste notre honte des origines, cette volonté de nous couper de la nature, comme s'il nous fallait devenir des créatures hors-sol détachées des nécessités organiques.

Adoratrice du dieu dollar et du dieu technologie, notre civilisation reste profondément anthropocentrique. La rupture avec la nature entraîne sa destruction aveugle, systématique, suicidaire. Et sa destruction n'est pas dommageable seulement à quelques doux originaux passionnés de coléoptères, mais à l'humanité entière. En détruisant la nature, nous détruisons les hauts lieux de notre imaginaire et de nos émotions. En détruisant la nature, nous saccageons les sources de notre air, de notre eau, de notre nourriture et de nos médicaments. En détruisant la nature, nous coupons une par une les branches de l'évolution. En détruisant la nature, nous faisons disparaître d'indispensables espaces de découvertes, sans lesquels Charles Darwin ou Jane Goodall n'auraient pu ouvrir nos connaissances de la vie et de nous-mêmes.

Fantastique témoin de nos origines, si proche de nous avec ses doigts tellement humains, une jeune guenon chimpanzé s'exerce maladroitement à casser une noix avec une pierre, quelque part dans la forêt africaine. À des milliers de kilomètres de là, un orang-outang enroule des feuilles autour de sa bouche comme un mégaphone, et s'en sert de porte-voix pour se faire entendre. Il n'est pas entendu. Comme le chimpanzé en Afrique ou d'autres singes en Amazonie, il est aujourd'hui cerné par le vacarme dominateur des tronçonneuses. Les arbres de leur forêt tombent comme tombent les espèces vivantes des branches de l'évolution, laissant derrière elles le silence et la mort. Aujourd'hui, les espèces s'éteignent les unes après les autres, tels les renards des Falkland, les dodos de l'île Maurice, les loups de Tasmanie, les tigres de la Caspienne, de Java et de Bali, les bouquetins des Pyrénées ou les petits poissons du lac Victoria : partout sur la planète, le cauchemar de Darwin a déjà commencé.

Le dodo, symbole des espèces disparues

POSTFACE

Paroles de botaniste

Les pensées évolutionnistes de Darwin sont universelles. Basées essentiellement sur des observations de terrain portant sur le monde animal, elles sont aussi valables pour le monde végétal. En effet, si les pinsons des Galápagos possèdent chacun un bec adapté à un régime alimentaire particulier, il est possible de réaliser des remarques similaires sur les plantes. Dans une même famille végétale, par exemple les orchidacées, existent des espèces vivant sur le sol, en sites diversement humides, même parfois périodiquement inondés, d'autres vivant dans les arbres, en épiphytes, et d'autres, comme les vanilles, qui sont de véritables lianes. Ceci permet, aujourd'hui, de mettre en évidence des bio-indicateurs de milieux, par exemple les plantes calcicoles (qui supportent le calcaire), ou les plantes calcifuges vivant, comme les rhododendrons et les azalées, sur sol acide.

Après la découverte de la génétique, les idées ont évolué vers l'étude des mécanismes intra-cellulaires, liés au support de l'hérédité, pour aboutir aux recherches biomoléculaires. Cette avancée a eu pour inconvénient de scinder la botanique et la zoologie en deux « camps » : les naturalistes de terrain d'un côté, et ceux de laboratoire de l'autre, ces derniers, réputés les plus sérieux, effectuant des recherches de pointe, disposant de plus de moyens que les premiers. Il s'ensuit que, parmi les espèces rares et menacées d'extinction, il faut mettre les naturalistes de terrain, du moins en France ! Dans nos pays voisins, la situation est différente, les deux types de recherche coexistent. C'est ainsi que les botanistes allemands continuent des recherches de terrain, y compris dans les Vosges. Les collègues suisses s'intéressent à l'ensemble du massif alpin ; les Espagnols réalisent des cartographies botaniques dans l'ensemble des Pyrénées et sur la côte roussillonnaise. En France, aujourd'hui, y compris au Muséum, les critères d'embauche de jeunes chercheurs sont essentiellement les publications dites de rang A, à haut facteur d'audience et toutes anglophones. Aussi nos jeunes collègues, presque tous biomolécularistes, ne connaissent pratiquement pas les espèces sur lesquelles ils travaillent ; ils n'en ont qu'une vision partielle ; ce sont des objets virtuels.

Bien entendu, cet état de fait est grave ; de nombreuses espèces animales et végétales sont encore à découvrir ; cela signifie du terrain et encore du terrain, savoir placer dans un contexte évolutif les découvertes, savoir les nommer en fonction des codes de nomenclatures botaniques et zoologiques, et aussi connaître leurs exigences écologiques, ne serait-ce que pour répondre à divers programmes proposés par les ministères de l'Environnement de différents pays et participer à des études préliminaires de mise en réserve et de création de territoires à protéger.

Actuellement, en France, nous avons d'une part les botanistes qui s'obstinent à faire du terrain – et d'autre part les « botanistes de laboratoire ». Nous sommes loin de l'esprit de Darwin, qui a tiré ses conclusions de l'observation d'animaux sur le terrain.

Claude Sastre,

Professeur, Muséum national d'histoire naturelle, Secrétaire de la section Sciences, Histoire des sciences, Archéologie industrielle, Comité des travaux historiques et scientifiques.

ANNEXES

La bataille entre scientifiques et fondamentalistes religieux n'est pas le propos de ce livre. Néanmoins, le sujet est trop sérieux pour être contourné. De plus, là aussi, des animaux ont des choses à nous raconter. Et après ces belles histoires, vous avez bien mérité une petite interro surprise…

Le divin scarabée péteur

La guêpe qui a éloigné Dieu

Elle porte de longues antennes élégantes, une mini-taille de guêpe (forcément…), un corps élancé. Ses gestes sont rapides, incessants. Elle cherche fébrilement quelque chose. Cette guêpe particulière fait partie de ces insectes aux mœurs impitoyables longuement décrits par Jean Henri Casimir Fabre (1823-1915). Il s'agit d'une femelle, car elle porte à l'arrière un tube de ponte, l'ovipositeur, incroyablement long et fin. Enfin, la guêpe a trouvé une victime : chenille, sauterelle, larve d'insecte selon les espèces. Avec une science digne d'un chirurgien de haut niveau, qui a étonné Fabre ; elle pique sa proie de son aiguillon exactement aux points stratégiques de son système nerveux et la paralyse. Puis elle la transporte, inerte, dans son terrier, et pond sur elle.

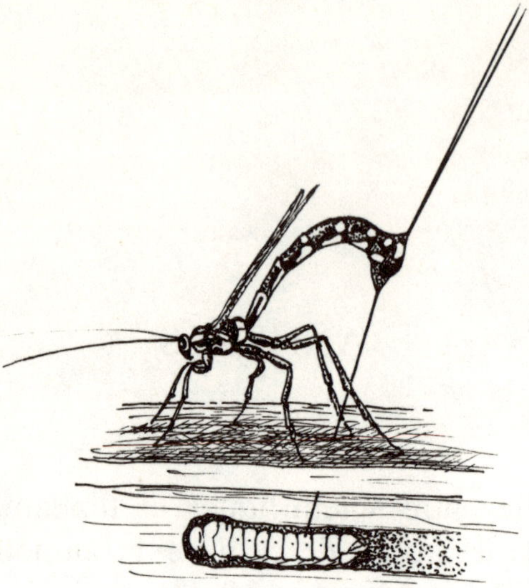

Ichneumon femelle en train de pondre

Une fois éclose, la larve se nourrira de l'animal immobile mais vivant, en commençant par les parties non vitales, disposant ainsi de viande fraîche tout au long de sa croissance. C'est une de ces guêpes parasitoïdes[1], l'ichneumon, qui a contribué à éloigner Darwin de la croyance en un Dieu bienfaisant. Dans son *Voyage d'un naturaliste autour du monde*, il écrivait déjà : « Les larves se nourrissent de cette horrible masse de victimes impuissantes mais vivantes encore ; spectacle affreux, qu'un naturaliste enthousiaste appelle cependant amusant et curieux ! » Après la publication de *L'Origine*, Darwin explique son athéisme à son supporter américain Asa Gray : « Je ne parviens pas à me persuader qu'un Dieu bénéfique et omnipotent a créé à dessein les *Ichneumonidae*, dans l'intention expresse de les faire se nourrir du corps vivant des chenilles, ou le chat pour qu'il joue avec la souris… »

1. En principe, un parasite ne tue pas son hôte. Le terme exact pour désigner ces insectes est parasitoïde, car leurs larves tuent leur victime. Il existe des centaines d'espèces de guêpes parasitoïdes en Europe, des milliers dans le monde. La description de celle-ci est générale.

L'étude des mêmes insectes n'a pas découragé Fabre de croire en un créateur. Opposé aux idées évolutionnistes, il affirme vouloir ne s'en tenir qu'aux faits et il se méfie des « hautes théories ». Bien que ce point de vue les oppose, le Français respecte l'homme de science anglais et communique avec lui. Il sent dans leurs échanges de courrier un désir sincère de vérité, et travaille son anglais pour pouvoir mieux lui répondre. L'estime est réciproque. Dans une lettre inédite de janvier 1880, Darwin écrit à Fabre : *I do not believe that any one in Europe has more truly admired your investigations that I have done*, « Je ne crois pas qu'il y ait personne en Europe qui admire vos recherches plus que moi ».

L'évolution graduelle de Darwin

Dans son autobiographie, Darwin se rappelle : « Lorsque j'étais à bord du *Beagle*, j'étais tout à fait orthodoxe, et je me souviens avoir déclenché de grands rires chez plusieurs officiers (eux-mêmes pourtant orthodoxes), en citant la Bible comme une autorité incontestable sur un point de morale. »

Après son voyage, plus il avance dans la construction de sa théorie et plus sa foi faiblit. En 1870, il écrit à son ami Hooker : « Ma théologie est tout à fait confuse ; je ne peux regarder l'univers comme le produit d'un hasard aveugle, et pourtant je ne vois aucune preuve d'un dessein bénéfique, ni même d'un quelconque dessein dans les détails. » Des événements aussi douloureux que la mort de sa fille Annie à l'âge de dix ans ont sans doute définitivement fait basculer Darwin du côté de l'agnosticisme. « Ainsi, l'incrédulité m'envahit-elle très lentement, pour finalement devenir totale[1]. » Il s'est cependant toujours bien gardé de s'opposer publiquement à la religion, entre autres pour ne pas choquer sa femme qui restait très croyante. Emma connaît son Charly par cœur. On connaît d'elle deux lettres sur le sujet, pleines de retenue, de tendresse et de compréhension, dont la première a été écrite peu après

1. Charles Darwin, *Autobiographie*... p. 72.

leur mariage : « Puisse cette habitude scientifique de ne rien croire qui n'ait été prouvé ne pas trop influencer votre esprit en d'autres matières… »

Malgré la discrétion de Charles à ce propos, ses idées matérialistes ont provoqué quelques conflits sévères entre lui et les partis religieux. Dans son autobiographie, il remarque avec un certain humour : « Considérant maintenant avec quelle brutalité j'ai été attaqué par les orthodoxes [dans le sens : fidèles au dogme], il me semble grotesque que j'aie eu autrefois l'intention d'être pasteur. »

Une pétaradante mauvaise foi

Le jeune Charles Darwin s'était fait brûler la langue en se mettant un scarabée dans la bouche. S'il était encore en vie, ces coléoptères continueraient de le titiller. Ces insectes sont de vraies usines chimiques, et ils ont une manière redoutable de se défendre. Ils propulsent sur leur ennemi un spray acide et bouillant accompagné d'une détonation, d'où leur nom de bombardiers, et leur surnom de scarabées péteurs. L'arme du bombardier a été décrite en détail par le chimiste allemand Schildknecht. Elle consiste en substances chimiques sécrétées et stockées dans un réservoir. En cas d'agression, l'insecte pétomane les expulse dans une chambre de réaction située juste avant l'anus, où des enzymes catalyseuses amorcent l'explosion[1]. L'ensemble est éjecté avec beaucoup de précision à une température pouvant atteindre 100 °C. Le scarabée peut ainsi « péter » trente fois de suite !

Les créationnistes défendent l'idée que les textes religieux anciens traitant de l'histoire du monde sont non des paraboles ni des messages chargés de symboles spirituels, mais des descriptions de faits réellement survenus, et donc la

1. Pour les férus de chimie, précisons que les substances sont constituées par deux types de réactifs : le peroxyde d'hydrogène (H_2O_2) et des hydroquinones. Les enzymes provoquent la réaction hydroquinones $+ H_2O_2 \Rightarrow$ quinones irritantes $+ 2H_2O$ + chaleur (d'après Laurent Pélozuelo in *Insectes*, n° 148. Voir également http://laurent.penet.free.fr/bombardier.html et http://libresansdieu.org/pmwiki/Main/Scarab%E9eBombardier).

seule référence scientifique possible. Un tel postulat ne peut s'accorder avec la démarche expérimentale, retenue par la science, qui consiste d'abord à observer les phénomènes, ensuite à émettre des hypothèses, enfin à vérifier ces hypothèses en se gardant de tout préjugé. Bref, les créationnistes tournent délibérément le dos à la science. Ce qui ne les empêche pas d'utiliser son vocabulaire pour la contredire – comme le montre l'exemple du scarabée péteur.

Le pet du scarabée, cette merveille de la nature, est, en effet, pour les créationnistes, une des preuves les plus solides de l'existence de Dieu. Un chimiste créationniste, Duane Gish, a invoqué dès 1978 le spray rectal de *Mister B. B.* (*Bombardier Beetle*) comme témoignage irréfutable d'une divine création. Chercher le doigt de Dieu jusque dans ces lieux obscurs, où la foi va-t-elle se nicher… ? Gish s'appuie pour sa démonstration sur une traduction tendancieuse de Schildknecht. Il prétend que les substances chimiques stockées par le bombardier ne restent stables que parce qu'un inhibiteur les empêche d'exploser. Selon lui, un système d'une telle perfection ne peut provenir d'une évolution graduelle, et donc est apparu d'un seul coup. Il « oublie » au passage le rôle des enzymes catalyseuses, qui sont les véritables activateurs de l'explosion. Évidemment, cette affirmation pétaradante a été démentie par le monde scientifique[1]. Les biologistes ont démontré que mélanger les substances ne suffisait pas à les faire exploser. Mais les créationnistes persistent dans leur interprétation fallacieuse : quand la foi s'appuie sur la mauvaise foi…

Et le scarabée péteur, vous savez ce qu'il nous dit ?

La disparition des dinosaures, revue et corrigée

Par définition, le chercheur cherche, et se remet en question. Toute l'histoire humaine est balisée de formidables débats qui ont peu à peu ouvert le champ des connaissances.

1. Par exemple Dawkins en 1987.

Au contraire, les certitudes immuables des fondamentalistes empêchent et détruisent toute curiosité, toute réflexion, tout doute constructif, tout mouvement de l'intelligence – il est sans doute rassurant de s'installer dans la confortable stabilité des idées définitives.

Les créationnistes nous assènent leurs affirmations avec un mélange de naïveté enfantine et d'arrogance guerrière qui n'a même pas besoin d'être caricaturé. Pour le dessert, je ne résiste pas au plaisir de vous livrer un morceau choisi parmi d'autres, dans les textes offerts par la multitude de sites Internet créationnistes, dont certains font froid dans le dos tant ils débordent de violence à l'encontre de ceux qui ne pensent pas comme eux. Pour le moment, décidons d'en rire. Je n'ai pas retouché un mot de ce qui suit.

Avant la Chute, la mort n'existait pas, les dinosaures et les autres mammifères étaient donc végétariens, il en était ainsi, malgré tout ce qu'on nous a enseigné à l'école. Des couples de toutes les races de dinosaures sont entrés dans l'Arche de Noé, probablement des jeunes dinos. Tous les autres dinosaures ont péri lors du déluge, il y a environ 4 500 ans, en même temps que tous les autres animaux terrestres. Cet ensevelissement rapide a fait que plusieurs se fossilisèrent. Pour former des milliards de fossiles de par le monde, dans des couches qui font parfois des kilomètres d'épaisseur, il faut, de façon générale, que les organismes aient été enfouis rapidement, comme ce fut le cas lors du déluge. Après le déluge, le climat a beaucoup changé, il y a eu une période volcanique intense, suivi d'un refroidissement global et d'une période glacière (sic). *La majorité des dinosaures ainsi que des multitudes d'autres mammifères qui avaient recommencé à se répandre sur la terre n'ont pu survivre dans ces conditions, leur habitat étant détruit. Cela a parfois pu se produire rapidement, car on a retrouvé des mammouths congelés avec de la nourriture végétale dans leur estomac. L'homme a aussi contribué à l'extermination des dinosaures et des grands mammifères, voir par exemple le*

Bunyip australien[1]. *Il est facile de comprendre pourquoi les hommes ont cherché à exterminer ces créatures gigantesques qui pouvaient les attaquer ou encore ravager leurs récoltes. L'idée de conservation de la nature n'est qu'une mode récente ! Il y avait aussi, comme de nos jours, des maladies, des problèmes génétiques, des famines.*

Pour conclure, nous avons tellement été programmés depuis notre enfance [à admettre] que les dinosaures ont vécu des millions d'années avant l'arrivée de l'homme qu'il est très difficile de s'imaginer que cela s'est passé autrement, c'est pourtant bien le cas. Dieu [ne s'est] pas éteint non plus dans le lointain passé, il existe encore et il existera toujours, pourquoi ne pas lui demander qu'il vous éclaire à ce sujet[2] *?*

Tenez-vous-le pour dit : non seulement les dinosaures étaient des mammifères (*sic*) contemporains de l'homme, mais tous les animaux, avant la chute, étaient végétariens, et donc, les crocs des tigres ont été créés pour brouter la pelouse – entre nous, le divin horloger était un bien piètre bricoleur… Bref, à l'école, on ne raconte que des bêtises. Créationnistes ou crétintégristes ? À vous de juger.

Fausse opposition, vraie menace

On a beaucoup opposé la théorie de l'évolution aux croyances religieuses (protestantes, mais aussi catholiques, des témoins de Jehovah et depuis peu musulmanes), comme si la foi et la science étaient strictement antinomiques. Certes, Darwin a coupé le lien entre la science et la religion. Pour lui, les croyances observées chez tous les peuples sous différents aspects font partie de l'évolution. Mais est-il pour autant « l'ennemi de Dieu », comme le titrent si souvent les médias ? Sans entrer dans des débats largement développés ailleurs, rappelons que, parmi les darwinistes convaincus, on trouve

1. Sorte de dinosaure à bec de canard supposé avoir été dessiné par des gens du coin l'ayant rencontré.

2. Source : www.croixsens.net/creation/extinction.php.

des croyants, comme le prêtre jésuite Pierre Teilhard de Chardin (très proche du « dessein intelligent ») ou aujourd'hui Jean-Marie Pelt, et que Charles Darwin a eu un enterrement en grande pompe avec les hommages de l'Église.

Si les idées de Darwin sont toujours d'actualité, leurs détracteurs aussi ! Les fameux « procès du singe » (trois à ce jour, en 1925, 1982 et 2005) intentés aux États-Unis contre l'enseignement des sciences de l'évolution dans les établissements scolaires l'ont montré. Et l'on peut trouver des créationnistes jusqu'au sommet de l'État – les présidents Ronald Reagan et George W. Bush se sont exprimés en faveur des thèses religieuses fondamentalistes[1]. On a souvent considéré que l'extrémisme chrétien était propre aux États-Unis, mais le créationnisme sévit aussi en Europe. Déjà, plusieurs « Musées de la Création », pastichant les musées véritables pour se donner une apparence de crédibilité scientifique, ont vu le jour. Le premier en Allemagne, à Umea, en 1996, puis à Hagen-Holenlimburg, et bientôt Genesis-Land, en Suisse.

En 2007, des milliers d'exemplaires d'un *Atlas de la création* venu de Turquie ont été distribués dans les écoles et universités françaises, hollandaises, allemandes et polonaises. Dans ce luxueux album, on voit des fossiles mis en regard d'animaux actuels très semblables (libellule, salamandre...), comparaison censée « prouver » que les espèces n'évoluent pas, sans aucune mention de ce que l'on sait des ancêtres du cheval, de la baleine et de l'homme. Notons que l'auteur a été condamné à trois ans de prison ferme à Istanbul pour « création d'une organisation illégale » et « enrichissement personnel ».

Des responsables politiques européens ont d'ores et déjà pris position contre les théories évolutionnistes, ce qui indique que le mouvement est en expansion. À tel point que, le 4 octobre 2007, des élus du Conseil de l'Europe ont fait voter une résolution condamnant l'intrusion du créationnisme dans les écoles, et résumé avec sagesse :

---

1. Sarah Palin, colistière de John McCain pour les élections américaines de 2008, a déclaré en 1997 qu'elle pensait les dinosaures contemporains de l'homme, et qu'elle n'aimait pas Darwin. C'est une créationniste convaincue.

« Il ne s'agit pas d'opposer croyance à science, mais il faut empêcher que la croyance s'oppose à la science. »

Depuis les premières offensives anti-évolutionnistes, les créationnistes ont évolué. Mais oui. Beaucoup ont renoncé à prendre la Bible au pied de la lettre, tant la position était difficile à tenir (même le Vatican ne conteste plus la théorie de l'évolution). Ceux-là admettent désormais l'évolution, mais tentent de démontrer qu'elle ne peut que tendre vers un but précis, un dessein – l'*Intelligent Design*[1], le dessein intelligent. Bref, selon eux, il y a « forcément » un créateur derrière tout ça… Le problème n'est pas l'idée en elle-même, qui peut être reprise par des croyants modérés, mais que, de fait, les militants du dessein intelligent sont souvent des créationnistes plus ou moins convaincus (généralement très convaincus), qui cherchent avant tout à se donner une apparence scientifique qui leur permettrait d'imposer leur conception dans l'enseignement.

L'évolution pour cible

En Grèce, où l'Église orthodoxe est très puissante, l'évolution ne figure pas au programme scolaire. En France, la situation est moins grave, cependant préoccupante. L'évolution est enseignée au collège et au lycée, mais reste fragile face aux arguments séduisants des fondamentalismes. Il est nécessaire d'exposer clairement l'état de nos connaissances en biologie, donc de bien décrire les mécanismes de l'évolution, et pas seulement les faits.

1. Le dessein intelligent. Les initiales du terme anglais, « ID », se prononcent « aïdi », comme *idea*, le mot qui signifie « idée ». En fait, l'idée est de ne pas montrer ouvertement une croyance en Dieu, mais de la camoufler en une science qui démontrerait l'existence nécessaire d'une volonté, donc d'un créateur. Les créationnistes ont été déboutés des deux derniers « procès du singe », car les scientifiques ont montré que l'*intelligent design* n'est pas une vraie science qui repose sur des hypothèses et des vérifications, mais au contraire sur un dogme indiscutable dès le départ. L'enseignement de cette pseudo-science au même titre que l'évolution a donc été décrétée anticonstitutionnel par rapport au Premier Amendement de la Constitution sur la liberté de croyance des États-Unis. Une belle victoire de la laïcité, dans une nation où les présidents jurent sur la Bible !

L'infiltration du fondamentalisme religieux dans nos écoles, où l'on commence à voir des élèves quitter les cours lorsqu'un professeur aborde le sujet de l'évolution, est un signe inquiétant de cet obscurantisme renaissant. Jadis, de nombreux scientifiques et libres penseurs ont péri sur le bûcher pour avoir osé émettre des idées qui contredisaient les dogmes religieux. Aujourd'hui, la même intolérance conduit, un peu partout dans le monde, au même refus du savoir, à la violence, voire au meurtre. La séparation de l'Église et de la science reste aussi indispensable à l'avancée des connaissances que la séparation de l'Église et de l'État l'est à la démocratie. C'est la transmission du savoir qui est en cause, donc une forme réelle de recul qui nous menace.

Un livre ne suffirait pas à énumérer et à exposer les oppositions historiques et actuelles entre anti-évolutionnistes et scientifiques[1], et ce n'est pas l'objet de celui-ci. Simplement, restons vigilants. Et cédons la parole à Coluche : « Ce n'est pas parce qu'ils sont nombreux à avoir tort qu'ils ont raison ! »

Interro surprise

Pourquoi ces mots ou ces expressions sont-ils trompeurs ?

Les mots et les expressions qui suivent sont utilisés aussi bien dans les livres sur l'évolution (y compris celui-ci) que dans le langage courant. Cependant, ce sont des terrains minés de faux-sens qu'il est utile de décrypter…

La théorie de l'évolution

Pistes de réponse pages 48 et 104.

Darwin préférait parler de transmutation des espèces, de modification au cours du temps ou de sélection naturelle.

1. Il en existe d'excellents, voir, par exemple, en bibliographie *Darwin l'hérétique*, de Thomas Lepeltier.

L'expression « théorie de l'évolution » ne serait pas venue de lui, mais du philosophe Herbert Spencer, qui a mal interprété Darwin, et presque chaque mot de cette formule en est discutable. À commencer par le « La »…

« **La** »

Il n'y aurait pas une, mais cinq théories de l'évolution, selon l'analyse d'Ernst Mayr dans son *Histoire de la biologie*. Soulignant que *L'Origine des espèces* est un livre chaotique, car il réunit des sujets très différents, Mayr sépare l'ensemble en cinq grandes théories : l'évolution par descendance d'ancêtres communs, le gradualisme de l'évolution, la spéciation populationnelle, la sélection naturelle et l'évolution en tant que telle.

« **Théorie** »

Il ne s'agit pas d'une théorie dans le sens commun du mot, synonyme de « supposition », mais dans le sens scientifique. La théorie de Darwin est un ensemble d'hypothèses basées sur des faits. Ce cadre repose sur des connaissances vérifiables et ne peut être confondu avec une hypothèse. On peut en discuter ou changer des points de détail, mais l'édifice est incontestable. La théorie de Darwin se fonde sur des données biologiques (la variabilité des individus, page 96), anatomiques (les mêmes plans d'organisation, comme les mains des vertébrés, page 120), paléontologiques (les espèces se succèdent et changent au cours du temps, page 125), et aujourd'hui génétiques (l'ADN est commun à tous les êtres vivants, page 179). Le fait de l'évolution est aujourd'hui étayé par des preuves indiscutables. Si elle est parfois jugée incomplète, elle n'est contestée par aucun scientifique sérieux. Le pape Jean-Paul II lui-même a déclaré qu'il s'agissait plus que d'une hypothèse.

« **De** »

Ça c'est bon, rien à redire.

« **l'Évolution** ».

Mais oui, le mot même d'évolution comporte des sous-entendus trompeurs, et il trahit la pensée de Darwin ! Le mot vient du latin *evolvere*, qui signifie « dérouler », comme si la vie se déroulait selon un plan établi. Le mot évolution implique donc à tort une idée de direction et de progrès, qui aboutirait obligatoirement à l'homme. Nous voici dans le piège du finalisme, cette tendance à tout expliquer comme s'il existait un but : non, le melon n'est pas prédécoupé en tranches pour être dégusté en famille par les humains, comme le pensait Bernardin de Saint-Pierre[1] !

Certes, la complexification des organismes implique une notion de progrès : il y en a entre la paramécie et l'abeille, ou entre la carpe et l'homme. Mais les abeilles n'ont pas de structure plus complexe qu'il y a cent millions d'années, et les parasites ayant perdu leur tube digestif ont évolué vers la simplification et non vers la complexification. L'évolution se ramifie dans des directions différentes, ce qui ne montre pas de dessein particulier tracé d'avance

Darwin a néanmoins fini par utiliser lui-même l'expression « théorie de l'évolution », notamment dans *La Filiation de l'homme.*

La lutte pour la vie

Pistes de réponse pages 157, 158 et 234.

Le mot « lutte » évoque une bataille sans répit qui ne reflète pas exactement la pensée de Darwin. Il donne au mot un sens métaphorique plus général, qui implique : « non seulement la vie de l'individu, mais aussi son aptitude à laisser des descendants (...) on peut dire d'une plante, au bord du désert, qu'elle lutte pour l'existence contre la sécheresse ».

---

1. Bernardin de Saint-Pierre fut peu de temps intendant du Jardin des Plantes de Paris. Il affirmait également que le laurier était fait pour célébrer nos victoires, et l'olivier symboliser la paix. Pangloss, un personnage de Voltaire, philosophe optimiste et mentor de Candide, affirme lui, non sans ironie, que les nez ont été faits pour porter des lunettes et que les jambes sont faites pour être chaussées...

La loi du plus fort

Pistes de réponse pages 219 et 264.

Cette caricature idéologique de la pensée de Darwin – le dominant qui écrase les faibles –, qui se retrouverait dans les sociétés humaines, est un gros contresens. Au contraire de ces idées, Darwin a vu dans la « sélection des instincts sociaux », qui est chez l'homme le prolongement de la sélection naturelle, l'épanouissement des plus hautes qualités morales, comme l'altruisme et la protection du faible.

La survie des plus aptes

Pistes de réponse page 107.

Cette expression attribuée à Herbert Spencer peut sembler tautologique. Qui survit ? Les individus les plus aptes à survivre. Et qui sont les plus aptes à survivre ? Ceux qui survivent ! Bref, la sélection naturelle ne démontrerait que la survie des… survivants. L'expression ne prend tout son sens que si l'on précise deux points : ceux qui sont les plus « aptes » le sont grâce à des caractères individuels, et leur degré d'adaptation s'évalue à leur nombre de *descendants vivants* et non à une sorte d'aptitude « idéale ». La sélection joue plus sur la descendance que sur la survie des individus. Cependant, bien qu'elle ne corresponde pas à son raisonnement, l'expression a fini par être reprise par Darwin lui-même.

L'adaptation au milieu

Pistes de réponse pages 119, 124 et 185.

Le mot « adaptation » implique à tort une idée de réponse à l'environnement, comme si un animal donné se transformait spontanément selon ses besoins. « Exaptation » est plus exact, car il montre que c'est ce que possède déjà l'animal qui peut être sélectionné. L'hérédité n'est pas *modifiée* par l'usage ou le non-usage mais seulement *triée*.

La fonction crée l'organe

Pistes de réponse pages 121, 122 et 185.

Il s'agit d'une sorte d'illusion d'optique. Pour les raisons invoquées plus haut, le milieu n'oblige pas directement l'animal à « inventer » des organes adaptés, il sélectionne les organismes qui portent déjà les organes leur permettant de résister et d'avoir une descendance.

L'homme descend du singe

Pistes de réponse pages 77 et 265.

Cette formule journalistique amusante est née au cours des débats houleux qui ont suivi la publication de *L'Origine des espèces*. Elle n'est pas si fausse que ça ! Certes, l'être humain ne descend ni du chimpanzé, ni du bonobo, ni d'aucun singe actuel. Mais nous faisons tous partie des primates, et nous avons des ancêtres communs, plus ou moins apparentés, selon l'époque plus ou moins récente à laquelle nos lignées se sont séparées. Les chimpanzés sont plus proches de nous génétiquement qu'ils ne le sont des gorilles et des orangs-outangs : parmi les primates actuels, c'est avec eux que nous avons un ancêtre commun le plus récent. Nous pouvons dire que l'homme descend d'un singe, car nous appellerions sans doute « singe » cet ancêtre commun si nous le rencontrions !

Le chaînon manquant

Pistes de réponse pages 125-127, 155 et 169.

Le chaînon sous-entend une notion de chaîne continue, alors que l'évolution s'opère en ramifications. Les systématiciens travaillent plus aujourd'hui sur le concept d'ancêtre commun.

Un fossile vivant

Pistes de réponse pages 152, 153 et 155.

Les fossiles sont les témoins pétrifiés de temps révolus (au moins dix mille ans par convention), et n'ont pas de rapport avec le vivant adapté à l'environnement actuel. De plus, selon la méthode de classification cladistique, le terme de « fossile vivant » ne signifie rien. Il est néanmoins très évocateur…

Programme génétique

Pistes de réponse page 107.

Le mot « programme » signifie « pré-écrit », et donne une idée fausse de prédiction. Les gènes n'ont pas d'intentions. Toutes nos cellules ont les mêmes gènes, mais elles n'ont pas les mêmes fonctions. Les gènes contiennent un éventail de possibilités et de contraintes, ils peuvent s'exprimer différemment.

Théorie darwinienne, darwinisme

Ces formules, dont le sens évolue constamment, rendent hommage au précurseur Charles Darwin, mais elles laissent croire qu'il s'agit de la pensée d'un seul homme, érigé en une sorte de gourou dogmatique. Cet ouvrage a évoqué – sans les nommer tous, loin de là – les nombreux chercheurs et chercheuses qui ont apporté des contradictions et des enrichissements à la théorie initiale. Darwin doit lui-même beaucoup à ses lectures et à ses contemporains, qu'il cite souvent : le darwinisme dépasse Darwin.

Le singe aussi sait sourire

BONNES ADRESSES

Des sites à citer

— Institut Charles Darwin International, fondé par Patrick Tort :
www.darwinisme.org
— Deux sites en anglais :
www.darwin-online.org.uk
www.darwinproject
— Sur Lamarck, site dirigé par Pietro Corsi (CNRS, *Oxford University*) :
www.lamarck.cnrs.fr/
— Sur Mendel, l'observatoire de la génétique :
http://www.ircm.qc.ca/bioethique/obsgenetique/cadrages/cadr2005/c_no20_05/c_no20_05_01.html
— L'approche évolutionniste de la culture selon Richard Dawkins et ses mèmes :
www.memetique.org
— Un site du CNRS, en réponse aux créationnistes :
http://www.cnrs.fr/cw/dossiers/dosevol/decouv/articles/chap1/lecointre7.html
— Livres de Darwin en français sur Internet :
http://classiques.uqac.ca/
— Une collection développée en collaboration avec la Bibliothèque Paul-Émile-Boulet de l'Université du Québec à Chicoutimi :
http://bibliotheque.uqac.ca/

— Zoonomie en français :
http://books.google.com/books?id=yCZhAAAAIAAJ&printsec=frontcover&dq=inauthor:darwin&lr=&as_brr=1&ei=UD52SP6IM6a4iQGY_fW5Dw&hl=fr#PPA7,M1
Institut Jane-Goodall France, 1, rue du Général-Bertrand, 75007 Paris ; tél : 01 47 34 50 54 ;
e-mail : info@janegoodall.fr :
www.janegoodall.fr

BIBLIOGRAPHIE

Ouvrages de Charles Darwin en langue française

Autobiographie. La vie d'un naturaliste à l'époque victorienne, publié en 1958 par sa petite-fille Nora Barlow, traduction Jean-Michel Goux, Belin, 1985 ; réédition, Le Seuil, 2008.

L'Expression des émotions chez l'homme et les animaux, suivi de *Esquisse biographique d'un petit enfant*, traduction Dominique Férault, Rivages poche, 2001.

De la fécondation croisée des orchidées par les insectes et des bons résultats du croisement, traduction Louis Rérolle, Éditions Sens, 1999.

La Filiation de l'homme et la sélection liée au sexe, traduction Michel Prum, Syllepse, 2000.

L'Origine des espèces, traduction Edmond Barbier, GF-Flammarion, 1992.

De la variation des animaux et des plantes (deux tomes), traduit sur la seconde édition anglaise par Edmond Barbier, C. Reinwald et Cie libraires éditeurs, 1879.

Voyage d'un naturaliste autour du monde, traduction Edmond Barbier, La Découverte poche, 2003.

La Formation de la terre végétale par l'action des vers avec des observations sur leurs habitudes, traduction d'Aurélien Berra, coordonnée par Patrick Tort, Éditions Syllepse/ Institut Charles Darwin International, 2001.

Ouvrages sur Darwin pour les enfants et les adolescents

PANAFIEU Jean-Baptiste de, *Sur les traces de Charles Darwin*, Gallimard, 2004.

SIS Peter, *L'Arbre de la vie*, Grasset-Jeunesse, 2004.

Ouvrages collectifs ou anonymes

« Les animaux ont-ils un sens moral ? » *Sciences et Avenir*, hors série n° 139, juin-juillet 2004.

Le Comportement des animaux, Belin, Pour la science, 1994.

« Darwin, L'arbre de vie », *Les génies de la science*, n° 18, février/mai 2004.

L'Évolution (sous la direction de Hervé Le Guyader), Belin, Pour la science, 1998.

L'Évolution. Comment les espèces s'adaptent, Les dossiers de La Recherche, n° 27, mai-juin 2007.

« Mendel, les prémices de la génétique » *Les génies de la science*, n° 35, mai-juillet 2008.

« Le monde selon Darwin », *Sciences et Avenir*, hors série n° 134, avril-mai 2003.

Vie sauvage. Encyclopédie Larousse des animaux, 1994.

Par auteurs

ARTHUR Laurent, LEMAIRE Michèle, *Les Chauves-Souris, maîtresses de la nuit*, Delachaux et Niestlé, 2005.

ATTENBOROUGH David, *La Vie des oiseaux*, Delachaux et Niestlé, 2000.

BALOUET Jean-Christophe, ALIBERT Éric, *Le Grand livre des espèces disparues*, Éditions Ouest-France, 1989.

BARBAULT Robert, *Des baleines, des bactéries et des hommes*, Odile Jacob, 1994.

BREDEKAMP Horst, *Les Coraux de Darwin*, Les Presses du Réel, 2008.

BUICAN Denis, *Dictionnaire de biologie*, Larousse, 1997.

BURROUGHS Edgar Rice, *Tarzan au cœur de la Terre* (1930).

CAMPBELL Neil A., REECE Jane B., *Biologie*, Éditions du Renouveau pédagogique (Québec Canada)/De Boeck (Afrique Europe), 2004.

CANN John, *Australian Freshwater Turtles*, Beaumon Publishing/John Cann Publishing, 1998.

CHALINE Jean, *Quoi de neuf depuis Darwin ?*, Ellipses, 2006.

CLÉBERT Jean-Paul, *Bestiaire fabuleux*, Albin Michel, 1971.

COMBES Claude, *Interactions durables, Écologie et évolution du parasitisme*, Masson, 1995.

COMBES Claude, « Leigh Van Valen et l'hypothèse de la Reine Rouge », in *L'Évolution*, Belin, Pour la science, 1998.

COMBES Claude, *Les Associations du vivant, l'art d'être parasite*, Flammarion, 2001.

COMBES Claude, *Darwin, dessine-moi les hommes*, Le Pommier, 2006.

COPPENS Yves, REEVES Hubert, ROSNAY Joël de, et SIMONNET Dominique, *La Plus Belle Histoire du monde, les secrets de nos origines*, Le Seuil, 1996.

CYRULNIK Boris (sous la direction de), *Si les lions pouvaient parler, essai sur la condition animale*, Gallimard, Quarto, 1998.

CYRULNIK Boris, PICQ Pascal, DIGARD Jean-Pierre, MATIGON Karine Lou, *La Plus Belle Histoire des animaux*, Le Seuil, 2000.

DAVIS Nicholas, BROOKE Michael, « La coévolution du coucou et de ses hôtes », *in Le Comportement des animaux*, Belin, Pour la science, 1987 à 1993.

DEVAUX Bernard, DUPRÉ Alain, BONIN Frank, GIRAUD Marc, *Toutes les tortues du monde*, Delachaux et Niestlé, 1996.

DAWKINS Richard, *Il était une fois nos ancêtres*, Robert Laffont, 2007.

DESPRET Vinciane, *Quand le loup habitera avec l'agneau*, Les Empêcheurs de penser en rond, 2002.

DONNARS Olivier, « L'œil s'est-il construit à petits pas ? », *in L'Évolution. Comment les espèces s'adaptent*, Les Dossiers de La Recherche, 2007.

DRI Pietro, « La vie est le germe », *in Les Génies de la science*, n° 33 : « Pasteur, microbes et controverses », novembre 2007-janvier 2008.

DURANTHON Francis, *Histoires de dinosaures*, Éditions Bréal, 2004.

DURANTHON Francis, *Histoires de mammifères*, Éditions Bréal, 2005.

FLÉAUX-MULOT Rachel, « Femelles infidèles, Darwin s'est-il trompé ? » *in Sciences et Avenir*, n° 667, septembre 2002.

GAYRARD-VALY Yvette, *Les Fossiles, empreinte des mondes disparus*, Gallimard, Découvertes 1987.

GLÉMAREC Michel, *Qu'est-ce que la biologie marine ?* Vuibert Adapt-SNES, 2007.

GOLDSCHMIDT Tijs, *Le Vivier de Darwin, un drame dans le lac Victoria*, Le Seuil, 2003.

GOLDSMITH Timothy, « Ce que voient les oiseaux », *in Pour la science*, n° 354, avril 2007.

GOULD Stephen Jay, *Darwin et les grandes énigmes de la vie, réflexions sur l'histoire naturelle*, Le Seuil, 1997.

GOULD Stephen Jay, *Le Sourire du flamant rose, réflexions sur l'histoire naturelle*, Le Seuil, Points Science, 1988.

GOY Jacqueline, *Les Miroirs de Méduse*, Apogée, 2002.

GRANDIN Temple, *L'Interprète des animaux*, Odile Jacob, 2006.

GRANT Peter, « La sélection naturelle et les pinsons de Darwin », *in Le Comportement des animaux*, Belin, Pour la science, 1994.

GRUMBERG Pierre, JULLIEN Emmanuel, REVOY Nicolas, « Le Singe, l'Homme, et après… enquête sur notre avenir biologique », *in Science et Vie*, n° 1036, janvier 2004.

GUILLO Dominique, *Qu'est-ce que l'évolution ? Le vivant selon Darwin et le néo-darwinisme*, Ellipses, 2007.

GUNTHER Pétronille, *Mammifères du monde, inventaire des noms scientifiques français et anglais*, Éditions Cade, 2003.

GUYOMARC'H Jean-Charles, *Éthologie*, Masson, 1980 ; réédition, 1995.

JAN Guillaume, « La France est-elle à l'abri du création-nisme ? », *in Science et Vie*, n° 1083, décembre 2007.

JOUVENTIN Pierre, *Les Confessions d'un primate, les coulisses d'une recherche sur le comportement animal*, Belin, Pour la science, 2001.

JUDSON Olivia, *Manuel universel d'éducation sexuelle à l'usage de toutes les espèces*, Le Seuil, 2004.

LANGANEY André, *Le Sexe et l'Innovation*, Le Seuil, Points Sciences, 1979.

LEGROS G.-V., *La Vie de J.-H. Fabre, naturaliste*, Sciences Nat, 1996.

LEPELTIER Thomas, *Darwin l'hérétique, l'éternel retour du créationnisme*, Le Seuil, 2007.

LESAFFRE Guilhem, WALTERS Michael, LE MARÉCHAL Pierre, *L'Inventaire des oiseaux du monde*, Delachaux et Niestlé, 1998.

LESTEL Dominique, *Les Origines animales de la culture*, Flammarion, 2001.

LHERMINIER Philippe, « L'espèce : entre stabilité et évolution », *in Pour la science*, n° 350, décembre 2006.

LODÉ Thierry, *Les Stratégies de reproduction des animaux, l'aventure évolutive de la sexualité*, Dunod/Masson Sciences, 2001.

LODÉ Thierry, *La Guerre des sexes chez les animaux,* Odile Jacob, 2006.

MAYR Ernst, *Histoire de la biologie*, Fayard, 1982.

MILLS Cynthia L., *La Théorie de l'évolution, ce qu'elle est, d'où elle vient, et pourquoi ça marche (ou pas)*, Dunod, Quai des Sciences, 2005.

MORENO José Manuel, *Guía de las aves de las Islas Canarias*, Editorial interinsular Canaria, 1988.

MORRIS Desmond, *Biologie de l'art, étude de la création artistique des grands singes et de ses rapports avec l'art humain*, Stock, 1962.

MORRIS Desmond, *Le Singe nu*, Le Livre de poche/ Grasset, 1968.

PANAFIEU Jean-Baptiste de, *Évolution*, Éditions Xavier Barral/Muséum national d'histoire naturelle, 2007.

PANAFIEU Jean-Baptiste de, *L'homme descend d'un mammifère velu pourvu d'une queue et d'oreilles pointues*, Éditions Xavier Barral/de la Martinière, 2003.

PANAFIEU Jean-Baptiste de, *L'Aventure de la vie*, Fleurus, 2008.

PASCAL Michel, LORVELEC Olivier, VIGNE Jean-Denis, *Invasions biologiques et extinctions, 11 000 ans d'histoire des vertébrés en France*, Belin, 2006.

PÉLOZUELO Laurent, « Les bombardiers, pétards mouillés des créationnistes », *in Insectes*, n° 148, 1er trimestre 2008.

PENNISI Elizabeth, « Le bec du pinson des Galápagos », *in L'Évolution. Comment les espèces s'adaptent*, Les dossiers de La Recherche, n° 27, mai/juin 2007.

PFEFFER Pierre, *Vie et mort d'un géant, l'éléphant d'Afrique*, Flammarion, 1989.

PICQ Pascal, *Lucy et l'obscurantisme*, Odile Jacob, 2007.

PICQ Pascal, « Faits et causes pour l'évolution », *in Pour la science*, n° 357, juillet 2007.

QUIGNARD Jean-Pierre, BRUSLÉ Jacques, *Pas si bêtes les poissons, Scènes de leur vie intime*, Belin, 2006.

QUIGNARD Jean-Pierre, GANTÈS Rémi, *Alliances animales*, Belin, Pour la science, 2008.

RAUSCHER Émilie, « Lézards, retour sur un cas d'évolution prodigieuse », *in Science et Vie*, n° 1091, août 2008.

RAYMOND Michel, *Cro-Magnon toi-même ! Petit guide darwinien de la vie quotidienne*, Le Seuil, 2008.

ROGEL Jean-Pierre, *L'Hippopotame du Saint-Laurent, dernières nouvelles de l'évolution*, Éditions Multimondes, 2007.

ROY Tui De, *Merveilleuses îles Galápagos, la découverte d'un monde extraordinaire*, Könemann, 2000.

RICE Tony, *Voyages, trois siècles d'explorations naturalistes*, Delachaux et Niestlé, 1999.

ROTUREAU Brice, *Histoire naturelle des paresseux*, CNRS éditions, 2006.

SERVAIS Véronique, RENCK Jean-Luc, *L'Éthologie, histoire naturelle du comportement*, Seuil, Points Science, 2002.

SHERMAN Paul, JARVIS Jennifer, BRAUDE Stanton, « Les rats-taupes », *in La Vie dans les milieux extrêmes*, Dossier Pour la science, 1994.

STONE Irving, *Charles Darwin, le roman de nos origines*, Balland, 1982.

TANZARELLA Stéphane, *Perception et communication chez les animaux*, Bruxelles, De Boeck, 2006.

TASSY Pascal, « L'avènement de la cladistique », *in L'Évolution*, Belin, Pour la science, 1998.

TERRASSON François, *La Civilisation anti-nature*, Éditions du Rocher, 1994 ; réédition Sang de la Terre, 2008.

THOMAS Frédéric, GUÉGAN Jean-François, RENAUD François, *Écologie et évolution des systèmes parasités*, De Boeck, 2007.

THOMAS Herbert, *Le Mystère de l'homme de Piltdown, Une extraordinaire imposture scientifique*, Belin, Pour la science, 2002.

TILLIER Simon (sous la direction de), *Encyclopédie du monde animal de A à Z*, Bordas, 1992.

TORT Patrick, *L'Effet Darwin, sélection naturelle et naissance de la civilisation*, Seuil, 2008.

TORT Patrick, *Darwin et la science de l'évolution*, Gallimard, 2000.

UEXKÜLL, Jacob von, *Mondes animaux et mondes humains*, Hambourg, 1956 ; Denoël, 1965.

VERCORS André, *Les Animaux dénaturés*, Le Livre de poche, 1975.

WAAL Frans de, *Le Bon Singe, les bases naturelles de la morale*, Bayard éditions, 1997.

WAAL Frans de, *Quand les singes prennent le thé, de la culture animale*, Fayard, 2001.

WELLNHOFER Peter, « L'Archéoptéryx », *in Les Fossiles, témoins de l'Évolution*, Belin, Pour la science 1996.

WILKINSON Gérald, « Le partage du sang chez les vampires », *in Le Comportement des animaux*, Belin, Pour la science, 1994.

INDEX DES NOMS PROPRES

D

E

F

G

V

W

Z

INDEX DES NOMS D'ESPÈCES

C

D

E

F

G

H

I

J

K

L

M

N

R

S

T

U

V

Z

REMERCIEMENTS

Mille mercis aux Éditions Robert Laffont qui ont un respect rare de leurs auteurs, à Nicole Lattès pour son enthousiasme et son amitié, à Christel Mouchard qui a eu l'idée de me confier ce projet et pour sa relecture fouillée, à Dominique Missika, éditrice de ce livre, pour sa confiance, à Barbara Lhenry, Michelle Burgaud et Julie Daniel, à Abel Gerschenfeld pour l'étincelle de départ, à Claude Sastre pour sa disponibilité et son mot final, et bien sûr à Jean-Baptiste de Panafieu, relecteur scientifique de l'ensemble de cet ouvrage et savant connaisseur de la génétique, de Charles Darwin, et de tant d'autres choses.

Des remerciements chaleureux et particuliers à cette personne anonyme qui m'a averti, par l'intermédiaire des Éditions Robert Laffont, de la proposition de vente sur Internet du livre de Desmond Morris que je recherchais depuis des années (*Biologie de l'art*), ce que j'avais évoqué dans *Le Kama-sutra des demoiselles*. Tout n'est pas que lutte égoïste pour l'existence…

Mille mercis à Michèle Lemaire pour les vampires mordeurs de doigts de pied ; à Catherine Lévesque pour ses scoops sur la perche du Nil ; à Marc Salomon pour le pouillot ibérique ; au docteur Philippe Bianchetti pour ses informations sur le développement humain ; à Alain Dupré pour les tortues ; à Gilles Bachelet à qui je dois tout (mais pas plus) ; à ma mère qui m'a donné la vie (ce qui n'est pas mal non plus) ; à Danièle Boone pour sa relecture exigeante ; à Mymi Doinet pour son attrape-mouche de Vénus, ses délires et ses fous rires ; et à ma cavalière Dominique Audoin, qui malgré sa patience d'éthologue a bien failli, dans cette aventure, devenir créationniste… Un clin d'œil à Lulu, Holly, Loulou, Noé et autres quatre pattes si attachants et si vivants, avec une pensée spéciale pour Okashido, qui fut un cheval de grande classe. Et une bise à ma chère Élodie.

TABLE

IV – CONCLUSION

Composé par Nord Compo Multimédia
7, rue de Fives, 59650 Villeneuve-d'Ascq

Cet ouvrage a été achevé d'imprimer en janvier 2009
dans les ateliers de Normandie Roto Impression s.a.s.
61250 Lonrai (Orne)

Dépôt légal : février 2009
N° d'édition : 49312/01 – N° d'impression : 090150
Imprimé en France